区块链技术
原理及应用

乔蕊 著

·北京·

图书在版编目（CIP）数据

区块链技术原理及应用 / 乔蕊著. -- 北京 : 科学
技术文献出版社, 2025. 8. -- ISBN 978-7-5235-2810-5
Ⅰ. TP311.135.9
中国国家版本馆CIP数据核字第2025WA7888号

区块链技术原理及应用

策划编辑：郝迎聪　　责任编辑：邱晓春　　责任校对：王瑞瑞　　责任出版：张志平

出 版 者	科学技术文献出版社	
地　　址	北京市复兴路15号　邮编 100038	
出 版 部	（010）58882941，58882087（传真）	
发 行 部	（010）58882868，58882870（传真）	
邮 购 部	（010）58882873	
官方网址	www.stdp.com.cn	
发 行 者	科学技术文献出版社发行　全国各地新华书店经销	
印 刷 者	北京厚诚则铭印刷科技有限公司	
版　　次	2025年8月第1版　2025年8月第1次印刷	
开　　本	787×1092　1/16	
字　　数	312千	
印　　张	19	
书　　号	ISBN 978-7-5235-2810-5	
定　　价	68.00元	

版权所有　违法必究

购买本社图书，凡字迹不清、缺页、倒页、脱页者，本社发行部负责调换

前　言

构建基于区块链的高效、安全的分布式数据存储和共享网络，对于推动区块链技术创新和应用落地具有重要意义。理想的区块链系统应具有以下4个属性：安全性、去中心化、高吞吐量和快速确认。

安全性是区块链的核心优势之一，通过分布式账本技术，区块链网络中的每个结点都存储完整的账本副本，数据修改需要控制超过全网51%结点，这在实际中几乎不可能实现。此外，零知识证明等密码学技术的应用进一步增强了区块链的安全性。

去中心化是区块链网络的基本特征，主要通过分布式账本、点对点网络和共识机制实现。目前，去中心化技术已经在多个领域得到广泛应用，如加密货币、供应链管理和版权保护等。然而，随着区块链网络规模的扩大，去中心化系统将面临运行速度减缓和数据存储量不断增长等问题，这对进一步提升去中心化系统的性能提出了新的挑战。

高吞吐量是区块链技术应用面临的重要挑战之一。近年来，一些新兴的区块链项目通过技术创新，在吞吐量提升方面取得了显著进展。例如，Polkadot在Spammening压力测试中展示了出色性能，每秒可以完成超过14万笔交易；Solana通过采用历史证明和权益证明结合的共识机制，能够实现每秒交易超过6万笔。

快速确认是区块链技术在实际应用中的关键需求。部分区块链项目通过优化共识机制和网络架构实现了快速交易确认。例如，Tendermint共识算法提供了快速终结性，交易一旦被验证就不可撤销，这使得区块链系统能够快速确认交易；Taiko通过预确认机制进一步加快了交易确认速度。

总体来看，区块链技术在安全性、去中心化、高吞吐量和快速确认这4个关键属性上都取得了显著进展，但仍面临一些挑战。未来，随着技术的不断创新和应用场景的拓展，区块链有望在这些方面实现更大的突破。本书深入探讨了区块链技术的最新进展，从多个维度对其进行了全面梳理、系统分析和细致比较，旨在为研究人员和实践者提供一份具有一定价值的参考。

首先，本书致力于帮助读者深入理解区块链技术的核心要素。区块链作为一种分布式账本技术，具有去中心化、不可篡改、透明性等基本特性，这些特性使其在金融、供应链管理、物联网等诸多领域展现出巨大潜力。同时，共识协议作为区块链技术的关键组成部分，其基本原理决定了区块链系统的安全性和效率等性能。本书详细介绍了常见的共识机制，并通过案例分析让读者清晰地理解其运行机制和应用场景。

其次，本书对现有区块链协议的发展脉络进行了系统梳理和比较。区块链技术的发展历程中涌现出了众多协议，从比特币的诞生到以太坊的智能合约，再到各种新兴的区块链平台，这些协议在设计理念、技术架构和应用场景上各有特点。本书通过对比分析，帮助读者清晰地了解不同协议的优缺点，以及它们在不同场景下的适用性。这对于从事区块链系统开发和应用的实践者来说，具有重要的参考价值，能够帮助他们在面对具体项目需求时，选择最适合的区块链协议。

最后，本书对现有的区块链技术及其应用进行了全面的梳理、审视和分类。通过对当前区块链应用的广泛调研，本书总结了区块链在不同行业的成功案例和面临的挑战，并对未来区块链技术的发展趋势进行了展望。随着区块链技术的不断发展，新的应用场景和需求将不断涌现，本书的分析和总结将为研究人员和开发者在设计下一代区块链协议时提供重要的参考依据，推动区块链技术的持续创新和应用拓展。

本书的撰写和出版受到河南省高校科技创新人才支持计划（计划编号：23HASTIT029）和国家自然科学基金青年科学基金项目（项目号：61902447）资助。

目 录

引言 1

第一部分 区块链技术原理

第一章 区块链技术概述 2
- 1.1 区块链系统模型 3
  - 1.1.1 拜占庭将军问题 3
  - 1.1.2 区块链基本架构 4
  - 1.1.3 区块链基本特性 8
  - 1.1.4 区块链技术理论基础 14
- 1.2 区块链衍生架构 18
  - 1.2.1 分区机制 19
  - 1.2.2 幽灵协议 20
  - 1.2.3 有向无环图 20
  - 1.2.4 哈希图 22
  - 1.2.5 Tempo 23
  - 1.2.6 侧链 23
  - 1.2.7 分层链和平行链 25
- 1.3 经典共识与评估标准 26
  - 1.3.1 原生共识 28
  - 1.3.2 基于证明的混合替代共识 29
  - 1.3.3 拜占庭容错兼容共识 55
  - 1.3.4 原生兼容扩展共识 64

1.3.5 有效工作证明共识 ·· 66
1.3.6 共识机制评估标准 ·· 68
1.4 区块链安全与防御 ·· 78
1.4.1 区块链安全问题分析 ·· 78
1.4.2 区块链漏洞及防御手段 ·· 83
1.5 区块链主流开发平台 ·· 98
1.5.1 Solidity ··· 98
1.5.2 Web3.js ··· 99
1.5.3 Remix ··· 99
1.5.4 Go 语言 ··· 99

第二章 智能合约 ·· 101

2.1 智能合约概述 ··· 102
2.2 智能合约运行机制 ·· 105
2.2.1 以太坊智能合约运行机制 ··· 105
2.2.2 Hyperledger Fabric 智能合约运行机制 ··· 107
2.3 智能合约跨链交互系统 ··· 111
2.3.1 现有解决方案的局限性 ·· 112
2.3.2 SCAC 系统 ··· 115
2.3.3 IDACM 系统 ·· 127
2.3.4 ICMC 系统 ·· 150
2.4 智能合约的安全与防御 ··· 173
2.4.1 智能合约的安全保障 ··· 174
2.4.2 不可变性问题 ··· 177
2.4.3 可扩展性问题 ··· 178
2.4.4 共识机制问题 ··· 178

第三章 联盟链共识脆弱性及链生成机制研究······180

3.1 联盟链概述······182
3.1.1 主流联盟链平台······182
3.1.2 基于联盟链的共识机制······183

3.2 链生成模型······185

3.3 脆弱性分析······189
3.3.1 验证结点行为······189
3.3.2 联盟链共识脆弱性······191

3.4 基于异步二元拜占庭共识的链生成机制······194

3.5 实验验证······198
3.5.1 时延测试······198
3.5.2 吞吐量测试······200

3.6 结论······203

第二部分 区块链应用

第四章 基于区块链的分布式存储应用······209

4.1 SiaCoin······210
4.2 Storj······212
4.3 FileCoin······214
4.4 PPIO······217
4.5 性能比较······220

第五章 基于区块链的分布式光伏能源交易机制······223

5.1 分布式光伏交易与需求侧响应现状分析······224
5.1.1 分布式光伏交易现状······224

5.1.2 需求侧响应现状 ··· 225

5.1.3 分布式光伏交易与需求侧响应分析 ················· 225

5.2 分布式光伏智能合约框架 ··· 227

5.2.1 智能合约主体设计 ··· 227

5.2.2 区块链的类型选择 ··· 228

5.2.3 智能合约流程设计 ··· 228

5.2.4 DSR 流程设计 ··· 229

5.3 基于区块链的分布式光伏交易智能合约设计 ············· 229

5.3.1 身份认证智能合约 ··· 230

5.3.2 光伏交易智能合约 ··· 231

5.3.3 需求侧响应智能合约 ··· 233

5.3.4 隐私机制设计 ··· 234

5.4 系统性能测试 ··· 235

5.4.1 吞吐量和响应时间测试 ··· 236

5.4.2 并发用户数测试 ··· 236

5.4.3 稳定性和可靠性测试 ··· 237

5.5 结论与展望 ··· 238

第六章 其他典型应用 ·· 240

6.1 基于区块链的人工智能应用 ··· 240

6.1.1 The Graph ·· 241

6.1.2 Numerai ··· 241

6.1.3 Fetch.AI ··· 242

6.1.4 SingularityNET ··· 242

6.1.5 Ocean Protocol ··· 243

6.2 基于区块链的代码版权管理机制 ····································· 244

6.3 区块链在车联网中的应用	247
6.3.1 车联网概述	247
6.3.2 车联网跨域数据安全共享技术	250

第七章 区块链技术应用的限制和机遇 ... 252

7.1 区块链技术应用存在的挑战	252
7.2 区块链技术应用的发展机遇	256
7.2.1 AI 与区块链	256
7.2.2 大数据与区块链	257
7.2.3 元宇宙与区块链	258

参考文献 ... 260

图目录

图 1.1　区块链网络层次结构··5

图 1.2　比特币区块链架构示意··6

图 1.3　常见的区块链攻击··11

图 1.4　区块时间戳精度··16

图 1.5　比特币挖矿难度校准过程··17

图 1.6　基于 DAG 的新型区块链架构···································21

图 1.7　区块链共识过程模型··27

图 1.8　基于"记账人"的共识机制······································31

图 1.9　基于容量空间证明机制的区块链结构·······················42

图 1.10　基于"投票"的共识机制··55

图 1.11　基于"委员会 + 投票"模式的共识机制················63

图 1.12　区块链共识机制性能评估标准································69

图 1.13　许可区块链和无许可区块链共识过程对比·············72

图 1.14　双重支出攻击实现流程···84

图 1.15　重放攻击··86

图 2.1　智能合约指令类型的分布概率·································103

图 2.2　以太坊智能合约运行机制··106

图 2.3　Hyperledger Fabric 体系架构····································109

图 2.4　Hyperledger Fabric 交易执行过程····························110

图 2.5　SCAC 系统模型··117

图 2.6　智能合约跨分区执行过程 ………………………………………………………… 121

图 2.7　SCAC 智能合约部署 ……………………………………………………………… 122

图 2.8　基于门限值的跨分区合约调用过程 ……………………………………………… 124

图 2.9　物联网联盟链跨链交互场景 ……………………………………………………… 129

图 2.10　结点跨链通信过程 ………………………………………………………………… 130

图 2.11　P2P 通信方式下路径证明拓扑 …………………………………………………… 133

图 2.12　跨链路径签名构造时序 …………………………………………………………… 134

图 2.13　价值转移智能合约生命周期 ……………………………………………………… 138

图 2.14　价值转移智能合约部署时序 ……………………………………………………… 139

图 2.15　价值转移智能合约触发时序 ……………………………………………………… 141

图 2.16　结点价值转移的 4 种情况 ………………………………………………………… 144

图 2.17　单链性能测试 ……………………………………………………………………… 147

图 2.18　链间性能测试 ……………………………………………………………………… 148

图 2.19　4 阶段智能合约部署时延 ………………………………………………………… 149

图 2.20　4 阶段智能合约执行时延 ………………………………………………………… 149

图 2.21　复杂物联网联盟链跨链交互场景 ………………………………………………… 151

图 2.22　联盟链链间通信模型 ……………………………………………………………… 153

图 2.23　授权协作的细粒度划分 …………………………………………………………… 154

图 2.24　授权过程示意 ……………………………………………………………………… 156

图 2.25　基于多级混合共识的信任 – 验证机制 …………………………………………… 159

图 2.26　跨链原子通信示意 ………………………………………………………………… 162

图 2.27　低价值交易共识时延 ……………………………………………………………… 164

图 2.28　高价值交易共识时延 ……………………………………………………………… 165

图 2.29　跨链交易共识时延 ………………………………………………………………… 166

图 2.30　低价值交易压力测试 ……………………………………………………………… 168

图 2.31	高价值交易压力测试	168
图 2.32	跨链交易压力测试	170
图 2.33	授权交易自适应路由可靠性测试	172
图 2.34	智能合约的安全保障问题	174
图 3.1	拜占庭结点占比与系统安全性的关系	192
图 3.2	ABBCA 与 Coin 的时延对比	199
图 3.3	不受限条件下的吞吐量测试	201
图 3.4	受限条件下的吞吐量测试	203
图 4.1	接受比特币作为支付方式的企业汇总	206
图 4.2	Storj 文件拆分过程	213
图 5.1	分布式光伏交易与需求侧响应的关系	226
图 5.2	智能合约主体设计	227
图 5.3	分布式光伏私有数据场景	235
图 5.4	吞吐量和响应时间测试	236
图 5.5	稳定性和可靠性测试	237
图 6.1	基于区块链的车联网跨域数据共享场景	248

表目录

表 1.1 经典侧链对比 24

表 1.2 基于证明的混合替代共识机制（部分）... 53

表 1.3 经典加密货币共识机制比较 70

表 3.1 现有联盟链研究工作比较 184

表 3.2 结点局部变量 196

表 5.1 并发用户数测试 237

引 言

　　账本的出现时间可以追溯到几千年前，随着计算机的出现，账本变得数字化，并演化出了传统的中心化银行系统。分布式账本技术（distributed ledger technology，DLT）和区块链的出现，使得可验证结构账本逐步替代传统中心化记账方式。区块链使用密码学、先进算法和巨大的计算能力实现了记录交易的新形式，为互联网安全、去中心化和一致的交易分类账提供支持，因而受到广泛重视[1-3]。作为数字化数据库实例，区块链由参与者共同构建、验证、更新和同步，在具有特定特征的个体之间进行区块链数据共享决策的细粒度分配，从而消除对中心化背书的需求，提升交易效率，减少相关费用。以太坊等较新的区块链平台内置图灵完备的编程语言，通过运行智能合约可实现自定义交易规则，极大地扩展了区块链分布式账本的能力[4-5]，显著增强了应用程序的可靠性、可问责性和透明度，拓宽了基于区块链和智能合约的分布式账本应用的范围。分布式账本环境下区块链和智能合约的出现，作为一种验证和执行合约的数字手段，极大地改变了分布式账本技术的应用前景。

　　区块链技术的第一个成功应用是电子加密货币比特币。比特网及其演化平台通常使用中本聪共识（Nakamoto consensus），将交易组织成有序的区块列表，其中每个区块都包含多笔交易及指向其前驱区块的链接[6-7]，参与结点（矿工）通过解决哈希难题提供工作量证明，竞争对新生区块记账的权利。为防止攻击者篡改或伪造已经记账的交易，诚实结点总是将新生区块附加在当前最长链的末尾进行记账，并使该有效链更长，新生区块的写入同时也增加了当前最长链被篡改或伪造的难度。尽管电子加密货币比特币是区块链技术的第一个成功应用，但中本聪共识因其缓慢的出块速度而遭遇应用瓶颈。目前，性能仍然是制约区块链技术发展和应用的关键问题之一。例如，比特币区块链平均每 10 分钟生成一个约 1 MB 大小的区块，每秒仅能处理7笔交易,且用户通常需要在交易记账后继续等待1小时左右(即写入6个后继新生区块的时间),才能够从实际安全角度认为该交易实现了最终确定性系统记账。为了获得高性能,系统通常必须以快速的块生成速率运行。由于块传播需要时间,因此系统可能会生成许多并发块(即分叉)。然而,生成和处理并发块需要浪费共识算力,对最长链的最终确定性没有贡献,并且使系统容易受到试图恢复历史交易的双重支出攻击。

近年来,区块链技术经过快速发展,其应用从电子加密货币拓展到信息验证、数据共享、身份管理、医疗、车联网、版权管理和隐私保护等诸多领域,得到了学术界、政府和行业部门等的高度关注[8-9]。区块链技术在多领域的融合创新应用,促使新的协议、架构及特性不断出现,并不断被改进。现阶段学术界主要围绕设计更高效、更安全和更具可扩展性的区块链系统展开研究。

Baniata等[10]提出了一种区块链辅助的调度模型,用于基于云的虚拟现实的安全任务分配。Oham等[11]提出了一个基于区块链的智能汽车安全框架,在该框架中,区块链技术用于监控车辆的内部状态和车辆之间的安全数据交换。Esposito等[12]将基于区块链技术的身份管理和授权方案集成到FIWARE平台中,以解决智慧城市应用中的数据安全和权限管理问题,其中,FIWARE平台是集成现有信息和通信技术基础设施的智慧城市支撑平台。Berdik等[13]回顾了区块链技术在信息系统中的应用,并总结了区块链如何提高这些应用的性能。Hu等[14]提出基于区块链的联邦学习数据共享机制,将区块链作为联邦学习中的去中心化服务器,构建面向分布式终端的去中心化数据共享架构与系统。Jiang等[15]在区块链经典数据共享方案的基础上,提出新的加密方式,从而实现对区块的细粒度访问控制。Yuan等[16]提出一种基于区块链的车联网终端自主通信机制,系统基于Kademlia算法进行终端数据转发调度,保障数据在车联网网络中传输的安全性和效率。Huang等[17]提出一种基于区块链和零知识证明的车联网终端数据共享隐私保护框架,在实现车辆终端数据共享的同时保护其身份隐私,针对车联网终端对近距离数据需求较高的特点,通过分片管理协议降低系统的通信成本,增强系统的安全性。陈骁等[18]基于机器学习和区块链技术,提出智能分片算法,将地理位置相近的路侧单元划分到同一分片,并迭代单个分片的数据共享最优负载,平衡不同分片之间的数据共享负载,从而降低了片内通信延迟,提高了系统吞吐量。李程等[19]提出了基于区块链的联邦学习概念模型,并阐述了该概念模型中的基础架构、共识机制、经济激励、智能合约及隐私安全5个层面的主要研究问题,致力于为构建去中心化和安全可信的数据生态基础设施、促进数字经济与相关产业的发展提供有益的参考与借鉴。

上述研究进一步证明了区块链技术在实施分布式验证、信息和数据资产存储、信息分发和信息共享安全措施等方面的优势。本书从多个维度梳理、分析和比较区块链技术的最新进展,这项工作对研究人员和实践者都有重要的实际意义。首先,使读者了解区块链基本特性和共识协议的基本原理。其次,帮助读者梳理和比较现有区块链协议发展脉络,为特定区块链系统应用进行协议选择提供参考。最后,对现有区块链技术及应用的梳理、审视和分类可以促进未来协议的设计和优化。

第一部分
区块链技术原理

第一章
区块链技术概述

根据 CoinMarketCap 的数据，目前全球共涌现出约 4900 种电子加密货币，总市值约为 2000 亿美元。区块链作为比特币、以太坊、Ripple、莱特币、NEM 等电子加密货币的底层技术基础，在自治共识、可靠存储、自主价值流动等方面备受关注。区块链采用分布式和去中心化的数据结构，不需要中心化机构背书就可以创建、验证、存储和共享数据资产。在传统的链式结构区块链中，新交易或区块在经过哈希加密运算并被一定数量验证结点确认后，即可被添加到链中。每个区块都有时间戳，相邻区块通过哈希码连接，哈希码不仅可以作为区块唯一的 ID，还可以证明区块的完整性。作为一个分布式数据库，区块链以不可篡改的方式存储不断扩展的交易记录，以及它们产生的时间顺序，通过使用数字签名来实现参与者的身份匿名性。本章从分布式网络协议角度分析区块链基本特征，梳理用以在不同参与者之间建立信任关系的典型区块链共识机制，并对区块链系统的安全性进行讨论。

1.1 区块链系统模型

1.1.1 拜占庭将军问题

共识算法源自著名的拜占庭将军问题，Lamport 在 1982 年的论文《拜占庭将军问题》中首次描述了这个问题[20]。拜占庭将军问题描述如下：拜占庭是古东罗马帝国的首都，有若干个封地，每个封地都由一名将军和若干士兵驻扎，以抵抗外敌入侵。在拜占庭将军问题模型中，面对敌人时，每个将军可以下达 2 个命令：进攻或撤退。只有当隶属于拜占庭的所有封地的将军都同意进攻或撤退时，他们才能最大限度地减少伤亡并赢得战争。然而，拜占庭的各封地相距较远，将军们必须在各自的封地守卫，不能一起当面讨论即将下达的命令，将军们的命令只能通过信号兵传达。将军们通过向其他将军发送命令并从其他将军处收集命令来做出最终决定（进攻或撤退）。假设上述模型中的信号兵是诚实的，然而，将军存在背叛的可能性，他们可能会向其他将军发出错误的命令或向不同的将军发出不同的命令，最终破坏诚实将军的决策。因此，拜占庭将军问题的诉求可以表述为：在去中心化的通信模型存在若干叛徒结点（将军）的前提下，让诚实结点（将军）达成共识。

区块链中的共识算法与上述拜占庭将军问题中的共识过程类似，用于解决分布式系统中存在多个故障结点时确保数据一致性的问题。故障结点可分为 2 种类型：常规故障结点和拜占庭结点。常规故障结点是指通过停止工作而不参与共识的结点，即这些结点仅停止工作，没有其他恶意行为。在这种情况下，交易数据只能被延迟或丢失。相比之下，拜占庭结点的行为是任意的，他们可以向其他结点发送错误的消息，或者向不同结点发送不同的消息，从而破坏达成共识的过程。当分布式系统只有常规故障结点时，共识问题相对简单，现有研究提出了许多常规故障容错算法，包括 Paxos[21-22] 和 Raft[23-24] 算法。然而，区块链系统中的结点通常是任意的个人或机构，当缺少约束时，他们可能会任意行事。因此，区块链共识算法需要能够容忍拜占庭式故障结点。

ByzCoin[25] 和 Thunderella[26] 建议通过将中本聪共识与拜占庭容错（Byzantine fault tolerance，BFT）协议相结合来达成共识。Algorand[27]、HoneyBadger[28] 和 Stellar[29]

完全用 BFT 协议取代了中本聪共识。在实践中，所有这些提议都在一组有限的结点中运行 BFT 协议，因为 BFT 协议只能扩展到几十个结点。区块选择通常基于他们最近的工作量证明（proof of work，PoW）计算能力[30-31]、他们在系统中的持股占比[32]或外部信任等级等[33-34]。然而，这些方法可能会在参与结点之间产生不良的等级制度，并降低区块链系统的去中心化程度。相比之下，Conflux[35]允许参与结点在未经许可的情况下加入或离开网络。此外，与基于 BFT 共识的区块链系统中严格限定区块间全序关系不同，Conflux 允许并行生成多个区块之后再确定各区块间的全序关系，因此，基于 Conflux 的区块链系统可以获得更高的吞吐量。

在遵循异步通信模型的拜占庭区块链系统中，只要一个进程失败（无响应或挂起），就无法达成全局共识[36]。此外，由于没有统一的时钟，结点无法在异步通信模型中使用超时机制，消息可能无限延迟。现有多数区块链共识算法为消息传输设置了超时机制的完全同步通信模型或弱同步通信模型。本书所讨论的区块链共识算法采用弱同步通信模型，即消息可能被延迟，但最终会在预设的时间限制内到达接收结点。

一致性和活性是设计基于弱同步通信模型的拜占庭区块链共识算法时要考虑的基本问题。一致性是指若某交易在某诚实结点上能够通过验证，那么它在其他诚实结点上也能够通过验证。当系统中诚实结点占多数，一致性确保了双重支出攻击在区块链系统中永远不会成功。活性是指诚实结点发送的所有有效交易必须最终得到确认，这确保了系统的可用性。基于弱同步通信模型的拜占庭区块链共识算法只有在满足这 2 个要求时共识值才是正确的。在保证一致性和活性的前提下，区块链的其他方面可以根据应用需求进行设计，如提高吞吐量、增加可扩展性和降低资源成本等。

1.1.2 区块链基本架构

区块链网络是密码学、计算机科学、网络等多领域机制和技术的巧妙结合，通常可分为数据结构层、网络层、共识层、激励层和应用层 5 层。区块链网络层次结构如图 1.1 所示。

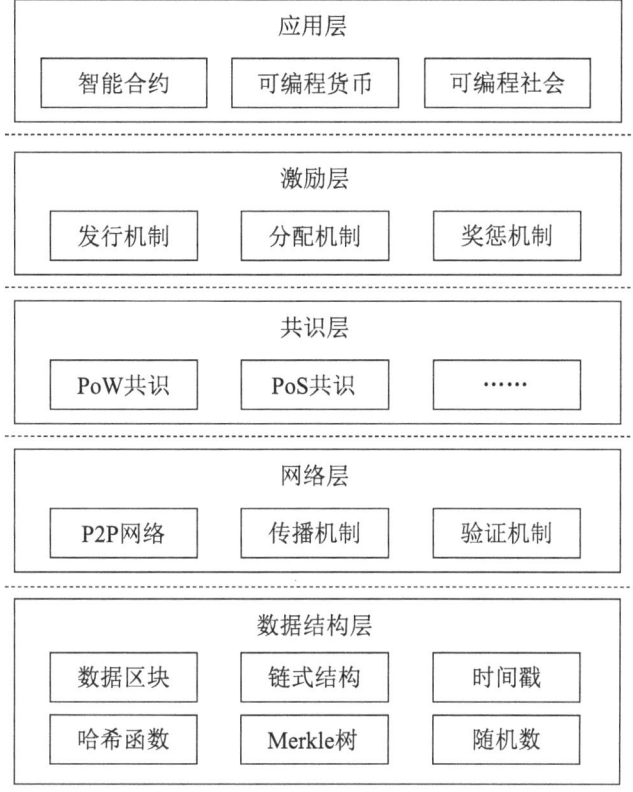

图 1.1　区块链网络层次结构

区块链是在分布式底层技术架构基础上融合发展起来的新兴技术体系，该技术在分布式现有底层技术架构基础上扩展和部署了共识机制、系统架构、智能合约等技术，具备满足特定应用场景的性能和更好的可编程性。产学研界通常将其发展历程分为 3 个阶段。

● 区块链 1.0　又称电子加密货币时代，以比特币为代表的电子加密货币的出现凸显了区块链技术的主要特性，通过对电子加密货币的剖析研究，奠定了区块链技术的理论基础，初步形成了相对完善的技术体系，区块链 1.0 的主要应用场景为数字金融领域。

● 区块链 2.0　又称区块链可编程应用时代，以太坊平台的出现使得区块链具有更好的可编程性，通过引入具有不同性能的共识算法、智能合约等技术，大大拓展了区块链的应用范围。近年来，其应用场景逐渐由数字金融领域向能源、医疗、教育、车联网等领域延伸。

● 区块链 3.0 又称为区块链生态体系建设时代，基于区块链的多种行业应用互相融合，逐渐形成与现实社会相对应的日益完善的区块链生态体系。由区块链 2.0 时代的与行业应用相结合，逐步转变为与社会生态相结合。

区块链 1.0 时代在电子加密货币领域的巨大成功引起了学术界和产业界的高度重视。比特币基于区块链技术实现了一个分布式的、仅附加的账本，该账本以一系列加密链接区块的形式记录比特币的交易历史，从而使区块包含不相交的交易集，并且保证了区块和包含交易的不变性，比特币区块链架构如图 1.2 所示。在数据结构方面，区块链通过链式结构将数据块按照一定顺序连接起来，每个数据块包含一定量的交易信息，通过加密哈希算法与前一个数据块链接，形成一个不断增长的数据链，每个数据块的哈希值确保了数据的不可篡改性和连续性。在网络结构方面，区块链采用去中心化的点对点网络（peer to peer，P2P）来实现数据的透明度、安全性和不可篡改性，网络中的每个结点都保存一份完整或部分的区块链数据，共同维护整个网络，这是区块链技术区别于传统数据库技术的核心特点。

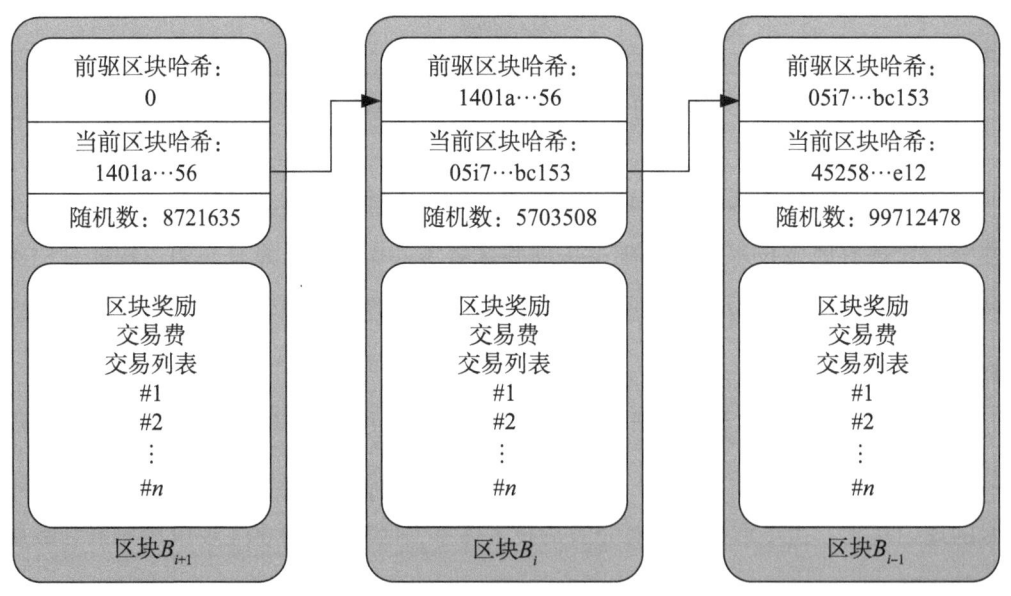

图 1.2 比特币区块链架构示意

在比特币区块链中，链中第一个区块被称为 Genesis 块，也称创世区块，除创世区块外的每个区块都包含一个指向前驱区块的指针、时间戳和若干交易，所有区块形成一个以创世区块为首结点的链状结构。由于创世区块没有父区块，其区块头中包含的前块哈希值为 0。每个块可以包含数千条交易记录，这些记录在广播到网络之前由哈希函数编码。每个区块都包含前一个区块头的哈希值，以保持区块的连通性。区块采用 Merkle 树结构，以二进制树格式存储交易。Merkle 树是一种类似哈希树的数据结构，树的每个叶结点存储交易的哈希值，非叶结点包含其 2 个对应子结点的哈希值，该树的根称为 Merkle 根，存储在对应区块的区块头中。通过工作量证明等算法挖掘或验证新块的过程，即对加密哈希函数进行遍历查询，找到满足预定义条件随机数的过程。要篡改链中间的任何块（即链中除最新块外的任何块），需要更新后续块以保持链接的一致性。换句话说，对于链中每个块 B_i，都可以验证区块 B_{i-1} 中的数据完整性，此外，存储在与哈希指针相关联的每个块中的时间戳有助于建立不同块之间的总顺序。区块链只存储经过验证的交易，即大多数结点确认的交易。

为了在链中存储新交易，发送方向区块链对等结点广播请求，通知接收方地址和要转移的比特币数量。然后，对等结点验证（a）发送方拥有足够的资金来支付交易，以及（b）发送方使用其私钥在交易上的签名是否有效。一旦交易通过上述验证，记账结点就可以将该交易添加到新区块。然而，在比特币区块链系统中，由于每个结点都存储区块链的本地副本，区块链副本之间可能存在不一致，因此需要一种机制使得所有结点都同意哪些块和交易是有效的。

结点通过运行工作量证明共识机制以保持副本一致。在比特币系统中，想要创建新区块的结点称为矿工。矿工们在一个新的区块中验证打包新交易，并运行工作量证明的共识机制以竞争记账权。每次矿工获得记账权并正确创建新区块时，都会收到一些比特币作为奖励。矿工每创建一个新区块，都会进行新一轮的工作，因此上述共识算法的实质是基于回合的竞争。在每一轮中，矿工将尝试解决密码难题，同时收集和验证新交易，设置他们将挖掘的下一个区块的时间戳。当一个矿工成功解决密码难题时，它将获得新区块记账权，将新区块在对等网络上广播并开始新一轮的挖掘。在接收到新区块后，其他矿工也开始了新一轮的开采。然而，不同的矿工结点可能不会同步，即矿工 A 可能与矿工 B 的回合不同。例如，矿工 A 可能试图在未更新的链中创建新块。在这种情况下，共识算法建议对等结点同意最长的链作为有效的交易历史。比特币使用基于工作量证明机制的相对较慢的出块速率来避免并发块的产生，这对于防止分叉、双重支出攻击、女巫攻击至关重要。

近年来，交易所的出现及诸多电子加密货币数字钱包的应用部署，加快了区块链技术与金融服务领域的融合，催生出一个新的相对成熟的货币价值体系，基于区块链技术的理论探索及相关应用的开发部署都得到了迅猛发展。同时，多国银行业与金融科技产业合作拓展区块链服务，构建出满足新型应用场景的区块链，如R3CEV[37]、China Ledger[38]等，不断尝试对基于区块链 2.0 的可编程应用展开深入探索，挖掘基于区块链的更多传统行业应用，加快区块链 2.0 阶段开发标准制定。此外，Cisco[39]与金融等行业技术公司合作组成超级账本（hyperledger fabric）联盟[40]，对基于区块链 3.0 的区块链生态体系展开探索，并对区块链 3.0 制定相关发展规划和技术标准。截至本书完成前，区块链技术的相关理论研究已处于 2.0 或 3.0 阶段，而基于区块链技术的相关应用部署尚处于 1.0 至 2.0 的过渡时期。

1.1.3　区块链基本特性

1.1.3.1　去中心化

去中心化是指在具有分布式结构的区块链网络中，没有中心化的管理机构或单一的控制结点，区块链网络中的每个参与实体都拥有相等的权利和责任，共同维护整个系统的运行和安全。

从技术角度来看，去中心化技术的起源可以追溯到 20 世纪 70 年代。1976 年，Diffie 等发表了"Multiuser cryptographic techniques"[41]，介绍了公钥密码学的概念，为去中心化技术奠定了基础。1982 年，Chaum 提出混合网络的概念，并设计了世界上第一个基于匿名电子邮件通信网络的分布式支付系统。随后，Chaum[42]指出计算机技术可能带来的隐私和监视问题，并提出了去中心化经济的概念。2008 年，中本聪发表了《比特币白皮书》[43]，详细阐述了去中心化的区块链账本技术。区块链技术通过共识机制、加密算法和智能合约等技术手段，实现了数据的一致性和安全性。

按照去中心化程度不同，区块链可以分为公有链、私有链和联盟链 3 种类型。

公有链是一种允许任何参与者参加到网络上并进行交易和记账的完全去中心化的区块链，它虽然有最高级别的安全性和透明度，但交易速度相对较慢，交易成本较高，并且所有的交易信息公开，由此导致用户的隐私难以保护。

私有链是一种访问权限控制在组织内部，或者在指定的参与者中的权限化的区块链。它可以提供更低的交易成本和更快的交易处理速度，也可以保护交易数据不被外部访问，更好地保护了用户隐私。但是，私有链的去中心化程度较低，所有的交易信息都需要通过中心化的机构来验证，这会出现一些信任问题。

联盟链是在公有链和私有链之间，由多个组织共同维护，只有被允许的特定的结点才能执行共识过程。不同类型的区块链适用于不同的应用场景，根据参与者的数量、对速度和安全性的需求及交易的公开程度来选择不同类型的区块链[11]。

区块链具有去中心化或弱去中心化特性，因此很难被单一实体控制或审查，这使得信息和交易更加自由流动，其优势在于提高了系统的抗攻击能力，减少了单点故障的风险，并且由于其透明性和不可篡改性，增加了用户的信任。区块链技术也进一步推动了去中心化技术的发展，并在金融、科学和互联网等领域得到了广泛应用。DeFi 项目[44]使用区块链技术、加密货币和智能合约来执行各种金融功能，如借贷、交易和资产管理等，显著提升了金融系统的效率和透明度。DeSci[45]利用区块链技术和智能合约来推动科学研究和数据共享，旨在通过去中心化的方式优化资金筹集、数据共享、出版和合作等环节，提高各项工作的透明度和效率。新一代 Web 3.0[46]网络是建立在区块链上的去中心化互联网，旨在保护个人数据隐私，让用户对自己的数据拥有控制权。

然而，去中心化也带来了一些挑战，比如交易速度可能较慢，能源消耗可能较高，以及在某些情况下可能难以实现完全的匿名性等。

1.1.3.2 不可逆性

通常情况下，区块链上存储的交易数据，仅凭单个结点或可进行算力联合的部分结点无法修改，即区块链具有不可逆性。尽管打破区块链的不可逆性被认为是不可能的和复杂的，但如果有大量的可用算力资源，在理论上是有可能的。理论上，掌握超过 51% 算力的结点达成共识即可修改区块链交易数据。然而，在比特币等大型公有链中，攻击者要控制半数以上算力结点，现实中几乎不可能实现。

区块链不可逆性为分布式账本数据和代码安全存储提供了重要保障。然而，该特性的应用还存在诸多问题。首先，虽然利用区块链交易数据的不可逆特性为数据记录提供可靠存储在学术界是没有争议的，但在实际应用场景下无法甄别数据在写入区块链账本之前是否被篡改或存在错误。其次，尽管区块链为验证交易数据的合法性部署了共识机制，但在拜占庭环境中，共识结果受到参与者是否诚实的限制。

1.1.3.3 安全性

基于多技术融合的区块链技术在赋予自身去中心化、可追溯、不可篡改等特性的同时，也因其架构特征导致其面临诸多安全威胁。在区块链 1.0 阶段，区块链的安全性建立在以下 3 个假设之上。

① 制造工作量证明的哈希谜题不可破解。

② 拥有全网绝大多数算力的结点是可信的。

③ 总是在最长链上记账。

在算力作用下，利用加密哈希函数对区块内交易及前一区块的相关字段进行运算，生成具有与输入无关的固定长度的唯一哈希值，这样，每个哈希值既作为当前区块的标识符使区块内交易与区块相关联，又使当前区块与前一区块相关联。哈希函数还用于验证正在进行的交易，以获得结点共识。然而，区块链在实际运行过程中达成的一致性共识往往表现出不确定性和概率性，区块链安全问题在复杂异构的应用场景中日益显现。例如，为避免攻击者篡改或伪造新生区块交易，比特币区块链需要等待一段时间的时延才能确认交易，否则将增大区块链硬分叉的概率。若某攻击结点成功在区块链上生成一条合法的分叉链，且该分叉链为当前最长链，则其他结点将认可这条链并在此基础上挖矿。这将导致打包在旧链上的区块交易失效，并引发双花攻击和交易反转等威胁，造成巨大的财产损失。

此外，在价值互联网时代，攻击者的攻击目标不仅包括电子加密货币的双重支付或资产转移，还包括用于提取用户交易隐私等有价资产的区块链数据。在区块链系统中，针对不同的安全隐患或攻击目标，通常存在多种不同的攻击方式，如图 1.3 所示，主要包括用户私钥的安全性、区块链基础网络设施的安全性、矿池竞争安全隐患、匿名交易隐私泄露、智能合约的安全性等。下面分别进行介绍。

账户所有者私钥通常采用比特币钱包进行托管，这带来一定的安全威胁。常见的针对用户私钥的攻击有弱口令攻击、撞库攻击、穷举攻击、单点登录漏洞攻击、API 接口攻击、钓鱼攻击、中间人劫持攻击、木马劫持攻击、私钥窃取攻击、钱包客户端漏洞攻击、在线钱包窃取攻击等。比特币区块链中交易执行的实质是通过使用源端账户所有者私钥签名将资产的所有权从源端账户地址转移到目的端账户地址。基于标准 BIP32 的比特币钱包通常采用层次化树型确定性结构，在截获账户主公钥和子私钥的情况下，攻击者可以在较短的时间内恢复出主私钥。Courtois 等[47] 对比特币钱包

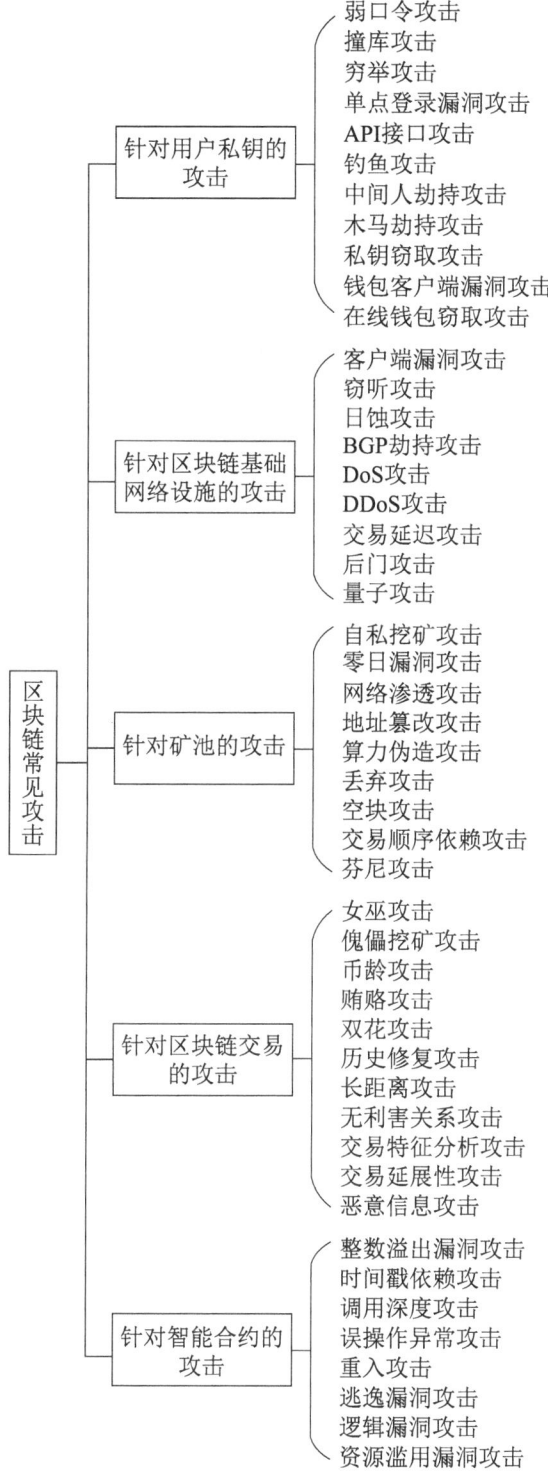

图 1.3 常见的区块链攻击

密钥管理方案中的随机事件和随机数的关联性进行了分析,提出一种通过恢复私钥进行组合攻击的方法。该攻击显著降低了存储在比特币钱包中的密钥的安全性,特别是,父结点私钥的安全性将直接影响其子结点私钥的安全性,进一步引发特权升级攻击。此外,攻击者对比特币区块链底层采用的加密算法中随机数重用情况的分析、利用,也将加剧用户账户私钥暴露的风险[48-49]。

构建区块链的底层网络基础设施和P2P网络架构脆弱性是促使产生区块链安全问题的另一主要因素。常见的针对区块链基础网络设施的攻击有客户端漏洞攻击、窃听攻击、日蚀(eclipse)攻击、边界网关协议(border gateway protocol,BGP)劫持攻击、拒绝服务(denial of service,DoS)攻击、分布式拒绝服务(distributed denial of service,DDoS)攻击、交易延迟攻击、后门攻击、量子攻击等。由于区块链底层采用P2P网络架构,攻击者常常通过劫持BGP来拦截、分析和操纵比特币区块链流量,由此引发区块链窃听攻击、日蚀攻击、BGP劫持攻击、DoS攻击、交易延迟攻击等。

比特币区块链的底层网络基础设施存在两方面容易引发上述常见攻击的因素:一方面,在互联网范围内,比特币区块链中的结点算力集中分布在少数几个自治系统中;另一方面,通过分析比特币区块链流量可以拦截到大量比特币结点间的通信数据[50]。例如,攻击者通过完全控制被攻击结点的流量即可对其实施分割攻击,通过控制时延区块向单个特定结点的传播可对其实施时延攻击。此外,鉴于比特币区块链结点间通信是基于明文传输,且结点间发出阻塞请求后,一段时间内不会向其他结点再次发出阻塞请求,因此攻击者可以通过拦截区块链结点间通信数据来延迟或阻塞目标交易在某些结点间的传播。因此,攻击者通过隔离区块链部分结点或时延区块交易发送,引发的上述针对区块链基础网络设施的攻击,将造成巨大的算力浪费和经济损失,对区块链系统的安全性产生较大威胁。

为了使单个矿工结点获得稳定的挖矿收益,越来越多的矿工选择加入由外部个人或机构统筹组建的矿池。矿池的出现放大了自私挖矿的攻击力,但同时也成为比较集中的攻击目标。针对矿池的攻击有自私挖矿攻击、零日漏洞攻击、网络渗透攻击、地址篡改攻击、算力伪造攻击、丢弃攻击、空块攻击、交易顺序依赖攻击、芬尼攻击等。例如,恶意矿工可能潜入受害矿池进行挖矿,但恶意矿工仅发送部分工作量证明,该行为一方面降低了受害矿池的总收益,另一方面还可使恶意矿工从受害矿池中其他矿工发送的完整工作量证明的收益中分摊收益。另一种针对矿池的攻击与上述立即丢弃完整工作量证明的攻击行为相反,首先,攻击者在攻击矿池和受害矿池之外生成将导致区块链系统分叉的有效块,并保留该有效块的完整工作量证明;然后,攻击者把该块发送至受害矿池,当受害矿池中各结点转发这个块时,其实质是使受害矿池为蓄意分叉贡献算力。

电子加密货币的匿名性在一定程度上保护了用户交易的隐私性。然而,研究表明现有匿名加密区块链系统仍未实现理想的匿名性,近年来针对区块链交易的攻击层出不穷。常见的针对区块链交易的攻击有女巫攻击、傀儡挖矿攻击、币龄攻击、贿赂攻击、双花攻击、历史修复攻击、长距离攻击、无利害关系攻击、交易特征分析攻击、交易延展性攻击、恶意信息攻击等。例如,通过对电子加密货币 Zcash 中交易和隐蔽矿池的交互研究发现,可以利用"试探法"将隐蔽矿池中大部分账户资产与交易联系起来[51]。此外,当区块链交易数额采用较高的细分精度时,攻击者常常将交易数额作为识别区块链交易的指纹,通过截获和分析交易流量可进一步分析结点间交易及价值流转过程,从而实现匿名加密区块链系统的可追溯性。Tramèr 等[52]从侧信道攻击角度分析了区块链系统中匿名交易的执行缺陷,指出可以利用不同结点执行区块交易的工作量证明所需的时间不同、结点间通信的响应时间不同等侧信道信息来逆向分析交易创建结点或相关价值资产流转账户对应的真实用户身份。可以看出,提升区块链交易的匿名性对保障区块链交易的安全性,乃至整个区块链系统的安全性都是至关重要的。

以太坊平台的出现,使得用户可以自主地在其上开发部署区块链智能合约代码及应用,极大地拓宽了区块链的应用场景。然而,存在安全缺陷的智能合约被部署后,可能在执行过程中引发整数溢出漏洞、时间戳依赖、调用深度、误操作异常、重入、逃逸漏洞、逻辑漏洞、资源滥用漏洞等攻击。由于区块链的不可修改特性,对上述已部署且存在安全缺陷的智能合约的控制将变得极其困难。典型的几种情况如下。

①若存在缺陷的智能合约代码在执行过程中发生整型变量溢出,可能导致原始数值发生变化,攻击者利用上述漏洞,通过构造输入异常参数引发整数溢出,从而实现修改特定地址指针,达到异常代码调用的目的。

②部分智能合约在执行过程中需要读取当前区块的时间戳作为输入,然而,对

攻击者来说，时间戳是可预知变量，攻击者将特定时间戳作为输入可能使智能合约产生特定预期结果，从而引发时间戳依赖攻击。

③智能合约在虚拟机上执行时，为防止智能合约无限制调用和执行，虚拟机通常会设置合约间调用深度阈值，当合约调用深度达到该阈值后，将不再继续执行，向主程序返回合约调用失败。攻击者可以通过发起恶意调用控制和利用调用深度，迫使某些关键调用因达到调用深度阈值而无法执行。

④攻击者在主智能合约中调用其子智能合约时，子智能合约可能由于执行异常而未能完成执行就返回主智能合约，此时，若主智能合约不检查子智能合约的执行情况继续执行，将导致系统在子智能合约功能未实现情况下完成主智能合约功能，显然，这将对涉及子智能合约价值流转的用户造成一定损失。

⑤攻击者利用智能合约重入漏洞发起攻击，如著名的 DAO 合约攻击事件，其原理为构造条件促使多个智能合约发生循环调用，直至合约执行的条件不成立退出循环。

⑥由智能合约代码逻辑不合理导致的逻辑分支被非法执行或错误执行引发的攻击。例如，在以太坊平台出现的短地址攻击就是由于虚拟机对智能合约执行逻辑监测报错，并进行容错处理而导致的安全问题。

⑦攻击者利用在目标虚拟机上部署的恶意代码，大量占用和消耗区块链系统资源，将引发资源滥用漏洞攻击。目前，常见的解决策略是通过在以太坊虚拟机中引入一定的限制机制，如 Gas 机制，来避免此类安全问题。

除上述针对智能合约的攻击外，目前还存在针对智能合约运行环境即虚拟机的攻击。例如，攻击者可以利用虚拟机底层监控器漏洞在攻击机上实现对其他虚拟机和底层监控器的控制，进而在被控虚拟机底层监控器或管理域中执行安装后门、DoS 攻击、窃取用户数据等攻击命令。通常情况下，虚拟机被限制在与沙盒类似的具有隔离特性的区块链环境中执行相应的代码，然而，部分虚拟机和底层监控器漏洞能够破坏上述区块链运行环境的隔离特性，使攻击者构造的恶意代码能够从沙盒逃逸且在宿主机上执行，从而引发安全问题。

1.1.4 区块链技术理论基础

区块链技术理论基础为区块链创新应用奠定了重要基石。下面从密码学基础、时间戳精度、共识管理组件及隐私保护机制等方面对其进行介绍。

（1）密码学基础

区块链使用加密哈希函数实现相邻区块的加密链接。加密哈希函数 $H:\{0,1\}^* \to \{0,1\}^n$ 将任意长度位串的集合 $\{0,1\}^*$ 映射到 n 位串的集合 $\{0,1\}^n$。该函数满足下列两个要求。

①抗碰撞性，即在计算上不可能找到两个字符串 $x \neq x'$ 使得 $H(x)=H(x')$。

②原像计算困难性，即已知 $H(x)$ 很难求解 x。

除上述将加密哈希函数用于区块加密链接外，区块链还使用经典的数字签名方案保障区块数据的完整性和安全性，即验证原始数据是否发生更改，识别授权数据访问或使用权限的用户身份，防止用户否认对数据的授权及相关操作。经典的数字签名方案依赖于密钥生成函数 GenerateKeys( )，数字签名函数 $Sign(d, S_k)$ 和签名验证函数 $Verify(\sigma, P_k)$。GenerateKeys( ) 用于创建对数据进行加密和解密的公、私钥对 (S_k, P_k)。将原始数据 d 和签名者私钥 S_k 作为数字签名函数 $Sign(d, S_k)$ 的输入，得到用户对原始数据 d 的数字签名 $Sign_{d, S_k}$，将 $Sign_{d, S_k}$ 作为加密哈希函数 $H()$ 的输入，得到 $h=H(Sign_{d, S_k})$，然后使用加密算法 $E()$ 进行加密，得到 $e=E(h)$，将输出 e 与原始数据 d 连接生成签名 $\sigma=E_{S_k}(e\|d)$。以 σ 和签名者公钥 P_k 作为输入，通过执行签名验证函数 $Verify(\sigma, P_k)$ 可验证 σ 的有效性，如果签名有效则输出 true，否则输出 false。

（2）时间戳精度

区块链可被用作一种不可篡改的时间戳，其精度为分钟，受区块时间戳精度和交易时间戳精度两方面的影响。区块时间戳精度是指区块时间戳与创建该区块的时间差；交易时间戳精度是指区块时间戳和用户将交易发送到区块链的时间差。要给数据加时间戳，需要向区块链发送一个包含该数据的交易，该交易最终被确认并打包到区块链的下一个区块中，区块的时间戳就是区块中数据的时间戳。

结点在收到新区块时应对其时间戳进行验证。可以通过将时间戳与区块被挖掘后从同步时钟读取的时间进行比较来验证区块上时间戳的准确性。然而，这并不是一项容易的任务，因为无法预测下一个区块将由哪个结点记账，也无法获得下一个区块到达记账结点之前在对等网络上的转发路径，因此无法与获得记账权的结点建立直接连接，快速接收下一个被挖掘的区块，并分析时间戳。实验证明，记账结点的邻结点可能会对区块时间戳准确性进行最佳验证。《以太坊白皮书》要求结点检查新区块的时间戳是否大于前一区块的时间,且要求新区块的时间戳在前一区块创建时间未来 15 秒内,结点应拒绝时间戳未通过两次验证中任何一次的块[53]。

假设区块和交易在网络中传播的时间忽略不计,且矿工以相同的概率收集新的交易,可以近似地估计区块时间戳的准确性,即发送交易的时间与其在下一个块内的确认之间的平均差(即时间戳精度)应是区块平均生成时间的一半,截至本书撰写时,以太坊两个连续区块之间的平均时间约为 13 秒[54],如图 1.4 所示,其中 B_{i-1} 和 B_i 是在预期时间 $t_{B_{i-1}} < t_{B_i}$ 创建的最后一个块和下一个块,矿工在时间 $t \in (t_{B_{i-1}}, t_{B_i})$ 接收新交易,B_i 创建后,结点会在 $t_v \approx t_{B_i}$ 时收到该区块,若 $t_{B_i} \in (t_{B_{i-1}}, t_v+15]$,结点将接受该区块,即当区块包含 $t'_{B_i} < t_{B_i}$ 或 $t''_{B_i} > t_{B_i}$ 的不准确时间戳时结点也接受该区块。

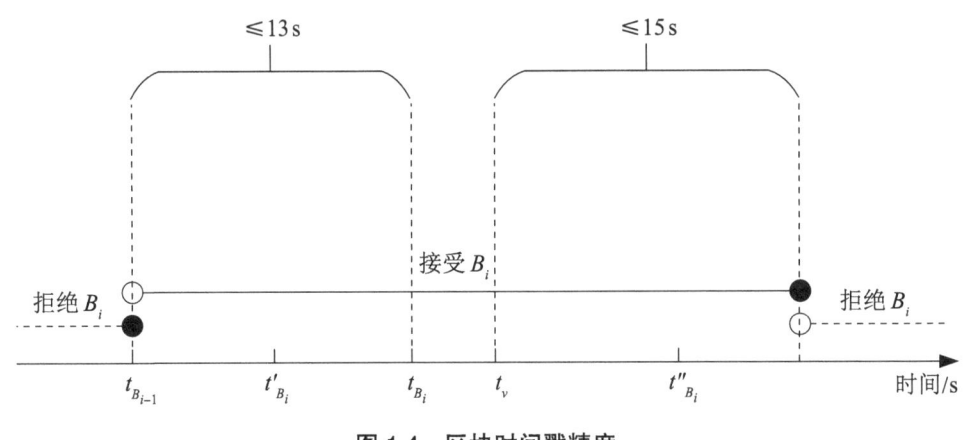

图 1.4 区块时间戳精度

在实践中,以分析的方式估计交易时间戳的准确性更为复杂。原因是,挖掘一个区块的时间可能会偏离平均值 13 秒。此外,由于网络延迟和结点竞争,交易需要一些时间才能到达矿工结点,以便被打包到下一个区块。因此,时间戳精度随着对等网络的使用和交易确认需求的变化而变化。

(3)共识管理组件

共识管理组件是实现区块链去中心化运行的核心构件,包含网络子系统、共识算法子系统和存储子系统 3 个部分。

网络子系统负责处理区块链对等结点间通信。从安全感知角度来看,一个重要的通信参数是区块大小。比特币区块链中,区块大小是指区块链中最大区块的大小,设置为1兆字节，作为性能瓶颈，区块大小一直是比特币社区的争论热点。以太坊基于对区块空间供需的共识来动态定义区块大小，这种方法使得以太坊能够获得更高的吞吐量。

共识算法子系统包含对工作量证明等协议的主要参数的设定，如区块创建间隔（B_t）、计算目标（T）、计算难度（D）等。区块创建间隔是指获得连续两个区块记账权所间隔的时间。为了保持稳定的区块创建时间，区块链网络在每生成若干个区块后重新调整挖矿难度，如比特币区块链挖矿难度调整周期为2016个新生区块。计算目标是由系统根据区块创建间隔动态生成的决定挖矿难度的整型数值。矿工需要计算低于目标的哈希值。计算难度取决于区块创建间隔和全网哈希算力（H）。在特定的计算难度下，全网哈希算力的增加将导致区块创建间隔的降低。

图1.5为比特币区块链根据当前全网哈希算力和平均区块创建间隔对挖矿计算目标和计算难度进行重新校准过程。在上述过程中，共识算法显著影响矿工结点竞争记账权花费的计算周期。矿工每B_t挖掘一个区块，获得记账权的同时也可以得到预先设定数量的比特币。这些因挖掘区块由比特币网络产生的新的比特币通常被称为区块奖励（B_r）。区块奖励随着时间的推移而递减，最终变为零。矿工还可以赚取区块中包含的交易费（T_f）。比特币中的交易费是交易的资产输入和输出之间的差额，由交易的发布者支付。区块中所有交易的区块奖励和交易费用构成了矿工的总收入。

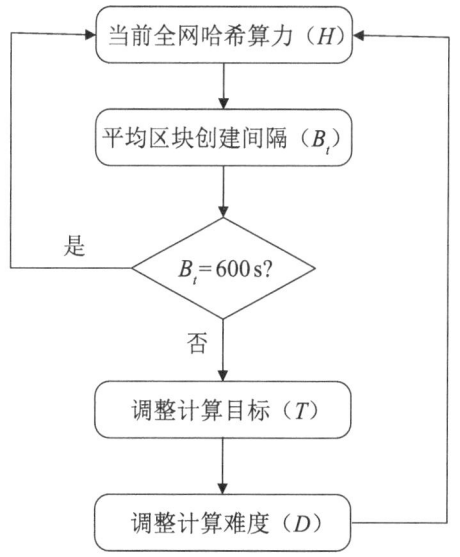

图1.5 比特币挖矿难度校准过程

存储子系统影响区块链的可扩展性和分散性。随着区块链规模的增加，存储需求也会增加，这一要求使存储容量较低的参与结点无法为共识作出贡献。

（4）隐私保护机制

隐私保护机制是区块链中用于保护用户隐私的一系列技术和方法。区块链具有透明的特性，因此在确保数据不可篡改和可追溯的情况下保护用户的隐私，成了研究和应用区块链技术的一个重要问题。区块链中用于实现用户隐私保护的技术主要包括零知识证明技术、环签名技术和混币技术等。零知识证明技术通过允许一方（证明者）向另一方（验证者）在不透露具体交易内容的前提下，证明某个陈述是正确的，来验证交易的有效性，从而保护了交易双方的隐私。环签名技术是在一组签名者中随机生成一个签名，外部无法确定是哪一个成员真正进行了签名，通过保护交易的细节和交易双方的身份，增强交易的匿名性。混币技术是通过混合多个用户的资金，使交易资金的来源和去向变得难以追踪，以此来提高隐私保护水平。

从对区块链核心技术的深入分析可以看出，区块链技术不仅仅是数字货币的基础，它的应用范围和潜力远远超出了预期。从数据的安全存储、高效透明的交易到智能合约的自动执行，再到隐私保护的高级机制，区块链技术正在逐步成为推动数字化转型和创新发展的关键技术之一。隐私保护机制的引入，不仅使区块链技术在供应链管理、金融交易、医疗卫生等领域应用中所涉及的数据隐私问题得到了解决，也为区块链应用的发展提供了更多技术支持。隐私保护机制在保护用户隐私和数据安全的基础上，正推动区块链技术向着更加成熟和稳定，促进社会和经济持续发展的方向发展。随着区块链技术研究的不断深入和应用场景的不断拓展，其在未来社会经济发展中的作用将会更加显著。

1.2 区块链衍生架构

通常将现有区块链分为3类，即公有区块链、联盟区块链和私有区块链。

公有区块链被认为是一种去中心化的无许可区块链，其交易对所有网络成员可见，比较具有影响力的公有区块链如比特币、以太坊。公有区块链的共识机制是在所有对等实体之间达成一致，因而链规模越大其安全性越强，典型的共识算法包括工作量证明和权益证明（proof of stake，PoS）等。

联盟区块链也称为联邦区块链，采用许可准入机制，交易对链上所有对等实体可见，如R3（银行）、EWF（能源）和B3i（保险）等。联盟区块链通常将权力分配给多个权威机构，而不是由一个完全中心化的权威机构进行决定。

私有区块链也是基于许可准入机制的区块链，其交易对特定实体可见，且只能由授权实体访问和操作。例如，基于区块链的工资系统，就是一个典型的基于许可准入机制的私有区块链，同时也是由单个权威机构决定实体在区块链上读写权限的中心化区块链。可以看出，私有区块链中的共识机制由单个权威机构定义。

上述3种区块链在对等实体间如何达成共识方面存在差异。公有区块链对所有实体都是开放的，因此保留了比特币的原始哲学逻辑，而其他两类区块链都是基于许可准入机制的方案。例如，在公有区块链中，所有矿工共同参与决定共识，即各实体结点都可以参与确保所有结点具有相同版本的有效交易历史的共识过程。然而，在联盟区块链或私有区块链中的共识，通常分别由一组选定的实体结点或单个授权机构完成。此外，公有区块链需要部署一定的激励机制，以鼓励结点加入区块链网络，并参与交易和区块的验证、写入等过程。基于许可准入机制的联盟链和私有链不一定需要部署复杂的激励机制。例如，在联盟链或私有链中，可以利用可信业务关系建立对等实体间的信任。

近年来，为满足多种应用场景需求，基于上述3类经典区块链架构衍生出许多新的区块链架构。下面对基于上述经典区块链架构的衍生架构进一步梳理，并对当前比较有影响力的区块链衍生架构进行介绍。

1.2.1 分区机制

与传统区块链中每个结点都参与验证全部交易不同，Elastico[55]、OmniLedger[56]、RapidChain[57]和Monoxide[58]等将区块链系统划分为不同的分区，选择部分结点构成规模较小的验证结点集来维护相应的分区，以提高系统可扩展性。然而，基于分区机制的区块链系统牺牲了系统安全性。例如，由于重新配置开销，分区配置只能缓慢（如几天）更改，因此小规模的分区容易受到强大的攻击者的攻击，致使参与结点遭受损失。为提高基于分区机制的区块链系统的安全性，Vault提出在不增加网络带宽的基础上使用分区机制来降低存储成本[59]。此外，尽管全部分区的综合吞吐量很高，但分区间交易的吞吐量仍然有限。

1.2.2　幽灵协议

幽灵（greedy heaviest observed sub-tree，GHOST）协议是基于替代最长链规则在快速区块生成率下提高共识安全性的协议[60]，目前在以太坊中已部分实现。GHOST协议从创世区块开始，迭代地遍历到具有最大子树的子块以选择约定的链，新块附加到约定链的末尾。GHOST协议与最长链规则的区别在于，诚实参与者生成的所有区块都将有助于增加约定链的最终确定性。例如，假设区块 G 是一个足够老的块，它位于所有诚实参与结点的约定链上，诚实参与结点生成的未来区块都将位于区块 G 所在的子树下，因此都将增加区块 G 的最终确定性。与最长链规则不同的是，即使存在并发块，攻击者也需要超过一半的计算能力才能从约定的链中恢复区块 G。

1.2.3　有向无环图

有向无环图（directed acyclic graph，DAG）是 DLT 的一种变体，每个结点都是记账结点，这意味着各结点都可以打包交易并生成区块，该算法基于"公平记账"模式共识机制，被提议作为区块链经典架构的替代方案。基于 DAG 的新型区块链架构如图 1.6 所示，图中结点表示数据区块，有向边表示父子数据区块之间的验证关系，区块不再采取单链的组织形式，而是采用扁平状有向无环图结构，可以确保所有结点在不涉及任何中心机构或第三方的情况下对数据交易快速达成共识。DAG 的实现增强了网络的可扩展性，减少了区块交易费用，甚至支持免费的微交易。DAG 在不需要运行耗费大量算力的 PoW 共识机制，不需要为参与结点提供任何激励措施的情况下显著提高了交易验证速度，消除了矿工对交易实体身份的验证过程。因此，在基于 DAG 架构的区块链系统中，既不需要矿工也不需要底层的能源密集型基础设施。

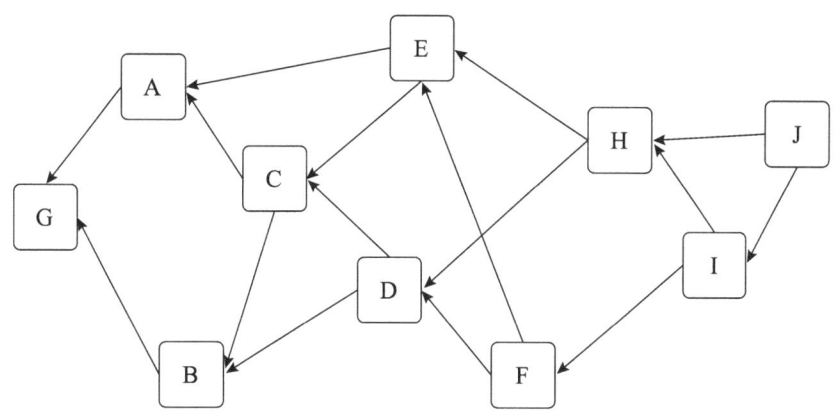

图1.6 基于DAG的新型区块链架构

基于DAG架构的区块链系统具有以下特性。

(1) 可扩展性

可扩展性是基于DAG架构的区块链系统的显著特征。与其他分布式区块链账本不同,基于DAG架构的区块链系统的可扩展性随着网络规模的扩展而增强。它要求每个结点至少验证两个或两个以上历史交易,以继续确认它们打包的交易。同时,验证过程所需的哈希算力也较低。

(2) 兼容性

传统区块链系统通常避免发布微交易,即规模较小的交易。因为即使交易规模很小,也需要发布结点承诺付出一定的交易费用,否则这些微交易将由于长期得不到记账结点打包处理,变成区块链系统中的僵尸交易。相反,基于DAG架构的区块链系统,通过引入交易免费记账方案,方便参与结点发布和处理即时的微交易,上述特性使得基于DAG架构的区块链系统与涉及微交易的多种应用更加兼容。

(3) 抗量子性

基于DAG架构的区块链系统具有较强的抗量子性,其底层分布式网络服务对使用现有经典签名方案的具有更高计算性能的量子计算机的攻击具有较强的鲁棒性。

基于DAG架构的经典区块链实现有IOTA[61]和Byteball[62]。IOTA基于DAG的数据结构称为Tangle。在Tangle中,每笔交易都由一个顶点表示,没有子结点的交易称为末梢结点,末梢结点不会被任何其他交易验证。当将新生区块添加到Tangle

时，需要选择 IOTA 区块链上的两个现有结点作为父结点，并添加由新结点指向两个父结点的有向边。将新生区块添加到 Tangle 后，需要等待区块交易确认。通常有两种确认方式，即全部确认和部分确认。理论上，通过所有末梢结点直接或间接验证的部分确认交易最终可以得到全部确认。然而，由于实际上存在网络延迟等因素，结点通常无法在可以容忍的运行时间内获得全部末梢结点的验证，即实现全部确认通常具有挑战性。因此，在 IOTA 区块链中通常将部分确认设定为一定比例的末梢结点参与验证，如 80%，而不是全部结点参与确认。Byteball 区块链中新生区块记账过程与 IOTA 类似，区别在于 Byteball 区块链中区块生成结点的所有历史交易都要由新交易进行验证。Byteball 的交易确认过程与 IOTA 存在较大差异。在 Byteball 区块链中，由系统指定的特定类型结点作为见证人，由见证人验证交易并达成共识，获得超过半数的见证人直接或间接确认的交易被视为确认交易。可以看出，Byteball 区块链中由系统预先指定的见证人验证机制削弱了其去中心化特性。

为了在不降低系统去中心化程度的同时提高吞吐量和确认速度，研究人员探索了几种替代架构来组织区块。包容性区块链将中本聪共识和 GHOST 架构引入 DAG，并拟定了链下交易处理方案[62]。在 PHANTOM[63] 的相关研究中提出，参与结点通过为其本地 DAG 区块找到与 k-cluster 近似的解决方案，以识别潜在的恶意区块。然后通过将剩余区块进行拓扑排序获得区块链全局顺序。然而，当区块生成速率较高时，包容性区块链和 PHANTOM 都容易受到区块链活性攻击，因此二者无法同时兼顾高性能和高安全性。为进一步解决上述问题，SPECTER[64] 为 DAG 中的所有块对生成非传递偏序。Avalanche[65] 将原始交易连接到 DAG 中，并使用迭代随机抽样算法来确定每笔交易的接受度。然而，上述研究试图获得并使用的是支付交易的偏序关系而不是全序关系，在交易全序关系缺失的情况下，很难在上述协议上部署和运行智能合约。

1.2.4 哈希图

哈希图也称为 Hashgraph，是一种基于 PoS 机制实现一致性共识的分布式数据库组织方案，具有一致性、原子性、隔离性和持久性等特性[66]。Hashgraph 使用虚拟投票机制验证交易，需要至少 2/3 结点对交易进行验证投票后才能将它们记入分布式账本。基于 Hashgraph 架构的区块链网络底层使用 Gossip 协议进行数据传输,即各结点随机选择一个或多个邻结点进行数据传输,通过关联相同的时间戳实现对多笔交易的并行处理。Hashgraph 账本记录了从开始到结束的所有基于 Gossip 协议进行传输的交易,支持任意结点在较短时间内获得全部交易,方便实现结点对网络交易及相关操作的追溯。

1.2.5 Tempo

Tempo 是一种具有水平扩展特性的分布式账本变体,其数据结构和存储机制依赖于子分布式账本[67]。与 Hashgraph 相似,为确保各子分布式账本能够以正确的顺序快速存储交易信息,Tempo 底层也采用随机 Gossip 通信协议,实现任意相邻结点间共享信息的交互和传播。然而,当结点跨越多个 Tempo 子分布式区块链系统验证交易时,会出现多个子分布式账本读取的交易时间戳不一致问题。因此,Tempo 无法使用传统的时间戳来维护共识,可通过使用逻辑时钟比较当前交易的前驱交易是否与其记录的顺序匹配,确保所有子分布式账本都以正确的顺序存储交易信息。

1.2.6 侧链

侧链(sidechain)是分布式账本的另一种变体,旨在解决传统区块链在安全、隐私和性能方面的缺点。侧链允许设立中心化的联盟机构授权实体间的访问控制,同时使用许可区块链存储和管理本地交易。侧链根据业务逻辑将网络进一步划分为多个子网,允许每个子网独立共识并验证其对应的交易,从而避免全网共识引发的效率低、可扩展性差等问题。

表 1.1 对经典侧链技术进行了梳理。BTC 中继技术主要用于实现不同区块链之间的互操作性,允许资产和信息在不同的区块链网络之间转移。Peace 中继受到 BTC 中继的启发,允许基于 EVM 的区块链之间进行通信。例如,允许以太坊合约从 Ethereum Classic 验证账户状态和交易。Testimonium 是一种遵循按需验证模式的中继解决方案,根据系统需求对链上处于特定锁定时间内的区块块头进行验证[68],区块交易在通过验证之前对链下客户端不具备有效性。POA 网络是由基于 EVM 的区块链通过 POA 桥互连形成的开源项目[69]。POA 桥作为支持以太坊平台跨应用交易的

组件，能够为 ERC-20 代币提供支持。通过跨链智能合约调用，由 POA 网桥连接的 POA 网络可实现在基于 EVM 的链（如 POA、Loom、Ethereum Classic）之间进行数据共享。Liquid 是基于 Elements 和多重签名方案的区块链侧链[70]，支持法定货币和电子加密货币等多种资产，通过引入硬件安全模块达成跨链共识，实现链间资产流动。Loom Network 是依赖于连接到以太坊、Binance Chain 和 Tron 侧链的 Dapp 平台[71]，使用委托权益证明（delegated proof of stake，DPoS）作为侧链上交易的共识机制，由 21 个验证结点和代币委托结点共同验证跨资产交易。

表 1.1 经典侧链对比

侧链名称	相关主链	侧链共识	侧链概述	优点	缺点
BTC 中继	以太坊	—	通过以太坊智能合约访问比特网的区块链	采用验证区块头的简单解决方案	功能受限
Peace 中继	以太坊	—	基于 EVM 的区块链 SPV	支持双向价值流动	以太坊区块头验证成本较高
Testimonium	以太坊	—	基于 EVM 的区块链 SPV	验证效率高	仅支持基于 EVM 的区块链
PoA	以太坊	PoA	基于 EVM 的 Dapp 应用程序互操作	共识成本低	验证结点存在地域局限
Liquid	比特网	强联邦	基于 Elements 的区块链侧链	稳定性强	共识安全取决于硬件
LooM	以太坊	DPoS	具有互操作性的 Dapp 平台	支持大量代币流动	闭源的解决方案
RSK	比特网	DECOR+	基于 BTC 的 RBTC 联邦侧链	合并挖掘允许重用工作	部分依赖 PoW
Blocknet	以太坊	PoS	基于 EVM 具有互操作性能力的区块链	支持无信任的区块链互操作性	仅限于数字资产流动

RSK 基于联合侧链和 SPV，在比特币网络基础上构建了更加通用的智能合约平台，成为增强比特币网络安全性和可扩展性的侧链解决方案[72]。RSK 使用"DECOR+"共识和联合挖矿技术，结点自动跟踪当前共识轮次中具有最高累积工作量证明的区块链，提升了矿工在 RSK 网络中进行挖矿的效率，同时引入区块压缩技术，对打包后的区块进行压缩。用户通过将比特币发送到比特币网络中指定的多签名地址获得 RSK 的原生代币 RBTC。上述多签名地址由 RSK 委员会控制，委员会成员通常基于硬件安全模块进行交易验证，保护其私钥。交易完成后，在 RSK 网络中基于 SPV 生成资产转移证明可实现代币转换。首先，将由 SPV 生成的资产转移证明作为 RSK 网络上的跨链交互智能合约输入。然后，由跨链交互智能合约将 RSK 网络上一定数量的 RBTC 代币发送至合约指定的 RSK 地址，同时将相应数量的比特币发送到合约指定的比特币地址。

Blocknet 是基于 PoS 共识机制的区块链，支持异构区块链之间的互操作协议[73]。Blocknet 由 XBridge、XRouter 和 XCloud 等核心组件构成[74-75]。XBridge 基于 API 和 SPV 实现跨链数字资产交互。XRouter 为链间地址查找组件，提供链间地址查找功能。XCloud 在 XRouter 提供的链间地址查找功能基础上构建去中心化 Oracle 网络，以获取可信数据。

1.2.7　分层链和平行链

除了 DAG 区块链，近期有研究提出分层链和平行链。基于分层链或平行链协议的共同特征是只有一小部分区块影响交易账本的全序关系，降低了不确定区块对区块全序关系的影响，如 BitcoinNG、FruitChain、OHIE、Prism 等区块链中的微块，可以有效缓解区块链面临的活性攻击问题。BitcoinNG 通过引入分层链架构来解决传统比特币区块链面临的效率低等问题[76]。BitcoinNG 将区块链分为用于选举领导者（leader）的关键区块（key block）和用于记录交易信息的微块（micro block），在 BitcoinNG 中，每 10 分钟生成一个微块，生成关键区块的矿工成为生成包含实际交易的微区块的领导者，直到下一个微块。这种分层结构允许领导者选举过程与交易验证过程分离，从而提高了系统的共识效率。FruitChain 引入分层链架构，首先将交易打包成微块，然后再将微块打包成块[77]。OHIE 使用经典中本聪共识协议运行多个平行链,通过对各平行链进行全局排序来获得区块的全序关系[78]。然而,由于上述协议需要等待足够数量的区块来确认交易,因此交易确认速度慢。例如,BitcionNG 的交易确认速度仅仅和比特币相当;OHIE 在每秒 64 个区块的区块生成速率下,平均 10 分钟左右确认一笔交易。针对上述问题,Prism 允许设置一个提议结点链和多个平行的投票结点链,通过投票链中的结点投票决定提议链中区块的全序关系,从而实现较高吞吐量和快速交易确认速度[79]。

1.3 经典共识与评估标准

在区块链网络中达成一致是一项复杂而重要的任务,也称为共识问题,在现实中具有广泛的应用,如分布式计算、负载均衡、电子加密货币及各种区块链创新应用等。共识机制是在分布式账本上频繁执行的安全更新,其中一项基本技术是状态机复制,它确保了与预定义状态转换规则相关的共享状态的存在和执行,如图 1.7 所示。

分布式环境下,由于网络局部状态常常需要在网络内的多个副本之间共享,状态的复制最终将导致相同的输出。因此,各副本需要使用共识机制进行交互,并就状态的潜在修改达成一致,使用共识机制来实现系统的可扩展性、可靠性、安全性等重要属性,即由共识机制实现每个副本状态的确定性。然而,在分布式系统中实现共识是复杂的,如需要通过采用同步或消息广播等规则来管理拜占庭结点。只有当区块链结点根据协议规则为相同的原子广播产生相同的有效输出时,共识协议才被认为是安全的。如果所有非拜占庭结点都产生输出,则该协议被视为可用的。此外,共识机制应当具备能够从参与结点的潜在故障中恢复的容错能力。例如,如果共识机制能确保所有结点都能做出贡献相同、一致和有效的输出,那么它就能保障系统的安全性。

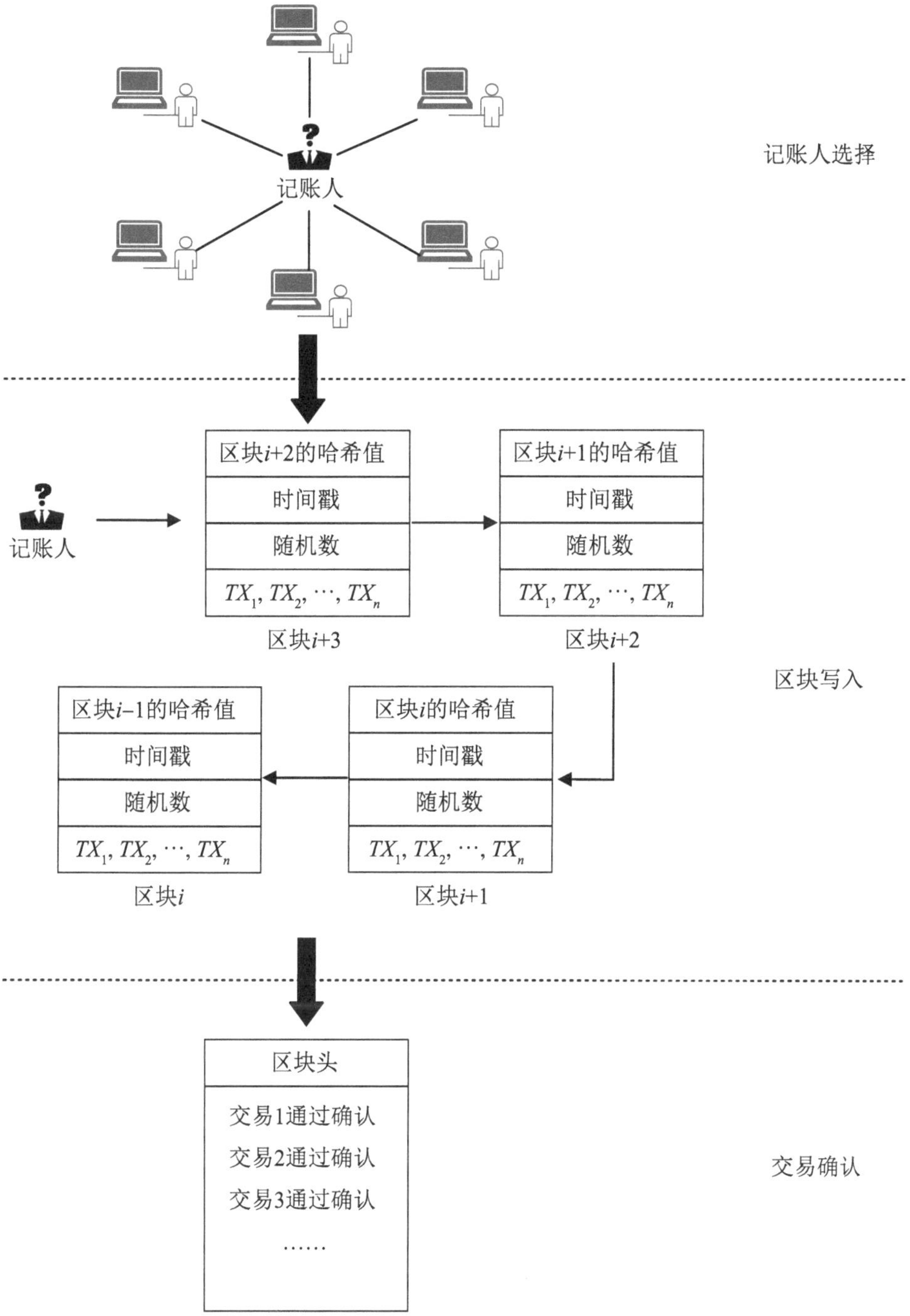

图 1.7 区块链共识过程模型

在包括区块链在内的分布式账本中，共识的意义不仅在于为分布式账本维持一致的全局状态协议，还在于确保了保证底层网络效率的3个关键属性，即网络的安全性、可用性和容错性。到目前为止，现有研究已经提出了一系列性能各异的共识机制，对已有共识机制的系统分析将有助于理解特定区块链的执行过程及其功能实现。为了实现这一目标，现有工作已经梳理并分析了一些共识机制[80-82]。然而，由于现有区块链系统中使用的共识机制存在不同程度的改进，上述工作中分析共识机制所依据的因素并不全面，缺少对现有区块链系统中使用的改进后共识机制的内部机制剖析。在应用层面，用户基于区块链技术解决实际问题时，将面临多种异构共识机制，选择不同的共识机制可能会带来效能差异。例如，通常假定分布式数据库系统结点不存在拜占庭攻击行为，因此在分布式数据库结点共识过程中只需考虑结点发生故障的情况，常用的共识算法有 Raft、Paxos 等。然而，区块链分布式账本的维护结点存在拜占庭结点，因此区块链中必须执行支持拜占庭容错的共识机制，如工作量证明机制 PoW、实用拜占庭容错（practical Byzantine fault tolerance，PBFT）等。

综上所述，区块链系统的特性从根本上取决于它们所使用的共识机制，因此需要对现有共识机制进行系统分析，以比较和深入研究这些机制。本节在介绍和分析经典区块链共识机制基础上，对目前比较著名和经典的区块链共识机制的性能进行评估。特别需要说明的是，在某些情况下，系统的安全性、活性和容错性等性能指标是很难精确度量的，甚至可能是相互冲突的。因此，需要确定一套完善的性能评估标准，涵盖共识机制的所有方面，深入理解现有算法中的约束，在对等方之间达成共识，确保区块链账本数据安全。

1.3.1 原生共识

1988 年，Oki 和 Liskov 提出用于在分布式交易的"视图标记副本"中达成一致的协议[83]。1998 年，Lamport 等在上述协议基础上提出了 Paxos 协议，该协议成为最早的共识机制，也称为原生共识[84]。尽管 Paxos 协议很难理解，也很难实现，但该协议能够在网络崩溃或故障的情况下产生单一共识值，保证网络的一致性和安全性。为了在 Paxos 中达成共识，Paxos 将结点分为提议者、接收者和学习者，提议者应至少从接收者获得（$N/2$）-1 个接收确认（N 为提议数）。首先，提议者提议一条带有提议编号的消息，并将其转发给接收者，提议编号被视为贯穿整个流程的时间线，其中编号较高的被认为是最新的提议。接收者将获取的提议号与当前已知的值进行比较，并且只接收最近的提议。然后，接收者转发一个响应消息，用以指示该提议是否被接收、相应的提议编号及所有被接收的值。提议者检查大多数接收者是否接收了该提议。若接收，接收方将接收的值广播给网络上的所有学习者，否则，提议者用最近的值更新提议号。

2014 年，斯坦福大学的 Diego Ongaro 和 John Ousterhout 提出 Paxos 的替代算法 Raft，并在论文 "In Search of an Understandable Consensus Algorithm" 中详细介绍了 Raft 算法的设计和实现[85]，旨在提供一个更易于理解和实现的共识算法，同时保持与 Paxos 相同的容错性和效率。Raft 算法引入了一种新的集群变更机制，利用重叠大多数（overlapping majorities）的特性来保证系统的安全性。然而，Raft 算法的结构与 Paxos 不同，它通过问题分解、简化状态空间等技术提高了算法的可理解性，使其更易于构建实际系统。Raft 算法适用于需要高吞吐量、高可靠性及快速交易确认的联盟区块链分布式系统。

Howard 等将 Paxos 共识协议与 Raft 算法共识协议进行了比较[86]，通过实验证明，Raft 算法不仅易于理解和实现，而且没有性能损失，目前已有多个开源实现。

1.3.2 基于证明的混合替代共识

基于证明的混合替代共识机制，旨在根据网络需求和现有条件对具有不同特点的区块链共识机制进行改进，以提升其在具体应用场景下的适应性。比较经典的做法是，通过保留 PoW 机制特性确保网络的初始安全性和去中心化，同时引入 PoS 机制来减少能源消耗并增加系统的可扩展性。例如，通过调整权益的分配、验证者的选定方式或区块的生成规则来适应不同的网络环境，解决传统共识机制中存在的某些问题。

下面介绍常见的基于证明的混合替代共识。

（1）工作量证明

1992 年，Dwork 和 Naor 在发表的开创性论文中首次提出工作量证明 PoW 的概念[87]。他们提出 PoW 机制的初衷是抵制垃圾邮件，电子邮件发送者需要在特定时间内解决计算资源密集型的数学难题，并在电子邮件中附上解决方案，作为任务已完成的证明。只有在解决方案能够成功验证的情况下，电子邮件接收者才会接受该电子邮件。Back[88]提出的Hashcash系统最早在应用系统中使用PoW机制。与Dwork和Naor的提议类似，Hashcash也被设计用于抵制垃圾邮件。PoW机制涉及两类不同的结点：证明者（请求者）和验证者（提供者）。证明者执行旨在实现目标的资源密集型计算任务，并将该任务呈现给特定验证者或一组验证者以进行验证，就所需资源而言，证明生成过程和验证过程具有显著的工作量不对称性。部分基于PoW共识机制的区块链系统也采用了类似的概念，通过设置哈希函数阈值调整数学难题的计算难度。2008年，中本聪将工作量证明机制引入比特币区块链，使其成为区块链系统中最著名的共识机制，本书称之为以"记账人"为基础的共识机制。

如图1.8所示，以"记账人"为基础的共识算法主要工作集中在记账结点的选择，结点的计算能力决定了PoW机制下记账权的归属，同类算法还包括PoS、Conflux、Bitcoin-NG及其变体等。在比特币系统中，每个块由前一个块的哈希值、交易历史、随机数和当前块哈希值组成。为了在网络中维护新块传播协议，PoW机制额外设定了复杂的单向计算难题，这个数学问题可以表示为：根据当前难度值基于新区块找到合适的随机数（nonce），使得基于新区块的SHA-256值小于或等于目标值，这个过程也称为"采矿"，由各结点竞争解决。通过改变单向计算难题的预定义条件，网络可以非常灵活地进行扩展。工作量证明机制从计算块头的哈希值开始，矿工（即试图求解单向计算难题的计算机）不断修改该值并计算，获得不同的哈希值，判断其是否满足预定义条件。成功解决当前难题的矿工将被授予追加一个新区块的权限。每当矿工获取目标值时，它将相应地在整个网络中广播该块，以便整个网络中的每个结点都能够确认哈希值的正确性，并将相应的新块附加到它们的区块链上。交易确认阶段遵循最长链原则，也就是说，当出现分叉时，较长的链被认为是合法的。如果一个区块有6个或更多的后续区块，那么它包含的交易通常被视为已确认。

工作量证明机制中记账结点竞争的随机性和开放性，使得该算法具有良好的分布式结构、高级别的安全性和可接受的可扩展性等优点，然而该机制也存在一些局限性，成为目前学术界研究的热点，主要体现在以下几个方面。

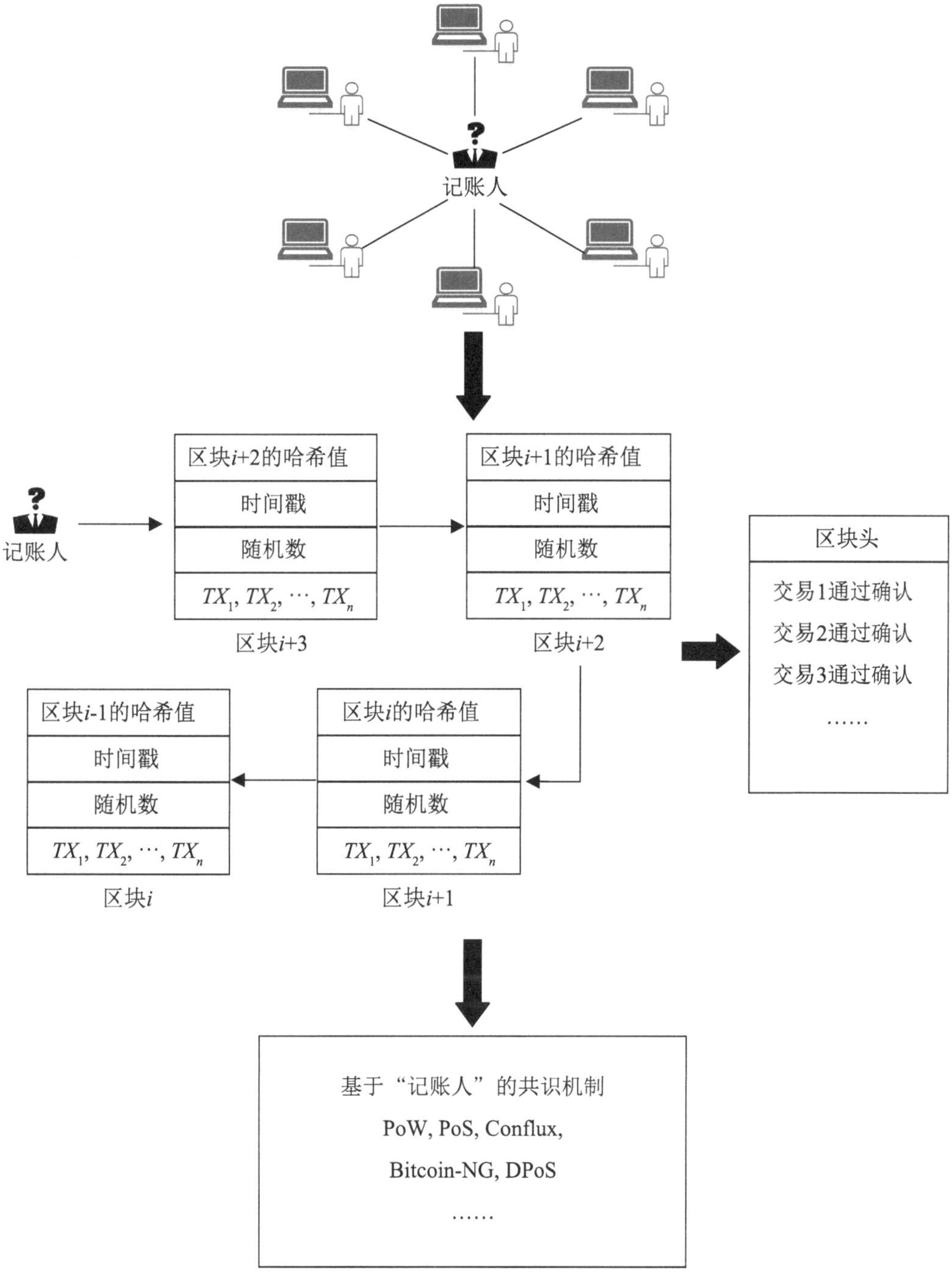

图 1.8 基于"记账人"的共识机制

①性能和安全性之间的严格权衡。PoW 以其低交易吞吐量而闻名。在 PoW 中，有固定的块生成速率，即平均每 10 分钟左右生成一个区块，且有最大区块大小限制。

PoW 机制设定平均 10 分钟左右的出块时间间隔是为了确保在创建新区块之前，前一个区块能够在网络上充分传播。虽然理论上能够通过减少区块生成时间间隔或增加单个区块大小来提高系统性能，但是减少区块生成时间间隔将导致需要更高的交易处理能力，也会增加区块传播不足的风险，增加发生分叉的可能性，从而破坏系统安全。增加区块大小同样也会导致类似的问题，而且更大的区块将导致更高的传输延迟和不均衡传播[89]。

②能源效率低下。PoW 机制因其在比特币和其他加密货币使用中导致的巨大的附加能源消耗而受到广泛批评。在对每个新生区块达成共识之前，所有结点都可以参与对记账权的竞争，挖矿和验证区块的操作浪费了大量能源，导致能源效率低。随着挖矿难度的增加，矿工们为了维持竞争力，不断增加计算资源的投入，导致整个网络的能源消耗迅速增加。加密货币社区正在就如何减少 PoW 机制的能源消耗开展研究，包括采用更高效的算法、改进挖矿硬件和探索可再生能源等。

③具有特殊的硬件依赖性。矿工计算哈希函数的速度和成功率在很大程度上取决于运行哈希的硬件的计算能力。在 PoW 机制中，矿工的计算能力通常以哈希每秒（H/s）来表示，是衡量其挖矿速度的决定性因素。随着区块链网络挖矿难度的增加，拥有更高计算能力的硬件对成功挖矿和找到区块变得至关重要。专用挖矿硬件如专用集成电路（application-specific integrated circuits，ASIC）和高性能图形处理单元（graphics processing unit，GPU），通常比普通计算机 CPU 具有更高的计算能力，因此挖矿效率更高。然而，高性能专用挖矿硬件的成本较高，这可能限制了个人矿工的参与，导致挖矿行为趋向中心化。

④可扩展性差。PoW 共识机制的可扩展性存在一些固有的挑战，如区块大小限制、区块生成时间限制、网络延迟等，这些挑战将影响其处理大规模交易的能力。多数 PoW 系统（如比特币）有固定的区块大小、固定的区块生成时间间隔及求解具有固有复杂性的哈希数学难题等特点，限制了每个区块可以包含的交易的数量，也意味着在任何给定时间内处理的交易数量是有限的。并且，随着越来越多的结点加入网络，单个结点需要处理的数据量和结点间的通信时延都会增加，这将导致网络性能下降，因此，PoW 共识机制不适用于单位时间内需要较高吞吐量的大型快速增长网络。

⑤易受自私挖矿攻击的影响。自私挖矿（selfish mining）是一种针对PoW机制区块链的挖矿策略。自私挖矿攻击者控制的总算力占全网算力的比例、区块传播速度、网络的连接性等是决定自私挖矿攻击能否成功的主要因素。当单个恶意用户或一组用户保留所有已挖掘的区块，并且仅当其自身的区块链长度比区块主链长时才进行广播时，就会发生自私挖矿攻击。攻击者的私有链因此成为较长的主链，从而产生链分叉。自私挖矿攻击可能会降低网络验证区块的速度，同时削弱诚实矿工的营利能力。研究表明，比特币等区块链的挖矿难度调整机制能够被自私挖矿攻击利用，在挖矿难度调整后，自私挖矿攻击的营利能力将增大。目前，部分研究已经提出一些解决方案来减轻自私挖矿攻击的影响，如改进数学难题难度调整公式，考虑孤块数量的因素及激励机制，鼓励矿工在他们的区块中增加叔区块的存在证明等。

⑥矿池集中风险。矿工拥有的计算能力越强，越有可能获得可观的挖矿收入。随着挖矿难度的提升和挖矿技术的发展，挖矿需要更专业的技术和更多的资本投入，个体矿工很难独立挖到区块，因此他们倾向于加入矿池共享资源，这将导致算力向矿池集中。矿池的集中加速了区块链网络易受自私挖矿攻击的风险，同时，大型矿池可以获得更稳定的收益，获得大量挖矿收入的矿池可以购买更高效、更强大的挖矿硬件，这种积极的网络效应也导致了财富的进一步集中[89]。

研究表明，目前少数矿池占据了大部分挖矿算力，单独的矿工与矿池竞争已经很难成功参与PoW共识。为了缓解矿池集中的风险，可以采取一些措施，如开发能够自动检测矿池恶意行为的软件，或者通过构建多个矿池来平衡收益误差等。此外，矿池之间的协调配合，以及用户在选择矿池时的自主性，也可以帮助缓解矿池算力集中的问题。

（2）权益证明

为了解决PoW机制下的高资源消耗问题，引入了PoS机制。2011年，PoS机制在Peercoin加密货币中获得应用，之后在Nxt和黑币（Blackcoin）等加密货币中使用。PoS机制并不指一种特定的机制，而是指那些依靠权益证明竞争记账权的共识机制。下一个新区块的创建者通常通过随机选择、权益数量和币龄的各种组合来选择，以提供良好的可扩展性。在PoW机制中，哈希运算在无限的搜索空间内完成，与PoW机制不同的是，在PoS中结点在有限的搜索空间内进行哈希运算[90-92]。

PoS 的发展经历了 3 个版本。第一个版本是以点点币为代表的 PoS 1.0 版本，结点所拥有的币龄越多，获得记账权的概率就越大；第二个版本是以 Blackcoin 为代表的 PoS 2.0 版本，结点所拥有的币的数量越多，获得记账权的概率就越大；第三个版本是 Blackcoin 升级到 PoS 3.0 后，系统又回到以币龄为依据分配记账权。继第一个可证明安全的 PoS 协议 Ouroboros 被提出之后，产生了很多基于 PoS 的新的区块链协议，如 Ourobros Praos[93]、Genesis[94]、Crypsinous[95]、Hydra[96]、Algorand[97-98] 等。这些协议类似于比特币，提供了活性、持久性、安全性、隐私性和可用性等保障，可在预期恒定时间内实现交易的最终确定性。

PoS 机制记账结点的选择通常取决于与该结点相关的钱包中存储的资产，有多种实现方式。例如，PoW 机制下，将挖矿难度设置为根据每个结点持有的权益比例和时间而变化，可以加快对目标随机值的搜索。该方法不需要矿工耗费高计算能力验证任何证据来竞争记账权，而是将记账权分配给具有最高权益的结点，从而减少了结点竞争记账权的资源耗费。因此，基于 PoS 的共识机制具有快速的块创建时间、高吞吐量、高能效、高可扩展性及对专用硬件具有独立性等优点。但其实现过程强烈依赖拥有最大权益的结点，具有垄断风险，区块链将在某种程度上变得中心化，同时为恶意攻击者提供了明确的攻击目标，降低了系统的安全性。其局限性主要体现在以下几个方面[99]。

①无成本模拟问题。由于 PoS 机制不需要运行强大的算力，任何结点都可以免费模拟区块链历史的任何阶段，从而给攻击者制造替代区块链创造了机会。

②易产生分叉问题。由于多数 PoS 机制下的实现都不需要运行 PoW 机制，因此验证结点在区块链的多个分叉上验证交易的费用较低，根据博弈论，验证结点将通过向多个并发区块链进行贡献获利，导致在区块链中创建分叉。

③易受后期腐败影响。后期腐败是由委托历史的透明度引发的，包括委托结点地址和委托金额的透明度。攻击者选择当前拥有权益较少但未来可能拥有较高权益的结点作为目标结点，通过向目标结点承诺支付包含伪造交易的替代链的奖励来试图贿赂该结点。攻击者贿赂的大量目标结点后期可能共同形成一条替代链，从而超越主链[21]。

④易受远程攻击。当一组攻击者制造出比主链更长的有效链时，将能够在创世

区块之后几个块开始实施远程攻击。

⑤易受公开信息攻击。攻击者可以利用公开可用的权益委托历史来干涉 PoS 的随机性。

⑥中心化风险。该风险类似于 PoW 的中心化风险。

从 PoS 机制的上述局限性可以看出，这类算法在区块链网络中的攻击成本较低。

（3）委托权益证明

为了降低 PoS 的垄断风险，Chen 等[100]提出了委托权益证明 DPoS 共识机制，已在 Bitshares 中使用。该方法是对权益证明机制的改进，由结点通过投票选择代表进行区块验证。代表的数量是有限的，且代表可以确定发布各块的时间，这将有利于更有效地组织网络。如果选定代表的延迟过长或错误地提交报告，网络中其他结点可以投票决定替换代表。

在 DPoS 中，账户管理地址是与加密货币余额相关联的字符串，拥有非负数量的加密货币资产。DPoS 系统应至少为每个用户账户提供支付和权益委托两个基本操作。权益所有者将投票权授予其他结点，由排名靠前的候选人轮流拥有记账权。因此，DPoS 机制归结为用户将其享有的权益授予另一用户的能力。这种行为应该与其他行为（如支付）区分开来，以保护用户并促进系统实施自动奖励计划。DPoS 机制在区块添加和交易确认阶段与 PoS、PoW 机制相同。

DPoS 机制中的授权行为通常应遵循以下原则。

- 具有成本效益的委托：权益委托及更改客户的委托应该具有成本效益。
- 支持链委托限制：支持设置允许的链委托分配的数量限制。
- 支持授权验证：系统中的参与者应该能够验证授权分配的状态。

DPoS 机制中的地址通常具有以下特性。

- 不可延展性：给定一个地址或与该地址相关的交易，攻击者不可能构造一个只共享其部分属性的不同地址，如支付密钥。
- 唯一性：地址生成过程不应该为不同的属性生成相同的地址，即地址应该是唯一的。
- 短地址：地址应该相对较短，以便于使用和提高存储效率。
- 可构造多种类型的地址：应该可以构造多种类型的地址，每种类型都支持不同的基本操作子集，如禁止将某些地址加入或将权益委托给某权益池。

● 多设备支持：一个账户应该能够存在于不共享内部状态的多个设备上。

● 地址恢复：用户可以通过区块链浏览器、区块探索工具或使用私钥通过钱包软件来识别和恢复与他们账户关联的所有地址。

● 隐私和不可链接：地址应该是不可区分的，且不能公开链接到管理它们的账户。

基于 DPoS 机制的区块链支持使用不同的委托方式，如 EoS[101]、Tezos[102] 和 Steem[103] 上部署的 DPoS 机制支持代表投票，并且所有结点都使用一个密钥进行支付和投票。Steem 和 EoS 将潜在代表的人数限制在 21 人，而 Tezos 提供了一个更开放的设置，用户可以投票给他们选择的任何代表，但要求代表至少拥有总权益 8.25% 的代表权益。Cardano 将权益所有权限制在一组封闭的区块提议结点上，不支持任意结点开放参与，而 NEO 仅支持 7 个结点参与共识，其中 5 个结点由单个实体控制。

DPoS 机制最重要的特点是可扩展性好、能效低、交易成本低。虽然存在上述优点，但它是一种半中心化机制，对代表人数的限制将使网络更加趋于中心化。目前，该机制仅在联盟区块链或私有区块链中使用。

（4）链条证明

链条证明（proof of chain，PoChain）机制最初被用作 PoS 的替代方案，其分布式特征和高透明度增强了网络安全性。PoChain 通过在单位时间间隔内选择一个活动客户机来激励下注的用户。客户端验证所有与网络相关的挂起交易。PoChain 消除了原有 PoS 按权益比例投票的激励机制，让尽可能多的贡献者参与进来，不仅有利于保障验证过程的真实性，而且使网络传播更为广泛，难以追踪，提高了网络的安全性。

（5）权益时间证明

权益时间证明（proof of stake time，PoST）机制是一种时间可接受的非线性共识机制，被认为是解决 PoS 缺陷的一种替代方案。在基于 PoST 共识的区块链系统中，参与结点在网络中持有的代币数决定他们参与挖矿或验证区块的权益，参与结点的贡献收益由与网络健壮性成反比的收益率决定。PoST 共识通过设置与权益相关的周期性时间可接受函数，根据参与者持有代币的时间长度，动态调整其挖矿权重或验证能力，使得参与结点需要同时拥有大量代币并长期持有，增加了攻击成本，从而减少了大型矿池的中心化趋势，增强了网络的安全性和去中心化程度。

（6）工作时间证明

由于 PoW 中块创建的时间间隔固定，在竞争计算目标随机值时，极大地浪费了计算能力。作为一种 PoW 的替代方案，工作时间证明（proof of work time，PoWT）共识机制包含了块时间属性，用于记录结点完成特定计算任务的时间投入，提出了与挖掘能力增量相关的可变块创建速率，通过协调交易速度与挖矿能力，使结点自动调整到有效工作状态。PoWT 共识要求矿工在解决复杂数学问题或执行其他计算密集型任务的基础上，投入显著的时间成本，从而提高对区块链的攻击成本，提高网络的安全性。与 PoW 共识下的激励机制类似，PoWT 共识下成功完成任务的矿工能够获得加密货币或其他形式的奖励。然而，如果所有参与结点都执行相同的计算任务，PoWT 可能会面临与 PoW 类似的可扩展性挑战。

（7）时空证明

时空证明（proof of space and time，PoSaT）是存储证明的一种实现，该共识机制要求参与者（即矿工）证明他们已经分配了一定数量的磁盘空间用以执行计算任务，从而获得创建新区块或验证交易的权利。PoSaT 的核心是确保存储矿工在一定时间内真实存储了数据。PoSaT 机制中，矿工将在交易指定的期限内存储数据，并向网络提交相应的 PoSaT 作为证明，服务器发布存储证明，验证者可以验证数据是否在特定时间内被存储。矿工必须生成顺序的存储证明来作为确定时间的一种方法，并通过递归执行来生成简单的证明。矿工的存储空间越大，他们在共识机制中的权重越大，就有更大的概率被选为下一个区块的创建者。时空证明机制强调的是存储容量，无须向区块链提交工作量证明，降低了验证者和证明者的频繁交互，旨在减少算力竞争对能源的浪费。

PoSaT 常与复制证明（proof of replication，PoRep）一起使用，PoRep 用以证明数据的单独拷贝已在特定存储空间创建成功。PoSaT 提供持续的 PoRep 证明，即矿工必须不断地生成存储证明，并在一个提交周期内提交该证明。

（8）贡献证明

贡献证明（proof of devotion，PoD）机制旨在奖励对网络做出较多贡献的参与者，鼓励用户进行有益的行为，如分享资源、参与决策过程、提供服务或维护网络安全等。在基于贡献证明的 BFT 投票过程中，由参与结点从验证结点集中选择新块提议者，通常选择对网络影响最大的结点作为新块提议者。上述过程有助于确定拟提议区块的合法性。此外，为了避免造成记账垄断，PoD 也可以指定结点进行记账。

PoD 机制与 PoW、PoS 等共识机制相比，更加注重参与者对网络的实际贡献，而不仅仅是他们拥有的资源量，因此，PoD 机制的应用有助于创建更加公平和可持续的网络环境。

（9）活动证明

为了防范比特币中的潜在问题，2014 年，Bentov 等提出作为 PoW 和 PoS 共识替代方案的活动证明（proof of activity，PoAct）机制[104]。在比特币区块链中，矿工仅为自身利益工作，极端情况下容易引起网络拒绝服务、网络隔离等网络攻击。此外，在比特币中，攻击者可能试图操纵交易比特币的价格，从而造成用户损失。然而，在 PoS 共识机制下，用户持有代币产生的收入与实际发生的商业活动成比例，不太可能出现代币价格螺旋下降的情况，因此从博弈论角度来看，在 PoW 和 PoS 的基础上提出 PoAct 机制是必然的。为抵御上述比特币可能遭受的实际攻击，同时降低网络通信和存储空间需求，PoAct 机制将 PoS 和 PoW 结合起来，激励参与结点，取消惩罚被动结点，利用最近生成区块的哈希值来选择伪随机利益相关者，验证最近写入的区块。每个区块经过验证并由利益相关结点对其哈希签名后作为新生区块链接至区块链。目前，电子加密货币 Decred 和 Espers 在其区块链中采用了 PoAct 共识。

在安全性方面，PoAct 算法中发生 51% 攻击的概率接近于零，因为对该算法实施攻击要求攻击者同时拥有 51% 的货币和 51% 的挖掘能力，因此，与 PoW 和 PoS 相比，PoAct 具有更高的安全性。然而，由于 PoAct 采用了 PoW 的挖矿机制，因此需要大量的能源和计算能力，而且容易受到双重支出攻击。

（10）Snow White

2016 年，康奈尔大学的 Elaine Shi 教授提出 Snow White 共识机制，旨在提供一个去中心化的、无许可准入的正式端到端权益证明系统。Snow White 共识机制允许结点在任意时刻加入网络，大大提升了互联网异构部署灵活性、可扩展性及鲁棒性，能够适应不同的网络环境和应用场景。Snow White 共识机制包含了与活动证明相同的程序，用于选举负责对块生成领导者进行投票的委员会结点，为哈希函数提供时间戳，通过检查点机制和"社会共识引导"对抗成本模拟攻击，这比依赖于可验证随机函数（verifiable random function，VRF）和擦除编码的方法更简单、更实用。Snow White 对底层共识协议的正式安全性证明表明，Snow White 共识算法的设计和实现，为区块链领域提供了一种安全、灵活且高效的 PoS 解决方案。

（11）混合工作证明

混合工作证明（hybrid proof of work，HPoW）机制结合了工作量证明机制和其他权益证明机制，通过消除利益激励，在有限的计算资源下最大化矿工的贡献。HPoW 共识机制需要在 PoW 机制和 PoS 机制之间找到平衡点，这在技术上是一个挑战，需要考虑如何分配计算和权益的权重，以确保网络的公平和透明。PoW 机制依赖于参与结点的计算能力，而 PoS 机制依赖于参与结点持有的代币权益，HPoW 机制随机选择候选区块，不对结点的哈希能力或速度作要求，也不再奖励计算速度最快的结点，而是要求参与结点同时控制大量的计算能力和代币，从而提高交易确认速度及攻击成本。此外，HPoW 不允许单个矿工在 30 分钟的时间间隔内连续获得区块记账权[105]。

（12）弹性活动证明

弹性活动证明（flexible proof of activity，FPoA）是一种结合了工作量证明机制和权益证明机制的共识机制。FPoA 通过引入委员会来执行选举，在不同的应用场景下，根据矿工的 PoW 和 PoS 能力循环选择矿工，提供了比传统 PoW 机制和 PoS 机制更灵活的组合方式。在每个区块生成周期内，使用 PBFT 来解决分叉问题并提供完整性，增强了哈希函数的评估过程，有助于消除自私挖掘。

（13）股权速度证明

股权速度证明（proof of stake velocity，PoSV）机制是由 Reddcoin 开发团队开发的基于 PoS 的区块链底层共识机制。在 PoSV 中，币龄的积累不再是线性的，而是通过引入指数级衰减函数，集成股权和速度，进行货币权益动态调节，来减少采矿浪费。这意味着币龄的增长率随时间减少，最终趋近于零。这种设计旨在促进更广泛的网络参与，鼓励持币者定期参与质押，并将钱包保持在线，有效提升点对点交易的安全性，防止多矿池威胁。

与基于币龄的 PoS 机制相比，PoSV 机制利用非线性币龄积累函数和单调衰减函数进行货币估计，激励持币者频繁参与质押，显著改变了激励机制，同时指数衰减函数对安全造币施加了渐近限制，可以有效抵抗51%攻击，因此，PoSV机制有效提高了网络的活跃度和安全性。

PoSV作为一种创新的共识机制，通过结合PoS的优势和非线性币龄积累机制，旨在提高区块链网络的参与度和安全性。然而，PoSV虽然鼓励持币者保持活跃，但仍需要确保持币者的行为符合区块链网络的整体利益，应避免出现中心化操纵行为。随着区块链技术的不断发展，PoSV及其变种可能会在更多项目中得到应用和推广。

（14）Zab协议

ZooKeeper原子广播（ZooKeeper atomic broadcast，Zab）协议是一种基于原子广播的共识协议，最初在为分布式应用提供一致性服务的开源项目ZooKeeper上实现。Zab协议保证了消息的原子性，即消息要么被所有参与结点接收，要么一个也不接收。在Zab协议下，结点每秒执行数千次广播，验证过程确认每个状态变化相对于前一个状态变化的增量顺序，主视图负责确保交易过程中状态变更视图的有效性，从而实现在分布式系统中的消息能够被所有参与者以相同的顺序接收。Zab协议的核心是在整个zookeeper集群中只有一个结点（即主结点）将客户端的写操作转化为提议的交易。主结点写入数据之后，将向所有的从结点发送数据广播请求，等待各从结点反馈。在Zab协议中，若超过半数从结点反馈确认，主结点就会向所有的从结点发送委托消息，即将主结点上的数据同步到从结点之上，这种方法对状态顺序改变保持了隐式的相互依赖。

Zab协议具有故障恢复机制，当主结点故障或失去联系时，系统能够通过选举新的主结点来恢复工作，系统也可以在不超过总结点数量一半的从结点出现故障时继续运行。Zab协议可以通过协调分布式系统中的负载分配辅助实现软负载均衡，已被证明适用于web规模应用。

（15）运气证明

运气证明（proof of luck，PoL）机制最初建立在可信执行环境（trusted execution environment，TEE）和可扩展的群签名（expandable group signatures，XGS）之上。TEE是一种安全计算环境，可以在其中执行敏感计算，而不会受到操作系统或其他软件的干扰。XGS允许一组结点中的任一结点代表整个组签署交易。在PoL机制下，通过XGS提供的群组盲签名机制来隐藏实际的矿工结点身份，增强区块链网络的隐私性和安全性，通过在 TEE 下使用随机事件或随机数生成器，安全地生成和验证可信随机数来选择记账结点，旨在提供一个公平的挖矿环境。基于上述结点选择过程的随机性，所有结点都可以成为候选人，并成为委员会的一部分，然而，候选人和委员会的选举是静态的。在记账结点链添加新区块的过程中，可信平台需要为每个区块分配一个运气评估值，评估每个参与者在 TEE 下的算法是否正确执行。运气评估值是一个从 0 到 1 均匀分布的随机数，获得总体最大评估值的链被认为是主链。区块链结点写入新生区块时，优先选择拥有当前最高运气值的链。

可以看出，基于随机性和运气一致性证明算法的 PoL 机制也是"以记账人为基础"的共识机制。上述记账规则使得运气证明机制能够抵抗双花攻击。同时，PoL 机制不依赖于计算能力，在一定程度上提高了网络的可扩展性。然而，结点与网络之间的时钟不同步可能会使结点运气评估值产生偏差，这将对矿工同步后执行运气证明产生重要影响。PoL 共识机制是一种相对较新的概念，目前还在不断发展和完善，随着区块链技术的发展，PoL 机制及其变体将继续演化，以满足不同网络的需求。

（16）燃烧证明

燃烧证明（proof of burn，PoB）共识机制是一种节能、可持续的 PoW 替代共识机制。其出发点是，矿工不必要浪费精力或时间来证明他们做了一些困难的计算，且参与结点愿意接受短期损失以获得长期回报。在 PoB 机制中，矿工必须燃烧掉他们拥有的一部分加密货币才能获得奖励。具体的方法是，矿工使用一个不可逆的地址来传输加密货币并燃烧掉这些货币，即一旦加密货币被发送到该地址，就会从网络中永久删除，不再流通。所有表明将加密货币转移到不可检索地址的交易都被记录下来，并使用 SHA-256 算法计算网络中每一笔交易的哈希值。在一段时间内燃烧最多加密货币的矿工被选为生成新区块的记账结点，因此，PoB 机制也可以看作"以记账人为基础"的共识机制。

在 PoB 共识机制中，用矿工燃烧加密货币的数量衡量他们对区块链做出的贡献大小。燃烧加密货币等同于产生虚拟挖矿能力，矿工为支持系统而消耗的加密货币越多，它获得的挖矿能力就越强，找到下一个区块的机会就越大。这一点与 PoS 机制中高权益结点获得高收益的几率更大类似。PoB 共识机制具有可持续性、减少硬件依赖和增强的去中心化等特性，目前已在 Slimcoin、Counterparty 和 Solaris 等电子加密货币系统中获得应用。

（17）容量空间证明

2015 年，Dziembowski 等提出容量空间证明（proof of capacity，PoCap）机制，也称为空间证明、存储证明[106]。PoCap 机制需要矿工在开始挖矿之前，在所有可用硬盘空间上存储创建的随机数。这些随机数就像一张包含一系列数字和字母的彩票。如果某矿工硬盘存储的随机数中的一个哈希值与区块链网络中最近的谜题最接近，则意味着该矿工结点获得当前轮次区块记账权。就所需的计算基础设施而言，容量空间证明基于大型存储数据集进行操作，如大容量硬盘或云存储系统，是一种比 PoW 机制成本更低的共识机制。硬盘的容量越大，可以储存在硬盘里的方案值就越多，矿工就越有机会匹配到其中所需要的哈希值，从而有更多的机会获得奖励。

目前，PoCap 机制已经在 Burstcoin 区块链中获得应用，其实现过程分为两个阶段。第一阶段通过结合 Shabal 哈希函数和硬盘测绘技术来评估矿工当前使用的硬盘容量，通过对包括矿工 ID 在内的数据进行重复哈希来创建一个名为"Nonce"的数据结构。Nonce 包含 8192 个哈希，每两个哈希组成一个 Scoop，因此一个 nonce 包含 4096 个 Scoop（标记为 0～4095），其区块链结构如图 1.9 所示。由于 Shabal 哈希函数具有很强的计算困难性，所以在 PoCap 机制下矿工需要预先计算其哈希值，并将计算结果存储在硬盘中。矿工拥有的空闲存储空间越多，预先计算和创建的哈希值就越多。第二阶段矿工通过引用区块链上最近的区块，计算生成哈希，发布最近截止日期哈希的矿工将获得新生区块记账权和交易报酬。

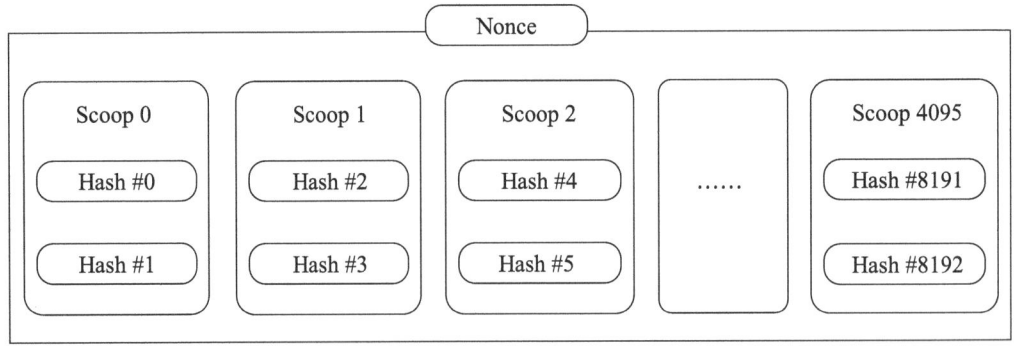

图 1.9　基于容量空间证明机制的区块链结构

可以看出，PoCap 机制与 PoW 机制存在显著不同，PoW 机制需要特殊硬件如 ASIC、CPU、GPU 等用于采矿，PoCap 机制对硬件要求不高，且无须不断升级硬件，因此能源效率较高。然而，由于 PoCap 机制下大量哈希值存储在硬盘上，容易受到恶意软件攻击，增加了数据的脆弱性和被篡改的风险。

（18）存在证明

通常需要判别目标数据何时存在或交易何时发生，用以判别的证据被称为存在证明（proof of existence，PoE）[107]。例如，专利局公布发明人提交申请的日期，通常需要按时间顺序跟踪申请交易。传统方式下，通常将时间戳管理机构作为可信第三方，将由可信第三方提供的对数据的数字签名及可信时间戳作为数字数据或交易数据的存在证明。可信时间戳用于在电子数据上打时间标记，其本质是将用户的电子数据的哈希值与权威时间源绑定，并通过时间戳服务中心提供的数字签名，产生不可伪造的时间戳文件，证明数据在特定时间点的存在性和完整性。

目前，通过结合密码学和区块链共识来实现的时间相对顺序和绝对顺序证明方法已经引起了研究人员的关注。Qian 等[108] 提出使用区块链而不是时间戳管理机构来创建可信时间戳。区块链在一定程度上保证了区块和包含交易的相对和绝对顺序，无须依赖可信方。相对顺序是通过将除第一个块以外的每个块与前一个块进行加密链接来建立的。绝对顺序是由矿工在其开采的区块上应用的时间戳确定的。基于区块链的 PoE 机制利用去中心化 SHA-256 认证提供在线服务，使用区块链存储数据的加密摘要和相应的提交日期，永久保存数据的存在证明，且可以公开地证明数据的所有权而不泄露数据本身。因此，基于区块链的 PoE 机制提供的存在证明具有匿名性、私密性和去中心化的特点。

PoE 机制作为一种区块链公证服务，允许在文档中更新规则，并支持对规则的更新过程进行追溯，为文件、协议或合约提供即时和安全的存在证明。PoE 机制的应用范围包括确保文档的完整性、文档时间戳，以及在不透露内容的情况下对数据的所有权进行确权等。

（19）移动证明

移动证明（proof of movement，PoM）作为一种创新共识机制，其核心是通过测量网络中参与结点的活跃度和移动性来分配创建新区块的权利。该机制旨在提高网络参与结点的活跃性和流动性，从而提高整个网络的安全性和去中心化程度。例如，激励用户在他们的移动智能设备上运行社交网站客户端软件，鼓励用户在社交网站上分享他们的交通数据，构建社交网络，参与的用户可以获得加密货币奖励，这些加密货币可用于交通、拼车等服务。

目前，基于PoM机制实现了去中心化的区块链交通共享自治平台Lazooz建立在以太坊之上，由社区拥有和运营，利用参与车辆提供的共享数据，在没有单个用户结点干预的情况下，创造多种点对点智能交通解决方案，利用去中心化机制做出权威决策。例如，用户可以基于位置共享出行，实现拼车服务，并通过应用内本地加密货币Zooz进行支付。Lazooz是一个分散的自治平台，能够监测特定区域的交通情况，根据该区域参与结点共享的反馈数据优化调整服务策略。因此，基于Lazooz的PoM机制可用于需要消除人为干预的决策系统。

（20）授权证明

授权证明（proof of authority，PoA）是指交易和区块的验证由一组预先选定的、被认为可信的结点来完成。与BFT算法相比，这些可信结点根据他们的身份和信誉来达成共识，而不是通过解决复杂的数学问题（如PoW机制）或持有货币的数量和时间（如PoS机制）来达成共识。该算法不依赖计算能力，采用轻量级消息传输方案，支持通过设置不同的结点选择和投票机制，为不同的应用场景定制共识过程，在性能上具有优越性，因此该机制适用于对交易速度和效率有较高要求的场景，如私有链、联盟链或一些特定的公有区块链。

Aura和Clique基于PoA机制的两种经典区块链实现，二者采用了类似的区块提议方案，即由受信任的权威机构使用轮询法来提议新区块，若多数授权实体同意并签署提议的新区块，该区块才能被最终接受。PoA机制下，新结点很难绕过受信权威机构加入并影响网络，PoA网络通常具有较好的抗女巫攻击能力。

然而，PoA机制下的授权识别过程在提高效率的同时降低了系统的安全性。由于可信权威机构和权威结点的预先选择，PoA网络可能面临中心化的风险，若预选信任机构或结点被攻击或串谋，可能会对网络的安全和公正性构成威胁，因此，设计基于PoA机制的区块链系统时需要慎重考虑信任结点的选择和管理，以兼顾网络的安全性和去中心化特性。

（21）信用证明

信用证明（proof of credit，PoCredit）共识机制在 DPoS 机制基础上，结合结点的信用进行投票，选举出一定数量的可信结点，由可信结点构成的集合验证和确认区块，维持系统安全可靠运行。在 PoCredit 机制中，结点的选举不再以结点所持有的资产为投票权重，而是以结点所拥有的信用为投票权重，从而促使区块链网络更加诚信。

PoCredit 共识机制不仅拥有 DPoS 高性能的优点，而且通过信用投票机制，弥补了 DPoS 趋向"中心化""富人更富"的缺点，更好地保障了系统的去中心化特性。

NULS 项目是基于 PoCredit 共识机制的一个开源区块链实现，NULS 的 PoCredit 共识机制包括选取可信结点、委托参与共识、取消委托、注销共识结点等多个阶段，引入了红黄牌惩罚机制，旨在实现共识的确定性、安全性和公平性。

（22）价值证明

价值证明（proof of value，PoV）是一种复制证明的替代方案，常用于对以太坊通证经济相关系统进行改进。PoV 以奖励为驱动力，遵循去中心化、去审查和公开透明等区块链核心原则，重视结点贡献，并鼓励积极发挥社区价值，为了达成共识，它按照参与结点价值和整体感知价值分配结点权重。这种方法将共识过程从算法依赖转移到人工干预。

（23）解体证明

解体证明（proof of disintegration，PoD）机制是 B3Coin 的底层共识机制之一，用以解决燃烧证明机制的缺陷。燃烧证明机制下，加密货币一旦发送到一个不可回收的地址就会被烧毁。为了消除烧毁证明所造成的加密货币流通问题，PoD 机制通过销毁购买主结点所需的代币，降低流通供应量，并增加剩余代币的价值。主结点不仅为参与用户提供了长期资产收入，还构成了区块链安全和稳定的基础。

除 PoD 机制外，B3Coin 还将 PoS 机制作为其共识机制的一部分，允许用户通过在钱包中存储 B3Coin 来验证区块链交易，并赚取区块奖励。

（24）学习证明

学习证明（proof of learning，PoLearning）是一种将区块链交易验证与机器学习分类存储方法相结合的创新共识机制。该机制源于 reCAPTCHA 的研究，是 WekaCoin 的底层共识机制。为了减少工作量证明中哈希难题等算力耗费，PoLearning

机制鼓励更多用户加入区块链网络，基于分布式机器学习方法进行可验证数据库的更新和维护，通过执行机器学习竞赛（机器学习竞赛指一种鼓励参与者执行已发布任务的众包方法）验证区块链内的交易，其核心思想是采用完成机器学习任务来替代传统的工作量证明机制中的哈希难题进行区块记账权分配。

PoLearning 机制是一种新兴的区块链技术，它试图解决传统 PoW 机制中的一些局限性，如能源消耗大、中心化趋势等。通过引入机器学习，PoLearning 机制不仅为区块链网络提供了一种新的安全保障，同时也为人工智能、网络安全等领域科学研究和技术创新提供了新的动力。随着人工智能和区块链技术的不断发展，PoLearning 机制有望在未来的区块链应用中发挥更大作用。

（25）信誉证明

信誉证明（proof of reputation，PoR）是一种基于结点信誉和历史贡献来选择投票结点，并进行反馈激励的区块链共识机制。PoR 机制主要包括主结点选取、基于信誉的共识、更新信誉值 3 个阶段。PoR 机制高度依赖主结点的选择，具有较高信誉的结点更有可能被选为主结点，一旦主结点发布新区块，系统基于面向信誉的投票机制选择保持较高声誉值的结点参与投票过程，对新区块进行验证，并依据参与投票结点的行为和贡献对结点信誉值进行动态反馈更新。

PoR 机制强调结点信誉在网络治理中的重要性，为区块链应用提供了一种新的信任和安全模型。PoR 机制可以根据不同应用场景设置信誉值的计算方法和权重，从而适应不同的网络环境和需求，有助于促进网络的健康发展，同时为参与者提供公平的激励和参与机会。然而，PoR 机制也面临着如何公正、准确地评估和更新结点信誉的挑战，这需要精心设计和持续优化的算法来支持。

（26）投票证明

投票证明（proof of vote，PoV）是一种在联盟区块链中广泛使用的 PoW 共识替代方案。在 PoV 机制中，联盟链中的投票结点通常由联盟机构基于参与结点的权益、信誉、历史行为或其他标准预先选定，其共识过程由联盟链结点通过分布式投票仲裁达成，减少了单点故障的风险，增加了对恶意行为的抵抗力。提交或验证生成区块的过程无须第三方参与，从而减少了交易验证时间，提高了收敛性、可靠性和安全性。

PoV 机制可以较快地在区块链系统中达成共识，从而提高网络的收敛性，确保所有参与结点对区块链状态的一致性。该机制可根据联盟链应用需求，通过调整投票权重、投票阈值或其他参数进行定制，目前已获得广泛应用。

（27）参与费用证明

参与费用证明（proof of participation and fees，PoPF）共识机制作为 PoW 的替代方案，最初应用于 JCLedger。PoPF 机制的核心思想是选择对 JCLedger 有持续贡献的结点作为记账结点，根据参与结点已经支付的费用和参与网络的时间间隔来执行挖掘程序。该机制通过减少对高能耗硬件的需求，避免了 PoW 机制面临的高能源消耗问题，通过激励结点持续参与，在提高计算效率的同时确保了系统的稳定性和安全性。

然而，尽管 PoPF 提供了一种减少能源消耗和提高效率的方法，但可能面临一些挑战。例如，如何确保网络中所有参与结点的公平性，以及如何避免潜在的中心化趋势等。

（28）位置证明

位置证明（proof of location，PoLoc）是一种通过提供软件框架和硬件设施实现的去中心化地理位置认证和服务协议，具有独立性、公开性、隐私性、问责制等特性。PoLoc 机制通过认证参与结点与某个位置的距离，触发与该位置相关的智能合约进行自主交互。基于 PoLoc 机制的动态位置证明还能够提供无许可和自主的无线信标网络，该网络利用分散的时间同步来提供更加精确的位置验证服务。引入零知识证明的 PoLoc 机制不仅能够提供去中心化的位置证明，而且允许用户选择性地暴露必要信息以实现分层隐私保护，确保位置数据的机密性，同时确保被证明位置数据不会被篡改，实现了历史位置数据的不可抵赖性。

PoLoc 机制不仅能够抵抗单点攻击，而且计算效率与输入参数无关，适用于延迟容忍的位置基础服务。与 PoLoc 相关的应用包括供应链、保险、KYC/AML 验证等。例如，在线上购物场景中，销售端可以通过 PoLoc 协议提供所购物品已到达用户端的证明，并自主触发智能合约进行付款。

（29）可信度证明

可信度证明（proof of credibility，PoCredibility）是一种用于检测和抵制社交网络中无效新闻等垃圾信息的共识机制。其核心思想是将社交网络中的每个用户视为参与分布式账本的对等结点，当新生区块接收到预定义数量的无效新闻后，这些信息被写入区块链网络。各区块记录了无效或被篡改的新闻，以及已检测到的无效新闻的加密安全日志，并通过可信性检测程序在社交网络平台的所有对等方之间共享这些信息，实现对垃圾信息的抵制。

基于 PoCredibility 机制的区块链系统具有不可变性、安全性、防篡改等特性，为克服虚假新闻传播提供了一种解决方案。该方法已经在 Twitter 上从不同新闻来源收集的推文数据集上进行了仿真，证明了其在检测虚假新闻并阻止其传播方面的有效性。

（30）历史证明

为了解决与密集计算相关的问题，提高网络的吞吐量和效率，Solana 区块链团队提出了历史证明（proof of history，PoH）共识机制。PoH 机制允许结点在不依赖全网同步的情况下，通过引入可验证时间序列，独立地为交易和事件排序，大大降低了传统区块链系统确定事件和交易顺序的计算开销。PoH 机制使用高频密码学计时器创建可验证延迟函数，以连续方式执行 SHA-256 哈希算法，为每笔交易和事件生成具备高度随机性和不可预测性的唯一时间戳，将每轮输出作为下一轮的相应输入，极大程度地减少数据包的确认和重传时延。与传统 PoW 机制相比，PoH 机制无须执行算力密集的挖矿程序，然而，由于哈希函数的连续执行，PoH 需要更多的存储容量。

与传统共识机制相比，PoH 机制具有显著的优势。例如，PoW 机制需要耗费大量的计算资源和能源来解决复杂的数学问题，而 PoH 机制只需要计算连续的哈希值，后者计算效率更高，能源消耗也相对较低。在共识速度方面，PoS 机制需要通过投票达成共识，这个过程可能较慢，而 PoH 机制通过预先生成的时间链，可以快速验证交易顺序，提高了共识速度。PoH 机制可以与其他共识机制结合使用，以提升系统的安全性和共识一致性。例如，Solana 区块链将 PoH 机制与 Tower BFT 共识机制结合，通过生成可验证的时间链，提高了交易处理速度，减少了网络通信需求，使得 Solana 区块链在扩展性、安全性和系统效率等方面取得了显著突破。

（31）租赁权益证明

租赁权益证明（leased proof of stake，LPoS）机制是权益证明机制的高级版本，已在 Waves 平台获得应用。在 LPoS 机制中，持有加密货币数量越多的结点获得新生区块记账权的概率越大。参与结点可将其持有的 Waves 代币部分租赁给其他竞争记账权的结点（简称竞争结点），从而获得与租赁代币金额成一定比例的奖励。竞争结点通过租赁得到的代币金额越高，该结点获得新区块记账权的机会就越大。尽管租赁代币可以帮助竞争结点提升获得记账权的概率，但被租赁的代币在租赁期间仍然保留在原参与结点的账户中，原参与结点可以随时取消租赁，且被租赁的代币不会转移给竞争结点。

此外，Waves 平台还提供了 MassTransfer 功能，支持在单笔交易中封装多达 100 笔转账。Waves 平台的 LPoS 共识算法与 Waves-NG 协议结合，进一步提高了区块链网络的可扩展性和事务吞吐量，降低了手续费用。LPoS 共识机制为区块链用户设计了一种安全、高效且用户友好的激励机制，通过代币租赁激励普通用户参与网络管理，增强了整个网络的安全性和稳定性。

（32）权重证明

权重证明（proof of weight，PoWeight）是在 Algorand 共识机制的基础上提出的，目前已在加密货币 Filecoin 和 Chia 区块链系统中获得实现。在基于权重证明的区块链中，系统对所有参与结点都赋予一个权重。权重的计算依据可以是多样的，如结点持有的资产量、信誉、计算资源等，这将导致存在多种基于权重证明的共识机制。Filecoin 通过考虑用户拥有的星际文件系统（inter planetary file system，IPFS）数据量来计算权重因子，而 Chia 则依靠空间证明和时间证明来达成共识。

PoWeight 机制的优势在于其高度的定制性和可扩展性，能够快速确认交易。然而，该机制也存在一些缺点，如结点不会因参与共识过程而获得奖励，从而缺乏参与激励。

（33）重要性证明

重要性证明（proof of importance，PoI）机制最初由 NEM 项目开发并应用，旨在解决传统权益证明 PoS 机制中的一些缺陷。在 PoS 机制中，结点投资或持有的加密货币越多，获得区块记账权的可能性就越大。这种机制激励账户持有者储蓄货币，而不是流通货币，最终将导致"富人更富"。PoI 机制依据账户或结点在网络中的活跃度、交易频率、交易规模，以及持有的货币数量等因素，对每个账户或结点都分配一个表征重要性的权重值,从而决定其获得记账权和奖励的概率。这种机制不仅激励了用户积极参与网络交易,而且相较于 PoS 机制,它更注重账户或结点的活跃度而非仅仅账户或结点持有货币的数量,从而在一定程度上避免了"富人更富"的现象。

PoI 机制通过以下几个关键因素来决定账户或结点的重要性权重值。

● 账户或结点持有货币的数量:账户中持有超过一定天数的货币数量越多,其重要性权重值越大。

● 账户或结点的交易频率:与其他账户或结点进行交易的次数越多,其重要性权重值越高。

● 过去 30 天内账户或结点的交易规模:交易规模越大,其重要性权重值越高。

可以看出,账户或结点间每笔交易都会增加表征账户或结点重要性的权重值,更大规模、更频繁的交易会对权重值产生更大的影响。

PoI 机制确保了区块链的去中心化,同时也在锁定账户和分散资金之间取得了平衡。此外,该机制还采用了 NCDawareRank 算法[109],利用网页的链接结构和层次性质,减轻了链接图稀疏性造成的问题,为新页面分配了更合理的排名,解决了网页垃圾邮件易感性和对新页面的偏见排名等问题,增强了抵抗女巫攻击等典型攻击的能力。

《新经济运动白皮书》进一步阐述了 PoI 机制的工作原理和优势,包括公平性、安全性和效率等。PoI 机制在 NEM、乌克兰的投票系统、马来西亚的教育认证和立陶宛的纪念币发行等多个应用项目的成功实施为其他区块链项目提供了有用的参考。随着区块链技术的发展,预计 PoI 机制将在更多领域发挥更大的作用。

(34)运行时间证明

运行时间证明(proof of elapsed time,PoET)机制最初由英特尔公司提出,旨在解决传统工作量证明机制中的能源消耗和资源浪费问题。在 PoET 机制中,通过运行随机函数来选举区块记账结点,这意味着区块链中各结点拥有同等机会成为下一个新生区块记账结点。

为了确保记账结点选举过程的安全性和可靠性,PoET 使用 TEE 技术对代码执行环境进行隔离,保护代码和数据免受外部软件的干扰和访问,进一步提高能源效率,减少资源浪费。然而，由于 TEE 由特定 Intel 安全防护硬件（secure guard extension，SGX）实现，PoET 机制对特定硬件的依赖，限制了 PoET 区块链网络结点的多样性，以及在不同平台和架构上的可扩展性和可互操作性，从而与区块链的去中心化理念产生冲突[110]。因此，通常将 PoET 机制称为半中心化共识机制。

尽管存在上述挑战，PoET 机制仍然是一种有前景的共识机制，特别是在能源效率和安全性方面，为区块链技术提供了一种减少资源浪费和提高安全性、可扩展性的替代方案。随着技术的发展和改进，PoET 机制将会继续演进，以解决当前的一些局限性。

（35）瑞波

瑞波（ripple）是一种基于互联网的开源支付共识机制，主要用于实现去中心化的快速、低成本跨境货币兑换、支付与清算等功能。瑞波允许用户在不同的货币之间进行兑换和支付，不仅限于加密货币，也包括法定货币。在瑞波区块链中，交易由客户端发起，由包括追踪结点、验证结点在内的其他参与结点把交易广播到整个网络。追踪结点的主要功能是分发交易信息及响应客户端请求。验证结点除具备追踪结点的所有功能外，还能够通过共识协议，在账本中写入新的账本数据。由相关机构或用户预先构造可信结点名单（unique node list，UNL），各验证结点收到从网络发送过来的交易后，由 UNL 中的结点对交易进行投票验证，通过验证的交易汇总成交易候选集，未通过验证的交易将被直接丢弃。交易候选集中还包括之前共识轮次无法确认而遗留下来的交易。每个验证结点把自己的交易候选集作为提案发送给其他验证结点。验证结点在收到其他结点发来的提案后进行验证，如果发送结点不是来自 UNL 上的结点，则忽略该提案；如果是来自 UNL 上的结点，就会对比提案中的交易和本地交易候选集，如果二者有相同的交易，该提案中的交易就获得一票。在一定时间内，当交易获得超过 50% 的票数时，则该交易进入下一轮，所得票数没有超过 50% 的交易，将留待下一轮次共识过程去确认。验证结点把超过 50% 票数的交易作为提案再次发给其他结点，同时将所需票数的阈值提高到 60%，重复上述步骤，直到阈值达到 80%。验证结点把经过 80%UNL 结点确认的交易正式写入本地的账本数据中。

瑞波共识机制通过逐步增大的投票阈值来确保交易的安全性和不可篡改性，同时具有较高的吞吐量。这种设计使得瑞波共识机制在特定场景中非常高效，如跨境支付和金融机构间的资金转移。然而，由于 UNL 可以由机构或用户自定义，当机构或用户选择的 UNL 结点较为集中时，可能导致系统中心化的风险，因此，瑞波共识机制不是完全的去中心化。

（36）能源证明

能源证明（proof of energy，PoE）是使用分布式账本和智能合约实现 P2P 自主能源交易的共识机制。智能合约部署后，通过选择下一个区块生成结点来决定下一笔交易报价。使用消耗-生产函数计算各参与结点的自用比例，拥有合理消耗和发电量的用户均有资格被选为区块提议者，并获得相应的激励。通过构建基于智能合约的 P2P 能源交易区块链，实现了价格制约的双向拍卖机制，充分考虑了供销需求，这样的设计不仅鼓励了能源的合理生产和消费，而且有利于能源的高效分配和传输运营，促进了能源市场的进一步发展和创新。

（37）见证人证明

见证人证明（proof of witness presence，PoWP）共识机制用于安全验证用户位置并提供位置证明，旨在提高位置安全意识，促进智慧城市众包应用的态势感知，同时保护用户的隐私。通过持续的群体位置监测，获得特定用户的位置信息，并在 PoWP 区块链网络中进行验证，从而确保位置数据的真实性和可靠性，而不泄露个人隐私信息。

在智慧城市的背景下，PoWP 共识机制的应用可以提高城市管理智能化水平，通过众包方式收集和利用数据，同时保障参与者的隐私安全，对于构建高度融合的物理感知与社会感知系统，实现高度智能化的城市管理分析和系统决策具有重要意义。

（38）信任证明

在众包网络中，信任评估是一个关键问题。由于存在不诚信的众包工人，他们可能会通过夸大个人才能或伪造个人信誉等手段欺骗现有的信任评估模型，从而获得虚假的高信任值。因此，提出有效的信任评估模型对于防止典型欺骗行为、探测不诚信行为、获取准确的信任评估结果至关重要，有助于任务派发者找到更诚信的众包工人，提高任务结果的正确性，减少任务派发者的时间和经济成本。通过在区块链中引入信任值信任证明（proof of trust，PoT）机制，依据参与者的信任值和 Raft 领导人选举机制确定交易验证者，提高网络的安全性和可靠性，同时减少网络运行时的负担，通过将参与者的权力分配到不同阶段，为众包等开放公共服务网络提供可靠共识，通过引入信任组件和激励机制，解决了传统 PoW 机制的资源耗费问题，同时提升了基于 BFT 的共识机制的可扩展性。

PoT 机制将网络中的结点分为矿工结点和权益代表（stakeholder）结点，根据结点参与创建区块的行为赋予其相应的信任值。权益代表结点对区块进行签名并赋予区块信任值，最终区块根据所获得的信任值权重竞争上链。此外，PoT 机制在应对贿赂攻击和常见的权益累积攻击等方面相比于传统权益证明机制有着显著优势。

表1.2列举了部分基于证明的混合替代共识机制，并将它们从系统可扩展性、可终止性、恶意结点占比、通信模型、准入机制、激励机制及开销等多个方面进行对比。

表1.2 基于证明的混合替代共识机制（部分）

共识机制名称	可扩展性	可终止性	恶意结点占比	通信模型	准入机制	一致性	激励机制	中心化	开销
Zab	好	确定性	N/A	异步	许可	投票	√	×	↑
PoW	好	概率性	≤25%	N/A	无	N/A	N/A	×	↑
PoL	好	确定性	<50%	异步	许可	容量	√	×	↑
PoE	良	概率性	N/A	N/A	N/A	容量	√	×	↑
PoB	好	确定性	<51%	N/A	无	投票	×	√	↓
PoT 1	好	概率性	<25%	N/A	无	N/A	N/A	×	↑
PoSpace	好	概率性	<25%	N/A	无	投票	N/A	×	↓
PoExistance	N/A	确定性	N/A	同步	无	N/A	√	×	N/A
PoM	好	N/A	N/A	N/A	无	投票	√	×	N/A
PoAu	N/A	确定性	N/A	同步	许可	投票	N/A	×	N/A
PoAp	N/A	概率性	N/A	半同步	无	投票	√	×	↓
PoKH	N/A	N/A	N/A	N/A	许可	投票	N/A	×	N/A
PoI	N/A	N/A	N/A	同步	无	容量	√	√	N/A
PoPlay	很好	确定性	51%	同步	无	投票	√	×	↓

续表

共识机制名称	可扩展性	可终止性	恶意结点占比	通信模型	准入机制	一致性	激励机制	中心化	开销
PoF	N/A	N/A	N/A	N/A	N/A	投票	N/A	×	↓
Flash	N/A	确定性	N/A	同步	N/A	投票	×	×	N/A
PoCooperation	N/A	N/A	N/A	N/A	N/A	N/A	N/A	N/A	N/A
Obelisk	好	确定性	50%	同步	无	容量	√	×	N/A
Povalue	好	N/A	N/A	N/A	无	投票	√	×	N/A
PoLearning	N/A	概率性	<51%	N/A	无	投票	√	×	↓
PoEligibility	N/A	N/A	<30%	异步	N/A	投票	N/A	√	N/A
PoVote	N/A	确定性	<50%	同步	许可	投票	√	×	↓
PoIndividuality	N/A	概率性	N/A	N/A	无	N/A	√	N/A	↑
PoPersonhood	好	确定性	N/A	N/A	无	投票	√	×	↓
SIEVE	N/A	概率性	N/A	半同步	许可	容量	N/A	×	↓
PoStake	好	概率性	<51%	同步	都可以	投票	√	×	↑
PoET	好	概率性	未知	N/A	都可以	投票	N/A	×	↑
Ripple	差	确定性	<20%	同步	无	投票	×	×	↑
PoLoc	好	N/A	N/A	同步	无	容量	N/A	×	N/A
PoCredibility	N/A	概率性	N/A	N/A	无	投票	N/A	×	N/A
PoHistory	好	确定性	N/A	同步	N/A	容量	√	√	N/A
PoEnergy	好	概率性	N/A	异步	许可	N/A	√	×	↓
PoWP	N/A	概率性	N/A	同步	无	投票	√	×	↑
PoO	好	确定性	N/A	同步	N/A	容量	√	×	↓
Bitcoin × NG	好	确定性	50%	N/A	许可	N/A	√	√	↓
PoAsset	好	确定性	N/A	同步	N/A	N/A	√	×	N/A
PoBelievability	N/A	概率性	N/A	N/A	许可	容量	N/A	×	N/A
PoT 2	好	确定性	N/A	异步	都可以	投票	N/A	×	↓

1.3.3 拜占庭容错兼容共识

（1）实用拜占庭容错

在传统的分布式系统中，大多数共识机制都基于投票，这是达成共识的最直观方式，即通过投票直接获得多数人的批准。区块链中使用最广泛的基于投票的共识机制是由 Castro 等于 1999 年提出的 PBFT 共识机制[111]。如图 1.10 所示，该机制以"委员会＋投票"模式为基础，被认为是一种具有技术前瞻性的拜占庭容错解决方案。

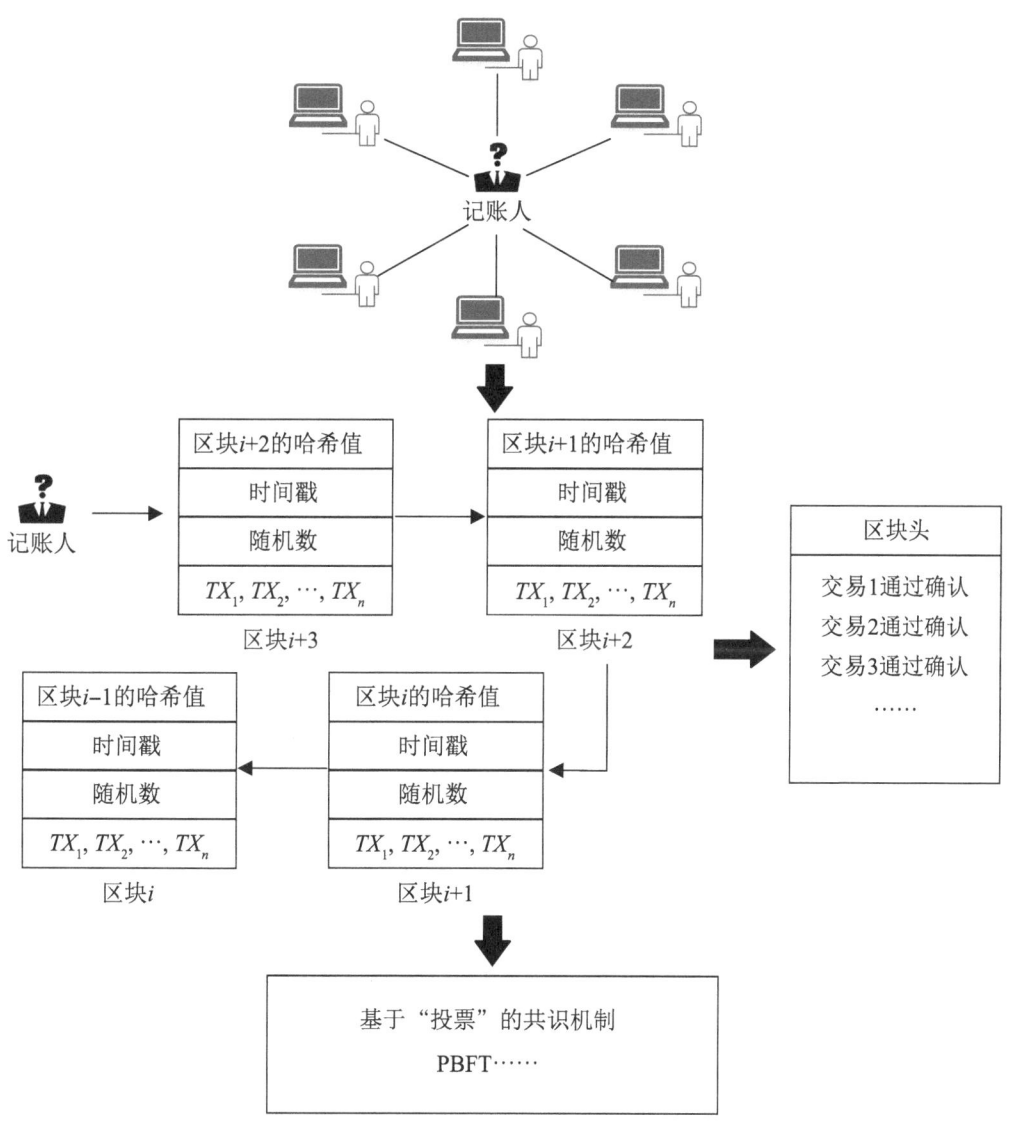

图 1.10　基于"投票"的共识机制

PBFT 在各轮中，通过预备、准备和提交 3 个不同的阶段确定新块，对已被区块链网络中至少 2/3 结点验证的交易排序并达成共识。在第一个预备阶段，主结点向其他结点发送新区块，等待被验证；在第二个准备阶段，每个结点将验证结果发送给所有其他结点，其他结点根据发送的消息重新确认块（如果有超过 2f+1 个验证结点投票通过，则该区块有效，f 为系统中拜占庭结点个数）；在第三个提交阶段，每个结点将准备阶段的验证结果再次发送给所有其他结点，其他结点根据收到的信息再次对区块进行最终确认。如果有超过 2f+1 个验证结点投票通过，则可以将该新生区块添加到区块链，否则，该区块将被丢弃。在 PBFT 中，块添加阶段包含块确认阶段的前提是每个区块都由大多数结点实时验证确认。因此，一旦区块被添加到区块链，就可以确认交易。显然，在上述新区块三阶段提交过程中，区块链网络的任意结点间都需要相互通信。因此，PBFT 的时间复杂度为 $o(n^2)$。

作为一种许可准入、网络密集型共识机制，PBFT 能够保证参与者之间正在进行的交易的安全性，具有较低的交易确认延迟，但该共识机制在将区块添加到区块链之前需要多数结点的投票，增加了系统通信成本并且要求结点在线，可扩展性较差，有发生拒绝服务（DoS）攻击的风险，因此 PBFT 共识机制比较适合私有链或联盟链。

（2）环路容错

区块链环路容错（loop fault tolerance，LFT）是在实用拜占庭容错基础上改进得到的一种新的共识机制。LFT 共识机制在保留了 PBFT 共识高效性和安全性的同时，进一步提高了系统的可扩展性和实时性。

LFT 共识机制已在 ICON 区块链网络上实现。ICON 区块链是 tendermint 的变体，允许有限数量的结点生成新块，其余结点参与投票，基于 LFT 消息中继达成共识，旨在建立支持快速交易、低延迟的去中心化网络。ICON 网络由社区（community）、社区结点（C-Node）、社区代表（C-Rep）、ICON 共和国（ICON republic）及公民结点（citizen node）5 部分组成，通过单个社区内的结点连接、社区代表结点连接、ICON 共和国间连接、不同社区间连接等连接方式进行网络互连，从而实现多个独立异构区块链在没有中间人的情况下相互交易。

（3）委托证明与拜占庭容错相结合

DPoS 和 BFT 结合的共识机制最初由 EoS 的创始人 Daniel Larimer 提出，也被称为BFT-DPoS共识。在BFT-DPoS共识机制中，DPoS和BFT分别用于共识过程的不同阶段：DPoS负责确定参与区块链交易验证的结点，验证并生成包含可信操作序列的新块；BFT负责更新区块链账本和应对潜在的安全威胁。每一轮参与结点都需要在特定的时间间隔内将最近块的哈希值转发到相应的块生成结点，提供正确哈希值的结点将被存储为按时间顺序排列的列表中的认证结点，因此，区块生成后可以立即被其他见证人验证，而不需要等待他们自己出块。这样可以大大缩短区块的确认时间，并提高系统的吞吐量。在EoS的实现中，每个见证人出块时会全网广播，其他见证人收到新区块后，立即进行验证，并将验证结果返回给出块见证人，一旦收到2/3见证人的确认，区块就被认为是不可篡改的。

BFT-DPoS共识机制结合了DPoS的高效能和BFT的安全性，通过特定的出块顺序和确认流程来减少网络延迟和分叉的可能性，旨在实现更短的交易确认时间和更高的系统吞吐量，提高区块链网络的性能。

（4）Casper共识机制

Casper是一种集成了BFT机制的PoS共识替代方案，旨在提高区块链的安全性和增加去中心化程度，同时减少传统工作量证明机制中的资源消耗。该机制结合了动态验证结点集和按结构修正的分叉方案，由验证结点在整个网络中投票并广播其签名后的投票结果达成共识，一旦某些区块被确认为最终状态就不可逆转。上述区块的最终性特性是通过友好型最终性（casper the friendly finality gadget，Casper FFG）协议来实现的。Casper FFG协议采用"两阶段提交"过程，首先由验证结点对区块进行投票验证，然后进行最终确定，上述过程需要超过2/3的验证结点达成一致，以确保区块的不可逆性。Casper机制还引入了对恶意行为的经济惩罚，如果验证结点违反协议规则，比如进行双重投票等，这些结点就会面临质押的代币被削减的风险。这种经济激励有助于维护网络的安全性和去中心化。

Casper将PoS共识作为补充层，以增强网络的模块化覆盖，确保区块链账本的确定性，改善与PoS相关的安全问题，如远程修订攻击等。然而，尽管Casper提供了强大的安全性保证，它仍无法解决51%攻击问题。51%攻击是指一个实体控制了超过网络一半的算力或权益，从而能够对区块链进行恶意控制。在PoW系统中，这可能通过算力集中实现；在PoS系统中，可以通过控制超过一半的质押代币实现。

尽管 Casper 的规则和经济惩罚可以减少这种攻击的动机，但理论上，如果攻击者控制了足够多的代币，仍然有可能发动攻击。因此，虽然 Casper 通过结合 PoS 和 BFT 的特性，为区块链提供了一种更安全、更环保的共识机制，但该机制仍需与其他安全措施和社区治理结构相结合，以防御包括 51% 攻击在内的各种潜在安全威胁。

（5）BFT-Raft 共识机制

BFT-Raft 共识机制是经典 Raft 的替代方案，该机制集成了 BFT 和 raft 的安全特性和容错特性，利用数字签名来保障交易的完整性和真实性，因此很容易在拜占庭环境下识别出网络中的无效签名交易并丢弃，确保即使在部分结点出现故障的情况下，系统仍能达成一致并继续运行，从而解决分布式系统中的一致性问题。BFT-raft 通过投票程序选出主结点，能够在有至少 $3f+1$ 个结点的网络中容忍最多 f 个拜占庭故障结点，其中 f 是能够容忍的拜占庭结点的最大数量。

现有研究从动态数据自动恢复机制、动态结点增删机制、共享交易池等方面对 BFT-Raft 共识机制进行优化，以提高共识模块的可用性和稳定性。例如，Kida 等[112]基于 HotStuff 算法对 BFT-Raft 共识机制进行改进，将网络复杂度从 $o(n^2)$ 降低至 $o(n)$，以适应更大规模的结点组网场景。

（6）PeerCensus 共识机制

PeerCensus 是一种结合了 PoW 和 PBFT 共识机制特性的混合共识机制，该机制将区块链的区块创建过程与交易验证过程分离开来，授予结点投票权和区块生成权，允许结点通过 PoW 挖掘新区块，同时利用 PBFT 的投票过程来验证和确认交易，旨在保障区块链网络安全性的同时提高其效率和可扩展性。

在 PeerCensus 共识机制中，PoW 用于新区块的创建，这与比特币等传统区块链系统中的挖矿过程类似。矿工需要解决一个数学难题来证明他们的工作量，从而获得创建新区块的权利。这个过程需要大量的计算力来执行，具有资源密集的显著缺点，但它为网络提供了较强的安全性。一旦新区块被创建，系统通过执行 PBFT 的 3 个阶段"预处理、处理和提交"来验证区块中的交易。在 PBFT 中，若新生区块得到足够多的结点投票，则该区块就会被最终确认并添加到区块链上。上述过程是拜占庭容错的，意味着系统可以容忍一定数量的恶意结点或故障结点，而不会影响整个区块链网络的一致性和安全性。

（7）可验证拜占庭容错

可验证拜占庭容错（verifiable Byzantine fault tolerance，VBFT）是 BFT 的替代共识机制，通常与 PoS 机制结合使用，然而，结点的权益（即持有的代币数量）会影响其被选为提议结点或验证结点的概率。因此，VBFT 机制在 PoS、BFT 共识机制基础上引入 VRF，利用 VRF 来选择提议结点和验证结点，增强了共识过程中的随机性和公正性，增加了攻击者预测和操纵共识过程的难度，提高了区块链系统的安全性和运行效率。

VBFT 共识机制适用于公有链、联盟链等多种区块链场景，特别是在需要高安全性和高效率的金融交易和数据管理领域。目前已在 Ontology Consensus Engine 项目中实现。

（8）HB-BFT 共识机制

HB-BFT 共识机制（Honey Badger BFT）是一种基于 BFT 的异步扩展共识，能够在不依赖底层网络同步性或定时假设的情况下，利用异步方式下"足够"的计算资源解决网络带宽不足的问题。区块链各结点独立验证交易，构建包含所有已验证交易的数据结构，对缓冲区中的交易序列达成共识的同时，使用零知识加密技术提供交易验证证明，确保交易的有效性和全序关系，减少网络延迟或同步问题对系统性能产生的影响，可以达到每秒钟超过 20 000 笔交易的处理能力，在一定程度上解决了传统 BFT 共识算法在可扩展性和性能方面的限制。

尽管 HB-BFT 机制采用异步工作方式，仍然能够容忍一定比例的恶意结点，提供与传统 BFT 算法相当的安全性，同时保持网络的一致性和可靠性。因此，HB-BFT 机制被认为是一种有潜力的共识机制，特别适用于对交易吞吐量和确认速度有较高要求、结点数量相对较少的联盟链或私有链网络。随着区块链技术的不断发展，HB-BFT 机制可能会在更多项目和网络中得到实施。

（9）Sumeragi 共识机制

Sumeragi 是基于 BChain 算法的共识机制，用于在分布式账本中实现高效的交易处理和区块验证。该机制集成了 BFT 共识的容错特性，能够在存在至少 $3f+1$ 个结点的网络中容忍最多 f 个拜占庭故障结点，其中 f 是能够容忍的拜占庭结点的最大数量。为了提高共识过程的效率和安全性，该机制利用全局序列来组织结点分组和区块共识过程，确保整个网络的一致性和同步。首先，依据全局序列将网络中结点分为两组，将其中 $2f+1$ 个结点分配给第一组，其余结点构成第二组。然后，验证区块时，第一组结点需要全部参与共识过程并做出贡献，第二组结点根据签名和区块内容的真实性进行评估，被验证区块获得 $2f+1$ 个有效签名后才能达成共识。如果区块验证过程出现错误，如签名验证失败或交易内容无效，验证结点将不会对区块进行签名。

Sumeragi 共识机制旨在提高分布式账本的安全性和效率，特别是在需要处理大量交易和高吞吐量的应用场景中。通过分组和角色分配，Sumeragi 能够在存在拜占庭结点的情况下，减少网络中每个结点的负载，同时保持高度的安全性和容错能力。该机制已被应用于超级账本项目中的 Iroha 分布式账本。Iroha 是一个基于 C++ 的高性能区块链框架，旨在为企业提供易于使用和可扩展的区块链解决方案。

（10）Tendermint 共识机制

Tendermint 是一种基于拜占庭容错的共识机制，该机制将共识过程与应用状态机分离，以便兼容不同的区块链平台。网络结点通过预投票、预提交和提交 3 个阶段达成共识。在预投票阶段，在使用轮询法提议一个新区块之后，验证结点会对其进行投票，如果新区块获得了超过 2/3 的预投票，它就会进入下一个阶段。新区块从上述三个阶段中的一个阶段进入另一个阶段，需要获得至少 2/3 验证结点的投票。在提交阶段，如果新区块获得了超过 2/3 的提交投票，就会被确定添加到区块链中。

在上述区块验证过程中，需要对验证结点的资产进行锁存，并将锁存的资产进一步用于激励或惩罚验证结点。如果验证结点行为不当，比如双重投票或不参与共识过程，他们可能会失去一部分或全部的资产作为惩罚。相反，如果他们诚实地参与共识过程，他们可能会获得奖励。

（11）Istanbul BFT 共识机制

Istanbul BFT 是一种基于 PBFT 的共识机制，能够在存在至少 $3f+1$ 个结点的网络中容忍最多 f 个拜占庭故障结点，其中 f 是能够容忍的拜占庭结点的最大数量。其共识过程与 PBFT 机制类似，分为预处理、处理和提交 3 个阶段。在每一轮开始时，由验证结点发起基于轮询制的选举过程，选举出一个提议结点。提议结点创建一个新的区块提案，并将其作为预备消息广播给所有验证结点。收到预备消息的验证结点确认该提案，并广播预备消息。这一步是为了确保所有验证结点都在处理相同的提案。在 Istanbul BFT 共识的执行过程中，每个提议的块都需要从验证结点获取 $2f+1$ 个状态消息，以便从一个阶段切换到另一个阶段进行验证。在获得 $2f+1$ 个状态消息后，处于提交阶段的消息将在整个网络中广播，实现新区块写入和全网账本同步。

Istanbul BFT 通过减少消息传递优化共识流程，通过结点提议增加或减少验证结点，提供了结点的可扩展性和网络治理的灵活性。目前 Istanbul BFT 共识机制已在由 JPMorgan Chase 开发的开源区块链项目 Quorum 机制中实现。

（12）Leader-free BFT 共识机制

前面介绍的共识机制都是源自 BFT 的确定性共识或基于领导者的共识。在 BFT 共识中，系统通常依赖于特定领导者协调共识过程，然而，领导者可能成为性能瓶颈。例如，一旦领导者以较慢的速度传输消息，且网络中缺少相应的超时协议，就会导致性能不稳定，如果领导者结点报错或被恶意攻击，整个系统也可能会受到影响。Leader-free BFT 是一种异步的、无须领导者的拜占庭容错协议，采用随机化方法选择提议者，旨在解决传统 BFT 协议中的一些限制，特别是在领导者选举方面的挑战。

Leader-free BFT 协议通过消除领导者角色，提供了一种更加健壮和去中心化的共识机制。在 Leader-free BFT 协议中，不需要选举领导者，所有结点都以对等方式参与共识过程，共同推动协议的进行。该协议保留了异步一致的安全性，同时集成了同步协议的活性，即使在拜占庭环境下也能达成共识，不会因为缺少领导者而停滞。HB-BFT 协议是 Leader-free BFT 协议簇中比较著名的一个实例，通过纠删码和异步协议来降低通信复杂度，同时保持了系统的活性和安全性，适用于需要高容错性和高活性的分布式系统。

（13）拜占庭联邦容错

拜占庭联邦容错（federated Byzantine fault tolerance，FBFT）通过联邦化和去中心化的验证机制，为加密货币和其他分布式应用提供了一个强大的共识框架，目前已在加密货币 Ripple 和 Stellar 中得到应用。

在 FBFT 机制中，每个结点都会生成一个唯一的验证结点列表，用于验证网络中已提交交易，验证结点不需要信任网络中的其他结点，这种去信任化的特性减少了共识过程对单个实体的依赖，提高了系统的抗攻击能力。为了确保交易验证的可靠性，需要获得验证结点列表中至少达到投票阈值的结点投票，才能将新区块写入区块链。由于每个结点都独立地验证交易，FBFT 机制可以实现快速的交易确认，这对于需要高吞吐量的系统来说是一个重要特性。FBFT 在提供高效共识的同时，也带来了一系列技术和设计上的挑战。例如，FBFT 算法中的通信复杂度随着网络结点数量的增加而增加，尤其是在结点数量较多时，这可能会成为性能的瓶颈。

（14）可扩展拜占庭容错

PBFT 机制采用三级共识架构，可扩展拜占庭容错（scalable Byzantine fault tolerance，SBFT）机制在 PBFT 机制的基础上进行了改进，采用四级共识架构，通过引入收集器和阈值签名，将通信模式从网状通信简化为线性通信，减少了客户端需要接收和验证的消息数量，从而降低了客户端的通信负担，显著减少了通信开销。在 SBFT 机制的第四级共识阶段，对检查点交易进行验证签名，拥有 $f+1$ 个签名的检查点交易可以构成区块确定性证明，而在典型的三阶段共识架构下，拥有 $2f+1$ 个签名的检查点交易才能构成区块确定性证明。SBFT 机制通过添加冗余服务器来提高系统性能，允许区块验证结点在 24 小时内验证交易，通过提供副本实现在保持去中心化特性的同时增强网络的可扩展性。

SBFT 机制的上述特性使其在分布式计算领域具有很大的应用潜力。随着区块链技术的不断进步，SBFT 及其衍生共识机制有望在未来的分布式系统中发挥更大作用。

（15）Zyzzyva 共识机制

Zyzzyva 是一种依据结点历史行为以"投机"方式执行新的请求，降低成本、简化拜占庭容错状态机复制设计的共识机制。在 Zyzzyva 机制中，不需要执行具有高资源消耗的 3 阶段提交过程来响应客户端请求，也能够对处理请求的顺序达成一致。该机制下，主结点将客户端发来的请求排序后转发给其他结点，每个结点根据自身历史记录以"投机"方式执行请求并将结果反馈给客户端，客户端根据结点返回的一致性结果数量执行不同的动作。在上述 Zyzzyva 共识过程中，由客户端而不是结点来负责考虑一致性问题。如果发现不一致问题，由客户端负责通知结点回滚至一致状态。这种方法使 Zyzzyva 能够将复制的开销减少到接近理论上的最小值。

Zyzzyva 共识机制的提出是在拜占庭容错领域对提高效率和可扩展性的一次重要尝试。在非拜占庭场景下，Zyzzyva 拥有比 PBFT、Q/U 等机制更好的性能，但是在拜占庭环境下，由于 Zyzzyva 的共识过程涉及和 PBFT 类似的视图转换过程，其性能会急剧下降。

（16）委托拜占庭容错

委托拜占庭容错（delegated Byzantine fault tolerance，DBFT）是基于 PBFT 机制的扩展共识机制，采用"委员会+投票"模式，如图 1.11 所示，最早在 NEO 项目中获得应用。DBFT 机制遵循与 DPoS 相同的原则，集成了一组普通结点和区块生成结点，对提议新区块的结点的贡献没有任何限制。由随机选择的区块生成结点打包下一个区块，普通结点对新打包区块进行验证投票，当超过 66% 的结点对新区块达成共识后，新区块将被计入区块链。

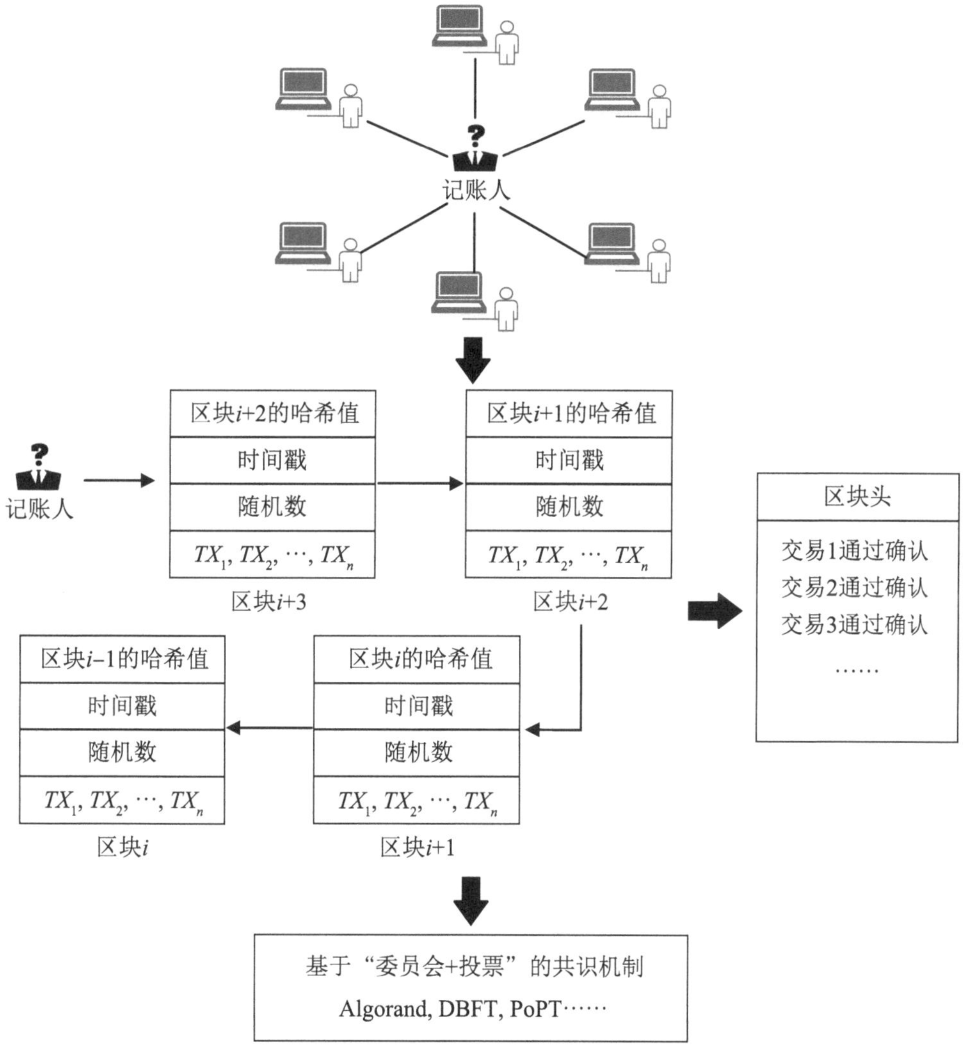

图 1.11　基于"委员会 + 投票"模式的共识机制

DBFT 机制通过将部分工作委托给特定的区块生成结点，减少了普通结点的负担，使得系统能够更加高效地运行，通过减少必须参与共识过程的结点数量，在保障系统安全性的同时能够更快地达成共识，从而提高系统的交易效率和可伸缩性。

然而，DBFT 也面临着一些挑战，比如如何确保被委托的区块生成结点的可靠性和公正性，以及如何处理可能出现的拜占庭结点等。尽管如此，DBFT 共识机制在提高区块链性能方面仍然具有很大的应用潜力。

（17）Ouroboros-BFT 共识机制

Ouroboros-BFT 是基于 BFT 和经典 Ouroboros 共识的确定性共识机制。与其他 BFT 共识变体不同的是，Ouroboros BFT 机制使用预先确定的轮询机制广播交易，不需要执行传统拜占庭容错共识中的 3 个阶段提交过程，能够提供即时的交易确认和实时处理能力。在网络分裂的情况下，该机制能够确保各分裂的网络继续独立地处理交易，并且在分裂结束后能够通过最长链规则重新融合，恢复到单一的区块链视图，从而保障了整个系统的安全性和活性。在系统失去同步的情况下，Ouroboros-BFT 依赖于服务器的本地时钟和对网络延迟的保守估计来模拟同步时钟。因此，即使在网络条件不理想的情况下，服务器也能够继续执行协议并达成共识。

Ouroboros-BFT 协议在设计时还考虑了对拜占庭故障的容错能力。在拜占庭同步设置中，该协议能够容忍少于 $n+3$ 的恶意方，其中 n 是服务器的总数。此外，该协议在隐蔽对手模型下，其容错能力 t 可以提高至 $n/2$，这意味着即使在更复杂的攻击模型下，Ouroboros-BFT 也能够保持系统的安全性和活性。

综上所述，Ouroboros-BFT 能够在不同网络条件下提供稳定的共识机制，在网络分裂、失去同步或出现拜占庭故障时，都能够确保区块链系统的安全性和活性。这些特性使得 Ouroboros-BFT 成为一个在多种威胁模型下都具有吸引力的共识协议。

1.3.4 原生兼容扩展共识

（1）Raft 共识机制

Paxos 机制过于理论化和复杂，难以被广泛接受，Raft 机制是对 Paxos 机制的简化和扩展。Raft 机制通过领导者结点来协调其他结点，确保整个系统的数据一致性，目前已在 Quorum 项目中获得实现。Raft 机制将共识一致性问题分解为领导者选举、日志复制和安全性 3 个相对简单的子问题，能够在网络分裂或失去同步的情况下，保持系统的一致性和可用性。其简单易用的特性使得 Raft 机制成为许多现代分布式系统的首选共识算法。

Raft 机制使用应答机制来维持领导者的地位。当跟随者在一段时间内没有收到领导者的应答时，就会认为系统没有领导者，跟随者将转换为候选人状态，开始新的领导者选举过程。在新的领导者选举过程中，通过随机化超时时间来避免多个结点同时成为候选人，从而减少冲突和提高选举效率。

新的领导者被选举出来后，接收客户端请求，并将其作为日志复制到所有跟随者结点，确保所有结点日志状态的一致性。Raft 包含一个状态复制模型，交易在全部参与结点范围内进行转发，由领导者结点生成下一个区块，并消除不必要的空块。

Raft 机制通过限制日志的提交条件来确保安全性。当区块链网络中部署至少 $2f+1$ 个结点时，Raft 机制可以容忍网络中最多存在 f 个拜占庭结点。Raft 算法要求超过一半的结点达成一致才能提交日志，且在任何给定的共识周期中，只有一个领导者能够提交日志。因此，部分结点出现故障或行为异常，只要不超过总数的一半，系统仍然能够正常运行。

（2）X-paxos 共识机制

X-paxos 是基于扩展拜占庭容错协议状态机复制的共识机制，与传统 Paxos 机制相比，X-paxos 共识机制能够高效地处理日志复制和状态同步，提高分布式系统中数据一致性达成效率和可扩展性，目前已在 Apache Zookeeper 项目中获得应用。

X-paxos 机制主要分为网络层、服务层、算法模块、日志模块 4 个部分。网络层负责结点间的通信，服务层提供事件驱动和定时回调等核心运行功能，算法模块实现了网络结点一致性共识，日志模块负责日志的存储和管理。X-paxos 机制支持在线添加或删除结点，以及在线快速转移领导权，极大地提高了分布式结点的运维效率，支持多连接并发数据传输，有效提升了吞吐量并减少了数据差异。

X-paxos 机制不仅在理论上具有创新性，在实际应用中也展现出了较好的性能和稳定性。在 Amazon EC2 数据中心的性能测试中，X-paxos 机制显示出了优异的性能，特别是在吞吐量和延迟方面，相较于其他现有 BFT 协议有显著优势。

(3) E-paxos 共识机制

E-paxos 共识机制是 Paxos 共识机制的另一种变体,已在 Apache Zookeeper 项目中获得应用。通过引入无领导者的解决方案,支持任意结点以并发方式发起提案。当一个提案被提出时,包含一个值和可能的依赖列表,其他结点会响应并提供它们已经接受的提案信息,用以建立提案间的依赖关系。通过使用特定算法(如 Tarjan 算法)识别和跟踪提案间的依赖关系,解决潜在的冲突。当提案的依赖关系得到满足时,提案就可以被提交执行。这样,即使在没有单一领导者的情况下,系统也能够保证提案的顺序性和一致性。

E-paxos 机制的优势在于通过消除领导者瓶颈,实现了负载均衡,能够在容忍最多两次故障的情况下保持强一致性,实现最佳提交延迟时间和高吞吐量。然而,E-paxos 基于线性图组织交易的执行顺序,容易导致交易执行过程中复杂的依赖关系。

1.3.5 有效工作证明共识

1991 年,Haber 和 Stornetta 提出作为区块链技术重要基础的分布式账本技术[113]。2008 年,中本聪提出了第一个区块链的大规模应用比特币,可以在没有可信中介,且不依赖中央金融机构的情况下促进各方之间的在线交易。例如,可以使用电子加密货币交换无形资产、支付音乐版税、投票或购买房屋等。这一概念彻底改变了在去信任和分布式环境中各方交易价值流动代币化的传统方式。

区块链被定义为按时间顺序以哈希方式链接的链式账本。每个区块都是一组交易的不可变记录,这些交易由该区块链网络上的参与结点验证和批准。通过顺序链接各区块来确保不变性,以便每个区块都包含前一个区块的签名(也称为哈希或散列),区块的其余部分记录结点打包的交易集合及时间戳。因此,一个区块的变化将导致所有后续区块中包含的前一区块哈希的变化。当一个区块要附加到区块链上时,结点需要基于共识机制对新区块的有效性进行验证,确保新区块中包含的交易有效并得到大多数结点的批准。

权益证明(PoS)机制和工作量证明(PoW)机制是最常见的区块链共识机制。尽管二者在去中心化区块验证方面被证明是有效的,但也存在一些缺点,下面分别以 PoS 机制和 PoW 机制为例,对共识机制的有效性进行分析。

为了更新区块链，PoS 机制根据其权益份额来选择验证结点，结点拥有的权益份额越高，就越有可能被选中写入新区块并获得奖励。因此，PoS 机制可能导致中心化、不公平和可靠性降低[114-116]，甚至可能会像拍卖过程一样导致财富集中化[117-118]。PoW 机制依赖于让结点耗费算力竞争解决一个难以解决但其解决方案易于验证的数学难题。其解题过程就是要找到一个称为"nonce"的字符串值的过程，当把该字符串值与块内容和前一个块的哈希值进行哈希运算时，将产生一个具有一定数量前导零的满足系统预设要求的哈希值。在上述 PoW 机制下，区块链系统能够自适应调整问题难度以保持稳定的出块率，这意味着寻找有效随机数的难度随着参与竞争的结点数量的增加而增加。然而，上述共识过程导致的计算能力的激烈竞争，使得区块链的状态更新耗费了大量计算资源和电力资源，造成资源的巨大浪费和对环境的严重影响，其作用仅在于确定区块记账权归属。一个名为剑桥比特币电力消耗指数（cambridge bitcoin electricity consumption index，CBECI）的在线工具，可以实时估计比特币网络消耗的电力，结果表明比特币采矿作业在一年中消耗的能源比瑞士全年消耗的能源还多。

尽管如此，共识机制是区块链中不可或缺的重要组成部分，已被证明是一种有效的验证方法。因此，目前部分研究聚焦于如何把寻找无意义哈希值的共识过程转化为解决有效问题的共识过程，这将扩展区块链的功能并将其最严重的缺陷之一转化为优势。Ball 等[119]首次提出通过将难度与有效性结合起来解决数学问题的有效工作证明（proof of useful work，PoUW）机制，来防止区块链被恶意篡改。PoUW 机制下获得记账权的计算难度与要解决的问题有关，如正交向量、3SUM、全对最短路径等。Loe 等[120]根据两轮研究开发了基于旅行商问题（travelling salesman problem，TSP）的 PoUW 机制。在第一轮，Hashcash 阶段，ASIC 硬件在确定的时间间隔内获得使用。在第二轮中，构造了一个 NP-Hard 旅行商问题的实例。Lihu 等[121]提出了一种在区块链上使用分布式和去中心化机器学习系统的新型 PoUW 机制。该机制的运行结果表明，所提出的解决方案对客户来说比常规的云机器学习更具成本效益，并且比比特币依赖挖矿分配区块记账权更有实际应用价值。Chenli 等[122]提出一种基于机器学习模型训练的新型 PoUW 机制，该机制通过神经网络的监督训练来实现所解决问题的有效性，与经典 PoW 机制相比，该机制提供了令人满意的安全级别和较弱的假设。Mittal 等[123]使用贝叶斯优化开发了一种新的 PoUW 机制，称为具有超参数优化的深度学习证明（proof of deep learning with hyperparameter optimization，PoDLwHO）机制。该机制下，区块链中的参与结点不需要直接竞争解决 PoW 中的难题，而是执行与 PoW 机制下类似的哈希运算训练和调整深度学习模型参数，以竞争产生性能更好的模型。

综上所述，现有 PoUW 机制将应用实例转化为要解决的问题，并且所提出的解决方案可以快速验证，不仅有助于减少能源浪费，还解决了区块链应用相关实际问题。尽管 PoUW 机制在减少能源浪费和解决实际问题方面提供了新的思路，但在实施过程中仍需面对多方面的挑战。例如，PoUW 机制需要一个有效的激励机制来鼓励参与者贡献计算资源，设计这样的激励机制可能很复杂，需要平衡各方利益，确保网络的长期稳定和健康发展。

1.3.6 共识机制评估标准

随着分布式账本技术在各个应用领域的应用，对共识机制的需求越来越多样化，催生出多种不依赖比特币传统工作量证明的共识机制。尽管各种分布式账本共识机制的原理存在差异，但其主要目标都是确保网络交易的安全性、可靠性和效率。共识机制通过使用分布式账本状态协议，验证交易的授权来源，从无许可准入机制区块链到不允许匿名结点参与交易验证的许可准入机制区块链，已设计出多种不同级别的自主执行机制和激励机制，以确保参与者的行为合法。

研究人员和企业热衷于基于特定用例需求开发共识解决方案，不断涌现出的共识机制在通信模式、拜占庭结点容忍度和其他因素方面呈现的多样性，使其适用于更多场景，多数共识机制被用于加密货币，还有部分共识机制作为现有共识机制某些缺陷的替代或扩展方案，没有指定明确的应用领域。这意味着，这些改进的共识机制，要么适用于与原共识机制相同的应用领域，要么只要满足特定应用需求就可以在相关领域进行推广，但解决不同需求的通用共识机制尚未实现。

目前，Dapps、IoT 和云计算是整合共识机制最多的应用领域。此外，自 Hyperledger 问世以来，人们开始关注跨行业和开源分布式账本解决方案，以改进跨链兼容混合共识替代解决方案。本节进一步分析经典共识机制，并根据图 1.12 所示的吞吐量、去中心化程度和共识机制漏洞，提出评估经典共识机制性能的框架。

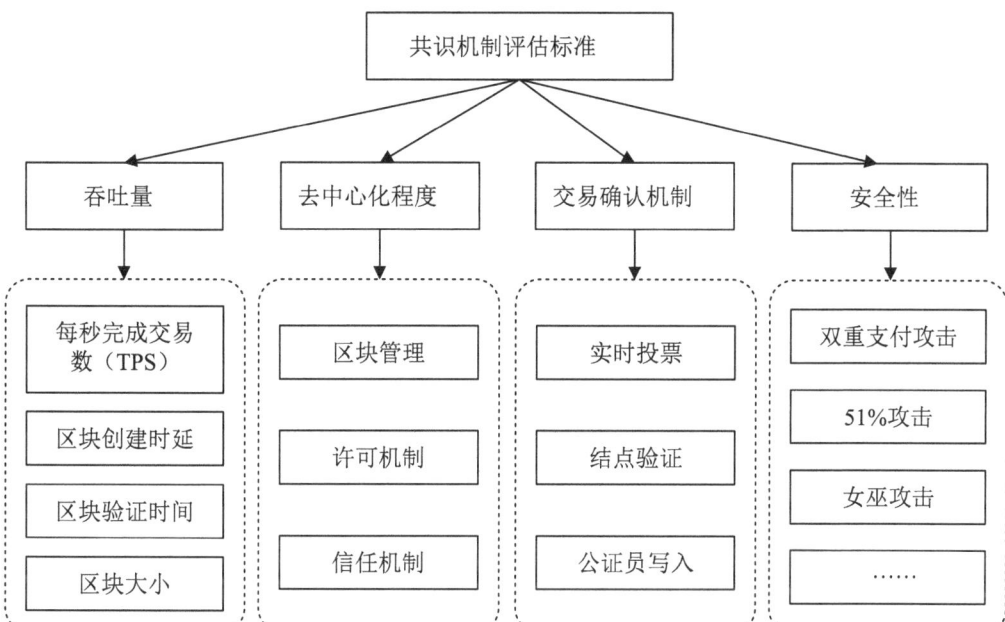

图1.12 区块链共识机制性能评估标准

（1）吞吐量

在金融系统中，客户必须等待很长时间才能完成支付验证。例如，当前银行系统进行的国际交易可能需要3～5天或更长时间。区块链作为去中心化的分布式系统，可以记录和确认跨境支付，而无需银行或其他中介机构。这意味着使用区块链系统可以实现更快的交易处理速度和更低的交易费用。区块链交易的安全性和可靠性由共识机制保障。吞吐量是衡量共识机制性能的重要指标之一，由每秒完成交易数（transaction per second，TPS）、区块生成时间、区块大小等几个因素共同决定，用于衡量处理常规交易和记录的区块链系统的性能。单位时间内处理完成的交易数量越多，在同一平台上执行、验证和确认交易的速度就越快。

为了方便深入了解上述共识机制，表1.3列出了一些加密货币作为各共识机制的代表，并从加密货币、加密算法、创建创世区块时间、货币资产总值、吞吐量、记账周期、挖矿奖励等方面对它们进行了比较。

表 1.3 经典加密货币共识机制比较

共识机制	加密货币	加密算法	创世区块时间	市值（万美元）	TPS	记账周期（分钟）	挖矿奖励
PoW	Bitcoin	SHA-256	2009.1	18 020 709	7	10	12.5
	Ethereum	Ethash	2015.7	2 275 700	15	0.25	2
	Litecoin	Scrypt	2011.10	458 795	28	2.3	25
	Monero	Cryptonight	2014.4	126 887	30	2	4.9
	Zcash	Equihash	2016.10	34 844	27	2	10
PoS	Waves	LPoS	2016.6	10 030	100	1	—
	Qtum	PoS3.0	2016.12	20 260	70	2	—
	Nxt	SHA-256	2013.11	1616	100	1	—
	Blackcoin	Scrypt	2014.2	457	0	1	—
	Nano	Blake2b	2016.2	12 374	7000	—	—
DPoS	EoS	DPoS	2017.7	364 174	4000	0.5	—
	Cardano	Ouroboros	2017.12	126 657	257	0.33	—
	TRON	DPoS	2017.8	118 630	2000	0.05	32
	Lisk	DPoS	2016.1	11 871	3	0.284	—
	BitShares	DPoS	2014.7	9158	100 000	0.05	—
PBFT	Ripple	—	2013.4	1 201 048	1500	0.06	—
	Stellar	—	2016.4	141 019	1000	0.08	—
	Zilliqa	Keccak	2018.1	5902	0	0.75 ~ 4	—
PoC	Burst	Shabal256	2014.8	1442	80	4	460
DAG	IOTA	Curl-P	2015.10	78 871	1000	—	—
	Byteball	DAG	2016.9	1730	10	0.5	—
	Travelflex	DAG	2017.12	16	3500	1	30
PoA	Dash	X11	2014.1	85 017	56	2.5	2.09
	Decred	BLAKE256	2015.12	23 309	14	5	18.22
	Komodo	Equihash	2016.9	8070	100	1	3
	Peercoin	SHA-256	2012.8	784	0	10	37.36
	Espers	HMQ1725	2016.4	63	0	5	5000
dBFT	NEO	RIPEMD160	2016.10	65 087	1000	0.25	—
PoI	NEM	Ed25519	2015.3	40 357	10 000	1	—
PoB	Slimcoin	Dcrypt	2014.5	2	0.000 03	1.5	50

区块生成时间受区块延迟时间和区块验证时间的影响。区块延迟时间是指从请求方发布交易到将通过验证的交易打包入块所经历的时间。区块验证时间是指从交易被打包入区块到收到足够多验证确认而达成共识，再到被写入区块链系统所经历的时间。区块可以包含的最大交易数量取决于区块大小。随着区块链网络的不断扩大和交易量的增加，区块大小的限制成为日益突出的问题。但如果区块大小没有限制，那么单个区块将包含大量的交易记录，导致区块链变得过于庞大和冗长。这不仅会增加存储和同步的难度，增加交易费用，还会影响网络性能和交易确认时间，也更容易受到拒绝服务攻击的影响。因此，在设置区块大小限制时需要权衡各种因素。一方面，为了保障区块链网络的去中心化和安全性，需要限制区块大小的增长速度。另一方面，为了提高区块链网络的效率和可扩展性，又需要适当地增加区块大小。出于某些安全原因，比特币的区块大小被限制为 1 MB。

（2）去中心化程度

去中心化程度是评估区块链性能的重要标准。完全去中心化的网络在实践中很难实现。例如，人们普遍认为比特币是区块链技术最成功的去中心化应用，但由于它是由矿池运营商控制的，所以实际上并不是完全去中心化。以太坊也存在同样的问题，租用哈希算力大大增加了发生 51% 攻击的概率。尽管如此，区块链技术为多个行业带来了巨大发展潜力，未来在可编程性及智能合约的集成、部署和执行等方面还需要进一步研究。

按照去中心化程度不同，常常将区块链分为公有区块链、联盟区块链和私有区块链 3 种。公有区块链，也称为无许可区块链，在这类区块链中，不需要身份验证，任何结点都可以贡献、读取或写入数据，参与区块验证和区块链创建，通过参与实体之间的交易存储和数据更新来修改区块链状态。因此，公有区块链中区块链状态、交易及存储的数据都是透明的，任何人都可以看到交易的完整历史记录，这引发了特定场景下的数据隐私保护问题。私有区块链和联盟区块链，也称为许可区块链，与公有区块链相比，主要区别在于许可区块链中只有授权和受信任的实体才能参与区块链内的活动，链内实体可以选择对网络隐藏交易，某些操作可能会受到限制或需要某种形式的批准，如区块验证。通过这种方式，许可区块链可以使链数据仅为可信实体获取，而不是所有匿名公共实体，方便根据企业或政府需求制定治理模型并追究责任。

许可区块链尤其是联盟区块链的相关研究，不仅推动了区块链技术的发展，也为各行业提供了新的发展机遇和挑战。典型的许可区块链有 Hyperledger Fabric[124]、Corda[125]、Quorum[126]、Tendermint[127] 和 Multichain[128] 等。随着技术的不断成熟和应用场景的不断拓展，联盟区块链有望在未来发挥更大的作用。

图 1.13 示意了无许可区块链（比特币）和许可区块链（Hyperledger Fabric）的共识过程，二者存在一定的相似性，底层网络设施为共识引擎提供了基础，共识引擎对交易进行排序并将其写入区块链。在 Hyperledger Fabric 中，由于去中心化程度降低削弱了系统自身的安全性，因此其共识过程是基于结点背书策略的，如图 1.13 所示，客户端 C 向对等结点 P 发送交易提议，获得签名的交易称为背书（步骤 1 和步骤 2）。结点 O 验证背书并搜集有效交易建立区块，将其写入区块链中（步骤 3 和步骤 4）。在比特币系统中，基于工作量证明机制实现共识并构建有效区块，其共识过程对应于 Hyperledger Fabric 共识过程的步骤 1 至步骤 3。在矿工结点通过运算哈希难题获得记账权后，将该结点提议的区块写入区块链（步骤 4）。

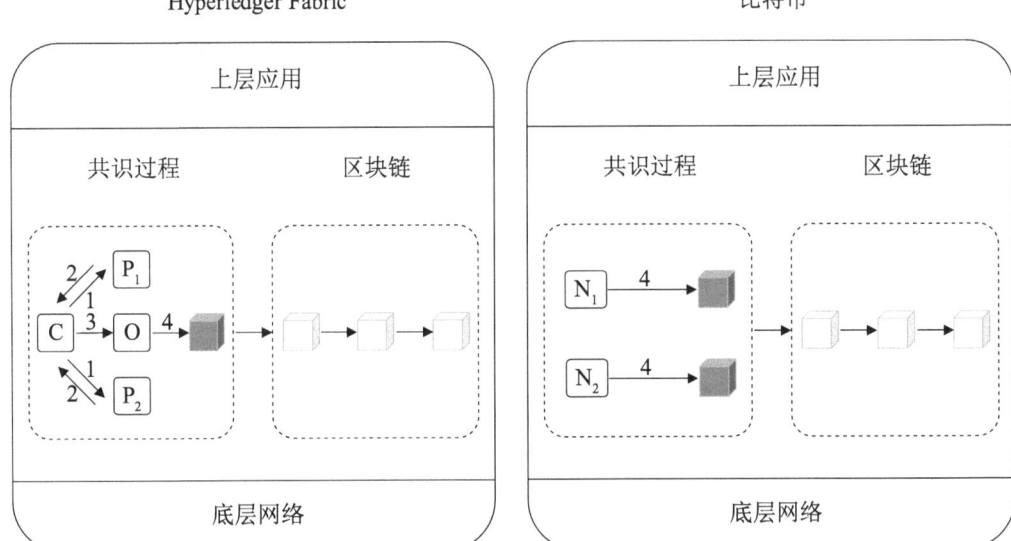

图 1.13 许可区块链和无许可区块链共识过程对比

（3）交易确认机制

交易确认是指根据每个结点持有的本地区块链副本，对新交易进行确认，确保交易被网络中的结点认可并永久记录在区块链上的过程。这是确保区块链系统中交易的安全性、不可篡改性和持久性的关键环节。区块链平台底层共识机制和网络状况的差异导致了不同的交易确认过程。以下是一些常见的交易确认机制。

①新生区块由大多数结点实时投票通过后实现记账写入。实时投票过程通常是基于预定义的规则和算法自动执行的，在某些情况下，为了增加系统的安全性，新生区块可能需要经过多轮投票。例如，在权益证明系统中，新生区块可能会经过多轮验证者的投票才能被确认。经过上述单轮或多轮实时投票，每个区块在被添加到区块链之前都获得了大多数结点的实时投票，一旦新生区块获得足够的投票，就会被添加到区块链上。因此，写入区块链的新生区块都得到了确认，提供了一种透明和可审计的方式来确认区块交易，同时确保了区块交易的安全性和不可篡改性，通常用于对性能和实时性要求较高的区块链系统，如一些联盟链平台。

②新生区块由一组预先选择的验证结点验证后即可被添加到区块链，而无须大多数结点的实时投票。这种确认方式不依赖于网络中所有结点的实时投票，而是依赖于验证结点的集体决定。然而，由于网络延迟或其他原因，不同结点可能具有不同的区块链副本。因此，已经写入区块链的新生区块并不意味着已经得到最终确认。这种确认方式在公有链中更为常见，新生区块的最终确认取决于区块链的数据结构，交易的最终确认通常需要利用创造更多区块的工作量来增加安全性。例如，在比特币系统中，写入区块链账本的新生区块之后至少再新写入6个区块，才认为该区块已被网络广泛接受且不可篡改。

在无需实时投票的确认方式中，区块链的数据结构和网络的安全性设计对于防止双花攻击和其他欺诈行为至关重要。随着区块链上更多区块的添加，新生区块中交易被篡改或伪造的概率逐渐降低，这是因为要篡改或伪造链上区块交易意味着必须重新计算后续所有区块的工作量证明，这在当前的计算能力下被认为是不可能的。

③由公证员进行数据写入。在某些区块链系统中，通过公证员结点将第一个区块链的数据添加到第二个区块链中，这样第一个区块链就可以利用第二个区块链的哈希算力为区块提供安全，增加交易的安全性。例如 Conflux，交易在被区块确认后，还需要被一条单独的 PoS 链引用，进行最终确认，确保交易的不可逆性。

（4）共识机制的脆弱性

区块链的安全性很大程度上取决于用于验证区块交易的共识机制的安全强度。下面讨论可能对区块链共识产生威胁的一些常见的网络安全攻击。

①双重支出攻击。双重支出攻击是指攻击者在资产转移交易未完全确认时，通过制造区块链分叉，再次发起同一笔资产的转移交易。攻击者尝试扩展其创建的区块链欺诈分支，直到该欺诈分支被验证并作为正确分支被接受。当某账户或结点试图在区块链上重复支付特定金额资金时，将引发双重支出攻击。双重支出攻击破坏了区块链系统的一致性，其能否成功取决于被攻击区块链采用的区块确认方式。对于采用区块实时确认共识算法的区块链来说，双重支出攻击是无效的。因为在区块实时确认共识算法中，实时投票过程是在区块添加阶段进行的，攻击者无法在该阶段将分叉添加到区块链中。因此，双重支出攻击主要针对交易在添加到区块链时不会立即确认的区块链。为了防止双重支出攻击，交易确认阶段应严格设计，以确保在交易被确认后无法撤销，或者撤销交易的可能性仅在理论范围内。例如，比特币的交易确认阶段规定，如果一个块之后链接了 6 个以上的块，那么该块中的交易可以被视为最终确认；Byteball 则要求交易在最终确认之前必须经过半数以上见证人的验证。

尽管各种共识算法采用不同的机制试图缓解这一漏洞，但在区块链系统中无法完全避免双重支出攻击。理论上，如果攻击者控制了网络中超过 50% 的算力，他们可能发动 51% 攻击来实现双重支出。然而，这样的攻击成本高昂，且会损害加密货币的价值，因此攻击者很少真正执行这种攻击。

② 51% 攻击。51% 攻击是指某实体或团体控制了超过 50% 的区块链网络算力，从而有能力操纵区块链的行为。例如，在比特网中，当攻击者能够控制全网 50% 以上的算力时，就能够进行恶意活动，实施双重支出攻击或阻止其他结点接收正常交易。虽然攻击者发起 51% 攻击的行为不同，但 PoW、PoS 和 DPoS 等共识机制更容易受到此类攻击。

目前，学术界提出了多种区块链共识机制，试图通过提高攻击成本来防御 51% 攻击。例如，在 PoAct 共识机制下，攻击者需要同时拥有 51% 的货币和 51% 的采矿能力才能实施 51% 攻击,从而提高了攻击成本。研究发现,除了直接控制算力外,攻击者还可以通过其他手段来实现类似 51% 攻击的攻击效果。例如,攻击者可以贿赂其他结点或临时租用所需的算力。这种行为虽然不常见,但理论上是可能的,通过租用算力降低攻击成本,使得攻击小型区块链网络变得更加可行。

从理论上来说,尽管 51% 攻击无法完全被阻止,但在大型区块链网络中实施这样的攻击非常困难,因为攻击者需要拥有巨大的计算资源,还需要考虑电力成本、设备维护成本,以及攻击成功后可能面临的社区反击和声誉损失等问题。

③ Sybil 攻击。又称女巫攻击,是一种攻击者试图通过在区块链中创建大量欺诈身份来控制对等网络的攻击形式。攻击者通过制造、控制用户或结点身份,获得投票权、区块验证权,甚至在区块链的社交消息网络中广播假消息。成功的 Sybil 攻击可以使攻击者获得与自身算力不成比例的对网络或诚实结点的控制权,最终影响分布式账本。Sybil 攻击破坏了区块链系统的公平性,并带来中心化风险。因此,如果选择记账结点的方式不取决于用户或结点数量,则可以在记账结点选择阶段性预防 Sybil 攻击。例如,在 PoW 机制中,记账结点的选取与计算能力挂钩;在 PoS 机制中,记账结点的选取与用户权益挂钩;在 PoPT(proof of previous transactions)机制中,记账结点的选取与用户支付费用及用户过去担任记账结点的次数有关。

尽管 Sybil 攻击很难预防,但目前仍存在一些有益的研究。首先,可以通过提高创建身份的成本来降低 Sybil 攻击风险。例如,在燃烧证明共识机制中,用户需要购买并燃烧一些货币,通过将这些货币发送到一个不可逆的地址以获得身份验证;在堆栈证明共识机制中,用户需要在堆栈中放置一些货币;在工作量证明共识机制中,用户需要拥有并花费一些计算能力。其次,可以要求结点加入区块链之前提供某种形式的信任背书。例如,可以通过简单的电子邮件两步验证、向管理员请求验证、基于用户的 IP 地址进行一些限制,以及其他常见的僵尸网络防御方式来实现。此外,还可以通过给予用户和结点不同的权限来抵御 Sybil 攻击。例如,在权重证明共识机制中,每个账户都会根据用户账户的年龄、与他们进行交易的用户数量、用户拥有的货币数量和交易数量等多个参数获得权重,根据权重赋予每个用户相应的投票权或参与权。在联盟区块链中,还可以通过设置身份验证机制防止 Sybil 攻击。最后,不同的加密货币可以使用不同的方法或它们的不同组合来抵御 Sybil 攻击。

④拒绝服务攻击。在区块链网络中，DoS 攻击或 DDoS 攻击是一种常见的安全威胁，攻击者试图通过发送大量无效或恶意的请求，临时或无限期地中断连接到互联网主机的服务，使计算资源或网络资源对其预期用户不可用。在构成区块链网络的所有结点中，结点故障会对系统产生一定的影响，尤其是记账结点故障对系统影响较大。因此，可以通过减少或避免单点故障，尤其是影响力较大的结点故障来预防 DoS 攻击。

在设计共识机制时应遵循以下两个原则。

- 使攻击者无法预测哪个结点是记账结点。
- 设计一种高效的机制来预防记账结点故障。

为了实施第一个原则，通常在记账结点选择阶段进行设计，使选择结果具有不可预测性。例如，采用 PoW、PoS 等共识机制，以便实现记账结点的随机选择。然而，在 PBFT 等共识机制中，记账结点通常提前向整个网络公布，因此记账结点不可避免会成为攻击者的目标。在这种情况下，只能实施第二个原则，设计一种机制来最小化影响。例如，在区块添加阶段设计投票过程，以检测结点是否有效。

此外，还可以采取一些预防措施。例如，实时监控网络流量，使用入侵检测系统和入侵防御系统、防火墙和数据包过滤等技术来识别和阻止恶意流量；对网络流量进行限流，限制单个 IP 或用户在特定时间内可以发起的请求数量；通过设置冗余系统和使用负载均衡技术，分散请求压力，提高系统的容错能力。

⑤日蚀攻击。日蚀攻击是指攻击者通过隔离区块链网络中特定用户或结点，控制目标结点的所有连接，使目标结点只能与攻击者控制的结点通信的攻击方式。这种攻击的实质是控制 P2P 网络中用户的通信范围，为更复杂的攻击做准备或造成更大的破坏。例如，攻击者通过实施 Eclipse 攻击，可以阻止受害结点查看真实的区块链信息，利用结点的隔离现状进一步发起双重支出攻击，或者误导被隔离的矿工，使其在不被网络其他多数结点认可的区块链上挖矿，浪费计算资源等。

为了发起 Eclipse 攻击，攻击者通常会篡改受害者的路由表，将其设置为受害结点的邻结点，从而将受害者与真实的区块链网络分离，并控制受害者的外部联系通道。Eclipse 攻击基于 Sybil 攻击，这意味着攻击者必须首先拥有足够数量且能够正常工作的 Sybil 结点，然后使用这些 Sybil 结点与受害者通信。

Eclipse 攻击是区块链网络中一种重要的攻击形式，需要采取有效的防御措施来保护网络的完整性和用户的利益。上述攻击过程在基于身份验证机制的联盟区块链中很难实现，然而，在缺少身份验证机制的公有区块链环境下，很难阻止攻击者同时控制公有链中的多个结点。通常可以通过设计共识机制来防止 Sybil 攻击导致的不公平记账。例如，在燃烧证明共识机制中，用户需要燃烧一些货币以获得身份验证，还有些共识机制要求结点在加入网络前通过电子邮件验证或管理员验证提供信任背书，这在提高身份创建成本的同时也提高了攻击成本。然而，目前仍无法在共识机制层面完全阻止 Eclipse 攻击造成的网络隔离，通常只能在网络通信层次进行预防处理，如定期更新路由表。

（5）激励模型

区块链激励模型是指通过经济激励等方式鼓励结点加入并维护区块链网络的一系列机制，如代币分配、奖励机制、共识算法等。区块链基于指导结点行为的激励模型建立结点间的信任基础[129]，鼓励结点参与网络的验证和记账过程，使区块链各方可以共享账本，而无须依赖受信任的中心化结点，避免由少数结点控制整个网络，从而增强网络的安全性。例如，在比特币区块链中，矿工通过解决复杂的数学难题获得记账权，并获得区块奖励和交易费。对矿工结点的奖励机制，使得结点产生成为矿工打包交易块并支持网络的动机，相反，攻击者对区块链网络的攻击，如篡改或伪造区块链上交易数据，需要付出高昂代价，甚至受到惩罚。在基于权益证明的区块链中，结点根据持有的代币数量和时间获得验证交易的机会，并获得相应的区块奖励。在 Hyperledger Fabric 等联盟链区块链中，多个联盟机构为了共同的目标而合作，因此结点有遵守协议的商业动机，对其不当行为可以根据法律或适用的治理模式进行惩罚。

随着区块链技术的发展，激励模型变得越来越复杂，设计激励模型时，需要确保个体利益与网络整体利益相一致。合理的激励模型可以确保网络持续运行，防止因参与结点退出而导致的网络不稳定，确保所有参与者都有公平的机会获得奖励，并能够长期运行，不会因为短期的激励而导致长期的网络不稳定。

1.4 区块链安全与防御

区块链在互联网金融、智能电网、代码版权等领域的颠覆性创新，引起了学术界和工程界的广泛关注，并被持续推广到医疗卫生、教育等传统行业。以比特币和以太坊为代表的区块链系统具有去中心化、集体信任共识、平台开放自治、用户匿名通信、支持数据完整性验证等特点，能够在分布式环境中实现数据可信管理和价值流动。然而，区块链作为传统信息技术的集成创新应用，由于其自身机制缺陷和底层技术设施不够完善、承载数据资产价值较大、用户安全意识尚不成熟等原因，也面临安全挑战。

1.4.1 区块链安全问题分析

本小节对近年来发生的典型区块链安全事件进行梳理和介绍，并按照安全事件的产生机制对其进行分类，主要涉及重入漏洞、整数溢出漏洞、合约库安全问题、业务逻辑与区块链共识冲突、借贷合约攻击、非标准接口、管理员权限过高等方面，同时也分析了部分安全事件的攻击原理，并给出了相应的防御手段。

（1）重入漏洞

重入漏洞依赖于 2 个智能合约 A 和 B 之间的交互。如果在合约 A 与合约 B 的交互中，A 把控制权转移给合约 B，致使 B 在第一次发起的交互前调用 A，合约 B 可以有效地检索多次退款并清空合约 A 的余额。

案例：DAO 合约攻击。

2016 年 6 月 18 日，DAO 合约遭受由 DAO 的一个重要合约中的重入漏洞引起的攻击，导致其损失约 360 万以太币。该漏洞允许攻击者递归重入转账函数，并在不改变个人账户余额的情况下连续提取以太币。

攻击原理：攻击者在此次攻击事件中利用了两个重入漏洞进行攻击。对 splitDAO 函数递归调用，使得攻击者的 DAO 资产在达到零前会从 The DAO 的资产池里进行数十次的抽离。DAO 资产在被抽离后可避免在 DAO 资产池中被销毁。在第一个漏洞被利用后,再把移走的 DAO 资产转回原账户,从而达到转移资产的目的。

防御手段:在程序中嵌入转移合约的以太币代码,让矿工选择是否赞成分叉。在到达分叉点时则将 The DAO 及子合约中的以太币转移至新的安全的可取款合约中。全部转移后,原投资者可以直接从取款合约中迅速拿回以太币。

(2)整数溢出漏洞

当执行需要固定大小变量来存储变量数据类型范围之外的数据的算术操作时,就会发生整数溢出。EVM 为整数定义了固定大小的数据类型,因此,一个整数变量只能用一定范围的数字表示。攻击者通过部署智能合约代码来利用此漏洞,进一步控制区块链系统执行的逻辑流。

案例 1:美链 BEC 合约攻击。

2018 年 4 月 22 日,攻击者对 BEC 智能合约展开了攻击,向两个预设地址转出大量 BEC 代币,大量代币被抛盘使得 BEC 的价格下调至零,给 BEC 交易市场造成了灾难性的打击。

攻击原理:攻击者利用以太坊 ERC-20 智能合约中的"batchTransfer"函数向 2 个不同的预设地址转入大量的 BEC 代币,以此破坏美链智能合约的执行逻辑,该漏洞致使在计算 amount 值时出现溢出,使得系统在对调用者余额验证时无法检测出异常。

防御手段:在智能合约中进行算术逻辑操作时,一定要做溢出检查。采用 SafeMath 数学计算库中乘法 mul 指令可解决溢出问题[6]。

案例 2:SMT 合约攻击。

2018 年 4 月 25 日,攻击者利用一个类似整数溢出的漏洞出售了大规模的代币,使得 SMT 价格暴跌。

攻击原理:SMT 智能合约中的 proxyTransfer( ) 函数存在整数溢出漏洞,若 _fee 与 _value 的和刚好为零,对其进行异常检验时则会失效,交易佣金也会随之传送至 msg.sender。

防御手段:开发人员可以在算术逻辑前后进行检验,也可以采用智能合约函数库中的 SafeMath 来处理算术逻辑[6]。

（3）合约库安全问题

智能合约库中提供某些行为的可复用实现方式为标准库或在 solidity 中通过继承的方式实现，有些合约库在导入时没有提供合适的修饰符或算术溢出检查，可能引发合约库安全问题。

案例：多重签名合约漏洞。

2017 年 7 月 19 日，多重签名合约漏洞爆发，致使价值超过 1 亿美元的以太币被盗。继此事件后，Parity 多重签名函数库自杀漏洞于 2017 年 11 月 6 日再次发生，该漏洞冻结了 587 个钱包，致使超过 1.5 亿美元的以太币被冻结。

攻击原理：①攻击者通过 delegatecall 调用 initWallet 函数（该函数可改变合约的所有者），并利用该漏洞调用 library 函数，让自己变成多个 Parity 钱包的所有者，随后利用转账函数转移资金。②所有 Parity Multisig wallets 都使用单一的函数库，但是没有对函数库合约进行合理的初始化。使用该钱包的合约都被放在一个固定的位置，攻击者首先取得所有权，并把调用函数的语句存储在 data 里，然后获取并调用 kill 函数，致使大量的合约无法正常运行，与合约关联的以太币被锁死。

防御手段：①开发技术人员应慎重调用 delegatecall( ) 函数，与此同时，函数的可见性也应该是明确的，一般情况下 public 为默认类型，但为了避免在调用外部函数时被内部调用，建议使用 external 类型。此外，对权限的控制也应加强，对敏感函数应设置 onlyOwner 权限等修饰符。②一方面，智能合约中不应有自杀函数，这样即便攻击者获得权限也无法将合约移除。另一方面，若有新建议或改进时，应及时更新线上合约或合约漏洞。在合约部署时可自动执行 initWallet( )，加强合约安全性。

（4）业务逻辑与区块链共识冲突

业务逻辑与区块链共识冲突是指在特定区块链应用中，业务层面的规则和流程与区块链网络中各结点达成共识的算法之间存在不一致或不兼容的情况。这种冲突可能会导致应用无法正确执行或产生安全漏洞。

案例：阻塞交易攻击。

类 Fomo3D 游戏里的空投机制通过随机数来控制中奖的几率，但由于随机数通常来自区块链或交易过程中的某些特殊参数，如交易发起方地址、时间戳、区块难度等，因而在以太坊中极易预测随机数。然而，阻塞交易攻击是攻击者利用巨额的费用来吸引矿工先行打包，且使用合约自动检验整个游戏进行的状况，并以此作为是否实施攻击的重要依据。最终攻击者可以用极低的成本来阻塞区块，且所有的区块均打包极少的交易（使得其他人的交易被打包的概率降低），致使游戏提前完结，并增加他们自身赢得最终奖励的几率。

攻击者利用 airdrop( ) 函数中设置的"随机数"，从各种区块信息和交易发起者地址中预测合约中的"随机数"。Fomo3D 开发人员利用 isHuman( ) 函数阻止合约账户参与到 Fomo3D 游戏中，试图使用该方法来禁止用户在合约里预测中奖的随机数。但 extcodesize 操作符能获取目标地址上代码的大小，对于已部署的合约，由于其地址对应设定的代码，extcodesize 的返回值始终大于 0。因此，部分合约用该方法来判别目标地址是否合理，Fomo3D 也以此作为依据阻止合约调用特定函数。但该鉴别方法存在明显漏洞。例如，在构造新合约的过程中，调用游戏参与函数的一方可绕过此限制。因此，攻击者可以通过此漏洞攻击合约，并通过合约参与游戏，随意预测随机数，从而提高胜率。

防御手段：开发人员可以通过延缓某些区块的开奖时间、引入外部 Oracle（如 Oraclize 和 BTCRelay）等方法来阻碍智能合约中的"随机数"被预测。

（5）bZx 借贷合约攻击

案例：2020 年 2 月 15 日和 18 日，DeFi 项目的 bZx 借贷合约遭受两次攻击，分别造成 35 万美元和 64 万美元的损失。虽然两次攻击的手段不尽相同，但其主要原因均是平台缺乏共享的流动性，定价机制设计的不完善。

攻击原理：①攻击者调用在 Aave 部署智能合约中的"闪电贷"函数，使得用户能从 Aave 协议中借款。该函数调用后，需在相同的以太坊区块内进行还款且附带额外佣金，否则交易将被还原。②攻击者使用相同的 _from 和 _to 地址调用 trandferFrom( ) 函数，并用相同的参数调用 Immediately_internalTransferFrom。_from 和 _to 地址相同会致使 _balanceFrom 与 _balancesTo 相等，由此使得 _balanceFrom 余额变少，_balancesTo 余额增多。攻击者同时保存 _balancesFromNew 和 _balancesToNew 可自主增加自身余额。

防御手段：bZx 借贷合约遭受两次攻击的主要原因是 Uniswap 的价格剧烈变化致使资产损失。因此，项目方在使用预言机来获得外部价格时，必须建立一个保险机制。每次代币交换后，必须记录交易当前的交换价格，并和最后记录的交换价格进行比较，若交换价格波动太大，则需立即终止交易，以避免因攻击者恶意操纵市场造成的巨大损失。

（6）Lendf.Me 借贷合约攻击

案例：2020 年 4 月 19 日，去中心化借贷合约 Lendf.Me 遭到攻击，致使损失资产约 2500 万美元。该事件暴露出借贷合约的可重入性问题，以及 ERC-777 类型代币 imBTC 与这些合约交互时可能出现的新安全风险。

攻击原理：攻击者对 Lendf.Me 进行了两次 supply( ) 函数调用，且两次调用均是独立的。在第二次调用 supply( ) 函数时，攻击者在其合约里对 Lendf.Me 的 withdraw( ) 函数进行调用，以达到提取资金的目的。

防御手段：开发人员可以使用"Checks-Effects-Interactions"方法来防止该类重入攻击。此外，ERC-777 标准无法避免使用 hook 机制，因此需要验证并避免所有交易功能可重入的潜在风险。

（7）非标准接口

ERC（ethereum request for comment）是以太坊通用征求意见协议。开源社区使用特定系统来处理其成员的请求。目前，以太坊智能合约遵循的标准除 ERC-20 外，还有 ERC-223、ERC-721、ERC-827 等。

案例：多数 Token 合约未依照 ERC-20 标准实施，这对 Dapp 的研发造成极大的影响。很多已部署的 Token 合约按照以太坊官网和 OpenZeppelin 所列的非标准代码进行函数调用（未按照 ERC-20 规范），使得 Solidity 编译器更新至 0.4.22 版本后产生了严重的兼容性问题，从而导致转账无法进行。

攻击原理：ERC-20 标准不能使用接收者的合约来管理转入的交易，且 ERC Token 也不能向与此 Token 不兼容的契约发送 Token。

防御手段：ERC-721 标准要求所有 Token 都必须拥有唯一的 Token ID。将 ERC-721 标准的 Token 设置为不能对换，且不可分割。

（8）管理员权限过高

对函数设置不合理常导致管理员权限过高。例如，在智能合约中，因函数可见性设置不合理或函数缺少有效的验证，原本无法调用某一函数的用户可通过直接或间接的形式调用此函数。

案例：2018 年 7 月 10 日，加密货币交易平台 Bancor 遭遇攻击，损失价值约为 1250 万美元的以太币，1000 万美元的 Bancor 代币和 100 万美元的 Pundix 代币。此次事件发生的根本原因是管理员权限过于中心化。

攻击原理：该漏洞产生的主要原因是智能合约 Bancor Network 中存在一个调用权限为 public 的函数 safe TransferForm。攻击者通过调用该函数，能够把用户存放在智能合约 Bancor Network 中的资金转移至任何地址。在该函数内部通过 execute 函数调用 transForm 函数执行代理转账。

防御手段：Bancor 应对相关函数的权限进行修改。当用户成功兑换代币后，授权将立即收回。Bancor 还应增强系统的去中心化特性，最小化合约管理员权限，并确保钱包及私钥的安全。

1.4.2 区块链漏洞及防御手段

区块链安全事件层出不穷，不仅破坏了区块链去中心化特性所保障的信用体系，也造成了用户和相关平台的重大损失。目前，区块链漏洞及防御手段已经成为学术界和企业界共同关注的热点。为阻止攻击者对区块链漏洞的利用，研究人员已提出多种区块链漏洞分析方法，并对区块链源码及 EVM 字节码进行了全面分析。

下面首先介绍部分经典攻击的攻击原理及其防御手段，然后结合具体的攻击方式分析区块链的安全性和典型的漏洞利用方式，最后介绍近些年应用广泛的漏洞扫描方法，并给出针对特定漏洞的解决方案。

1.4.2.1 攻击原理

（1）双重支出攻击

双重支出攻击的攻击流程如图 1.14 所示，是指某区块链账户将同一笔数字货币进行多次支付的攻击，其实施过程通常包括以下 4 个步骤。

①攻击者使用账户地址 A 向受害者账户 B 发起一笔转账数字货币的交易 T_{AB}。

②受害者等待交易 T_{AB} 验证通过并收到足够多的确认后，接受交易 T_{AB}，并向攻击者进行同等价值资产转移。

③在距离交易 T_{AB} 完成较短的时间内，攻击者再次使用账户地址 A 发起一笔向账户地址 C 转账数字货币的交易 T_{AC}，账户地址 C 可能是受攻击者控制的另一账户地址，也可能是向账户地址 A 的用户提供同等资产价值转移的另一用户的账户地址，值得说明的是，交易 T_{AC} 中 A 向 C 转移的数字货币包含了交易 T_{AB} 中 A 向 B 转移的数字货币。

④攻击者通过制造区块链分叉来解决交易 T_{AB} 与交易 T_{AC} 的冲突，使包含交易 T_{AC} 的链的长度超过包含交易 T_{AB} 的链，根据最长链原则，账户地址 A 第二次支付交易 T_{AC} 最终被全网结点认为有效，而第一次支付被认为无效，攻击者实现了对同一笔资产的双重支付。

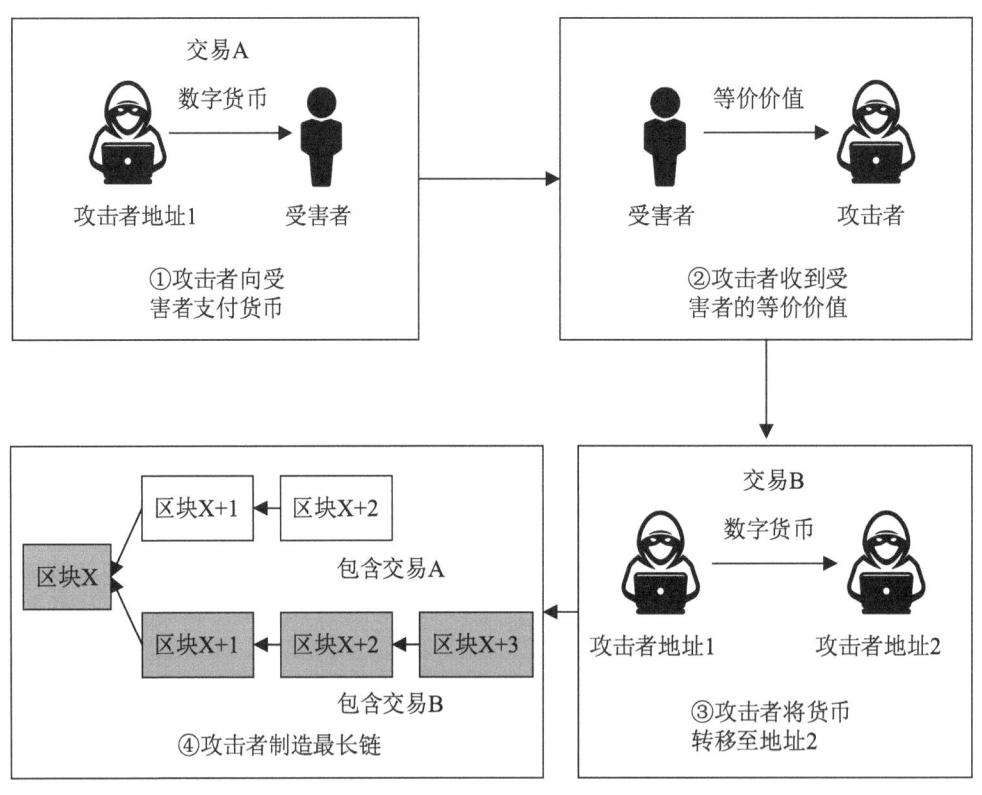

图 1.14 双重支出攻击实现流程

在上述双重支出攻击的步骤④中，攻击者制造分叉链的常见手段有发起 51% 攻击、重放攻击等。

51% 攻击是指在运行工作量证明（PoW）共识机制的区块链中，掌握全网 51% 以上算力的个人或群体，通过制造分叉把已经经过确认的交易变成非主链无效交易的攻击方式。由 PoW 共识原理可知，虽然实际实施 51% 攻击的成本很高，难度很大，但理论上无法通过现有技术阻止 51% 攻击的产生。因此，虽然实际上发生 51% 攻击是小概率事件，但其概率并不为 0。特别是在全网算力规模较小的区块链网络中，攻击者获得全网 51% 算力的代价相对较小，甚至可以通过经济、技术等手段聚集小规模区块链网络算力以外的算力，在对其成功实施 51% 攻击后，退出系统并将获得的电子加密货币变现，从而牟取高额非法利益。鉴于全网算力较小的区块链网络易发生 51% 攻击，中本聪在设计比特币区块链时，利用经济学原理吸引大量算力来扩大全网算力规模，使得攻击者获得比特币全网 51% 的算力要付出的代价极高，从而减少比特币网络中发生 51% 攻击的可能。

为了降低 51% 攻击难度及成本，攻击者不断实施新型 51% 攻击方法，常见的攻击方式有以下几种。

● 攻击者通过提供经济奖励在短时间内吸引大量算力，实施贿赂攻击。

● 在基于"PoW+PoS"的混合共识机制区块链中，长时间保持一定量的电子加密货币以增加攻击能力的币龄累计攻击。

● 在对总体算力投入相对主流币种较少的山寨币中，经常被实施通用挖矿攻击。

防御手段：首先，保持区块链网络算力分散。算力中心化易于被攻击者劫持，进而成功实施 51% 攻击。因此，从抵御 51% 攻击的角度考虑，任何区块链都应避免全网算力过度集中。其次，引入保证金及惩罚机制，提高攻击者对全网算力较小区块链系统发动 51% 攻击的成本。针对算力规模较小的区块链网络，可以在结点入网时令其缴纳一定数量的保证金并引入恶意挖矿惩罚措施，当矿工实施攻击行为时，会受到惩罚并面临失去抵押在链上的保证金的风险。其次，在依靠币龄对区块进行加权共识的区块链系统中，可以通过增加对单个用户地址的持币规模和币龄等的限制来抵御 51% 攻击。例如，当某个用户地址的持币规模和币龄达到系统预先设定的阈值时，系统将减缓或停止币龄增长。最后，一个新创建的区块链系统在运行之初通常算力规模较小，为避免攻击者吸引新创建区块链系统全网算力以外的算力发起51%攻击，新创建区块链系统应尽量避免采用与主流区块链系统相同的共识机制和架构，通常通过引入新的共识机制和架构或对已有机制或架构进行调整，有效减少其他区块链网络算力介入带来的影响[130]。

重放攻击是攻击者在区块链系统中制造分叉链实施双重支付的另一种常见攻击方式。重放攻击是指攻击者试图重复使用由某个用户账户创建的交易签名，将指针重用到另一用户账户的先前区块，重放已经发生的交易。图1.15说明了重放攻击的原理及抵御机制。恶意用户账户A使用相同的交易重复在区块链上创建新区块，这种攻击背后的动机是，恶意用户账户隐藏交易的时间属性，达到对交易秩序的某种破坏的目的。这种攻击相对容易被发现：当由另一个操作实体验证用户账户A的交易链的正确性时，他将检测出有两个块具有相同的输出指针。恶意用户账户在重放攻击期间创建的块组成欺诈证据，网络中的任何操作实体都可以通过读取区块的输出指针来验证上述欺诈行为。

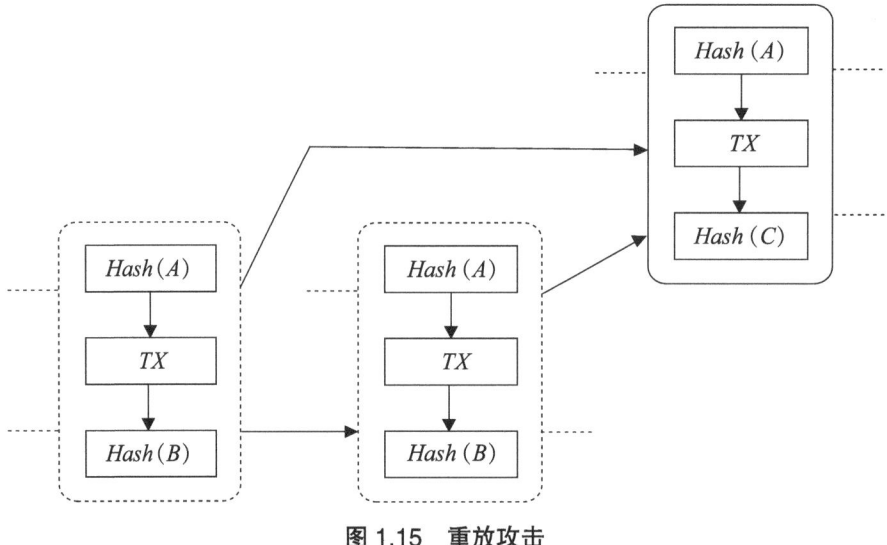

图1.15 重放攻击

（2）空块攻击

空块攻击是指在挖掘新区块系统奖励较高、将交易打包到区块的手续费相对较低的区块链系统中，攻击者挖掘新区块的动机仅仅是为了获得系统奖励，拒绝将区块链网络中的正常交易打包到新区块。在这种情况下，区块链系统的价值激励成为攻击者是否发起空块攻击的重要因素,这将会带来两方面的影响。一方面,若挖掘新块的系统奖励远大于打包交易的手续费,由于矿工验证空块的速度比验证非空块的速度快,所以矿工们会选择打包空块来换取新区块奖励,由此导致大量空块产生[131]。另一方面,若攻击者挖出的新区块中仅包含挖矿奖励交易,这将导致新区块的总交易手续费很低,甚至为零,其他结点因缺少价值激励,将会延迟对该区块交易的确认,从而降低区块链活性。

防御手段:可以通过改进共识机制中的价值激励方式对上述情况加以预防。例如,使矿工收益与区块中打包交易的类型和数量挂钩,新区块中打包的交易越多或交易优先级越高,矿工得到的交易手续费奖励就越高。

(3)削弱攻击

在以比特币为代表的基于 PoW 共识机制的区块链系统中,矿工结点的收入由新生区块奖励和交易费两部分构成,且新生区块奖励每隔一定时间会减少一半,直到趋近于 0,交易费由发起各交易的用户设定,因此具有一定的随机性。当新生区块奖励趋近于 0 时,矿工的收入主要由交易费构成,此时,普通矿工为了最大化自身利益很有可能打破最长链挖矿原则,选择在攻击者许诺更高收益的区块上制造分叉。上述攻击称为削弱攻击,其实质是攻击者恶意诱导矿工制造分叉破坏共识,降低区块链活性[132]。

防御手段:在区块链系统中设定更合理的出块奖励机制,并将出块奖励额度控制在较合理的范围内,从一定程度上增加恶意攻击者诱导矿工挖矿的成本,从而降低削弱攻击对区块链性能的影响,增强区块链共识的鲁棒性。

(4)无利害关系攻击

在基于 PoS 共识机制的区块链系统中,仅设定了奖励机制,缺少相应的惩罚机制。例如,结点在创建和验证新区块时会得到奖励,而在做出不当挖矿行为时不会得到任何惩罚;结点通过质押一定数量的代币来获得创建新区块的权利,而结点挖矿不需要消耗任何资源,因此从博弈论的角度来看,无论基于什么原因导致系统分叉,结点都可能会在多个分叉链上同时挖矿,以期无论哪个分叉最终成为主链,都将导向其利益最大化,上述矿工挖矿策略称为无利害关系攻击。对于矿工来说,无利害关系攻击将增加其个人收益,但会造成区块链系统中产生多条分叉链,最终导致系统中结点无法在主链上达成共识,从某种程度上削弱了区块链的可用性、稳定性和安全性[133]。

防御手段:在基于 PoS 的区块链系统中引入惩罚机制,如结点进入系统时强制其缴纳一定的抵押金,当结点在两个或多个相同高度区块上进行双重签名时,即在两个或多个分叉链上同时创建或验证新块,将被视为发起了无利害关系攻击。对于检测到的违反协议规则的结点可以进行损失质押资产、从验证者名单中删除、声誉损失及收入减少等多种形式处罚,从而为结点的不当行为提供了经济上的限制。

(5)长程攻击

在基于 PoW 共识机制的区块链系统中,当攻击者想要篡改已经被确认的区块交易时,需要在该区块的父区块或任意祖先区块上创建新的分叉链,并使其长度在一定时间内超过主链。鉴于 PoW 共识原理,攻击者在目标攻击区块的父区块或任意祖先区块上创建新的分叉链需要耗费大量算力,且分叉点距离当前区块链链尾的距离越长,分叉链长度超过主链长度的难度越大。因此,在 PoW 共识机制下,攻击者对区块链系统更多实施短程攻击。

长程攻击是指在距离当前链尾区块距离较长的祖先区块处挖掘分叉链,并使其长度在较短时间内超过主链。在基于 PoS 共识机制的区块链系统中,攻击者仅需获得足够数量的加密货币和币龄就可以实施长程攻击[134]。攻击者获得的权益越多,就可以在同等的时间内在分叉链上生成更多区块。因此,攻击者除了利用自身账户地址中的权益,还可以采用一定的策略利用其他账户地址中的权益。例如,假设账户地址 A 中持有高额权益,攻击者采取一定手段获取账户地址 A 的私钥后,就可以同时利用自身账户地址权益和账户地址 A 中的权益发起长程攻击,对其他账户地址中权益的劫持利用降低了攻击者发起长程攻击的难度。

此外,攻击者为了使自己创建的分叉链更快超越主链,除了在分叉链上生成更多的块,也可以采取一定的策略干扰主链生成新块的速度。例如,当攻击者成为主链新生成区块的验证结点时,主动放弃验证或延迟发送验证以降低主链生成新区块的速度[135]。

防御手段:通过在区块链系统中采用 TEE,或者对区块链验证结点采用密钥进化技术等手段加强对自身私钥的保护,增加攻击者盗取私钥的难度,还可以通过设置移动检查点减少攻击者可修改历史区块的数目,采用充裕法则分析链上产生分叉时区块密度的变化情况,快速检测出区块链上是否存在权益劫持攻击并及时做出响应。

（6）粉尘攻击

粉尘攻击是指攻击者通过制造大量交易额极小、无实际价值但交易手续费较高的交易（通常称为"粉尘"）来追踪和分析钱包使用模式,进而识别用户身份的攻击方式。粉尘交易提供的手续费较高,因此可以吸引矿工优先处理这些交易,占据网络上大量算力资源,导致正常交易被推迟处理或无法处理。此外,攻击者还可以通过分析区块链上的粉尘交易记录,追踪资金流向,关联多个钱包地址,并尝试识别用户真实身份。一旦攻击者成功地将多个钱包关联起来,就可以绘制出用户的交易网络,进一步通过数据挖掘推断出用户的行为模式、资产持有情况等信息,还可能与其他类型的网络犯罪活动相结合,如钓鱼攻击、勒索和身份盗窃等。这种攻击主要针对使用 HD 钱包和未花费的交易输出（unspent transaction output, UTXO）模型的币种,如 BTC、LTC、BCH 等。因此,用户需要提高警惕,采取适当的安全措施来保护自己的数字资产。

防御手段：从博弈论的角度看,用于打包正常交易的区块链算力越多,越有利于系统稳定和区块链本身价值提升。因此,应设计合理的共识机制,引导矿工们放弃短期利益,不打包短时间内聚集的大量粉尘交易,即交易额极小的交易,使矿工获得更多长期利益。

（7）日蚀攻击

日蚀攻击是攻击者通过控制多个僵尸结点与受害结点建立通信连接,修改受害结点的通信连接数据结构表,从而导致受害结点被僵尸结点隔离的区块链网络层面攻击。经典区块链网络（如比特币网络）中每个结点通常拥有两个用于控制数据连接的数据结构表。其中,NEW TABLE 中存储已发现的与该结点邻接但还未建立连接关系的结点 IP；TRIED TABLE 中存储距离当前时间较近的历史时间内建立过数据连接,但当前连接已断开的结点 IP。攻击者需要控制多个僵尸结点,使用僵尸结点 IP 及无效 IP 修改目标受害结点的数据结构表,从而使受害者无法依据数据结构表与其他区块链结点建立正常的通信连接,达到隔离受害结点的目的。

日蚀攻击的具体实施步骤包括：首先，攻击者利用其控制的多个僵尸结点持续向受害者结点发起大量 TCP 连接，根据数据结构表更新规则，受害者结点将已建立通信连接的僵尸结点 IP 保存在 TRIED TABLE 中；同时，攻击者利用僵尸结点的 IP，向根点发送大量无效数据结构表更新规则，受害者结点将这些 IP 保存在 NEW TABLE 中；当受害者结点重启后，会从 TRIED TABLE 和 NEW TABLE 数据结构表中选择结点进行连接，由于受害者结点的上述两个表已被僵尸结点的无效 IP 占据，此时受害者结点只能与攻击者控制的僵尸结点建立连接，攻击者实现了对受害者结点的隔离，完成攻击[136]。攻击者还可以通过隔离更多的受害者结点，劫持受害者结点的算力发起双重支出攻击、长程攻击等攻击，诱骗受害者结点在交易未得到确认的情况下，将资产转移给攻击者结点。

防御手段：修改区块链结点发现规则，使攻击者无法通过批量控制僵尸结点与受害者结点建立连接，并修改受害者结点的数据结构表，或者使用无效 IP 地址污染受害者结点的数据结构表等。例如，在删除结点数据结构表中的历史 IP 之前，先测试当前结点与该 IP 能否建立连接，仅在建立连接失败时将该 IP 从数据结构表中删除，还可以为结点设置若干冗余外部连接，测试是否可以与新 IP 建立连接，仅在成功建立连接时在表中为新 IP 地址建立表项。

1.4.2.2 漏洞扫描方法

层出不穷的区块链安全事件表明，区块链漏洞不但会导致重大的经济损失，还可能导致用户对区块链技术的信任下降，影响其广泛应用。区块链漏洞扫描检测是确保区块链系统安全、稳定和可靠运行的基础，对于保护用户资产、维护系统信誉和促进技术发展都有着不可替代的作用。目前，主流的区块链漏洞扫描方法有形式化验证、模糊检测、符号执行、深度学习和通用语义表示等[137-139]，下面分别进行介绍。

（1）形式化验证法

形式化验证是分析区块链安全漏洞的经典技术，通过把区块链合约中的顺序、判断、循环等执行语句转化为形式化模型，消除合约中语句的二义性，从逻辑上验证合约中函数执行的正确性和可靠性。目前，形式化验证已经在工业物联网、载人航天等高安全需求领域获得了成功应用，该方法可以为区块链合约的创建和执行过程建立规范性约束，有利于区块链合约漏洞发现，从而保障区块链系统的正确性和可靠性。

形式化验证主要采用逻辑证明方法，验证合约代码在形式化规范描述的前提下是否满足某些特性。演绎证明和模型检测是较为常用的两种形式化验证方法。演绎证明利用形式化公式从逻辑上定义描述系统及其特性，通过建立逻辑推理体系证明系统是否具有某些特性。模型检测的基本思想是，首先列举出系统所有可能的状态，再通过状态空间搜索逐一确认系统是否具有某些特性。

近年来，基于形式化验证的合约漏洞检测方法主要有 F* framework、KEVM、Isabelle/HOL、ZEUS、VaaS 等。

F* framework 方法首先形式化与源码对应的 EVM 字节码，然后把经过形式化的 EVM 字节码编译成 Ocaml 格式，进一步使用编程语言 F* 描述智能合约源码和 EVM 字节码，在上述工作基础上分析和验证智能合约功能的正确性和可靠性，从而实现智能合约漏洞检测。

KEVM 提供了基于 K 框架的 EVM 字节码规范、代码解释器及用于区块链合约漏洞检测的工具。首先，基于 K 框架形式化被检测区块链合约，然后构建基于被检测区块链合约源码和 EVM 字节码的形式化规范，从而实现区块链合约漏洞检测。

Isabelle/HOL 通过将与区块链合约源码对应的 EVM 字节码序列重组成线性代码块或将合约拆分成与形式化逻辑对应的基本块，并在上述工作基础上，构造合约逻辑程序进行形式化验证，从而实现区块链合约漏洞检测。

ZEUS 是一种基于形式化方法对区块链合约进行安全分析的静态分析工具，使用代码抽象解释、符号模型及约束语句实现对区块链合约安全性的快速验证，能够同时支持多种类型区块链合约漏洞的分析与检测。

VaaS 是一种基于形式化方法对区块链合约进行安全分析的"一键式"检测平台，该平台能够自动检测出区块链合约中的常见安全漏洞，准确标注出风险代码位置并提供代码修改建议。

在选择具体的基于形式化验证的漏洞检测工具时，应明确系统需求，如需要检查的内容和关注的漏洞类型，从漏洞检测能力、扫描范围、检测频率和速度、合规性支持、多平台支持等方面进行综合考虑。

（2）模糊检测法

模糊检测是针对传统程序漏洞的常用检测技术，通过向目标系统提供非预期的输入并监视异常结果，能够在源码缺失的情况下进行漏洞检测，被业界证明具有较好的可扩展性和稳定性。首先，该方法针对目标检测程序批量生成包含异常的测试用例；然后，将测试用例提供给目标检测程序，标记目标程序执行过程中的异常状态，从而发现安全问题。

近年来，研究人员提出了几种针对智能合约的模糊检测方法，如 ContractFuzzer、Regurad、ILF 等。ContractFuzzer 是首个将模糊检测用于智能合约安全漏洞的动态检测方法，首先依据智能合约 ABI 规则生成一批模糊测试用例，然后确定测试方案并对 EVM 进行配置，在日志中记录智能合约运行过程，通过分析日志实现漏洞检测。Regurad 主要用于检测和分析智能合约可重入漏洞，随机生成一批测试用例，跟踪智能合约的执行过程，标记并识别可重入漏洞，从而实现对目标智能合约的模糊测试。ILF 借助神经网络技术对智能合约进行模糊测试，通过符号执行模块构建合理的测试调用序列，训练神经网络模型，利用神经网络模型实现有效的智能合约漏洞检测。

模糊检测通过快速执行大量测试用例，能够处理各种输入类型，包括文件、网络数据包等，对软件或系统进行有效测试，具有较好的可扩展性，适用于不同规模和复杂性的系统。

然而，模糊检测需要专业的知识和经验来设计测试用例，分析测试结果，存在一些局限性。首先，生成的测试用例可能不总是有效或相关，从而导致测试覆盖不充分。其次，大规模的模糊检测可能会消耗大量的计算资源。最后，尽管模糊检测可以发现许多漏洞，但不能保证发现所有类型的漏洞，并且可能会产生误报（将正常行为报告为异常）和漏报（未能检测到实际存在的漏洞）。特别是对于具有复杂输入依赖的软件，模糊检测的复杂性可能是一个挑战。

（3）符号执行法

符号执行法首先把程序中的变量符号化，然后利用符号化变量输入为各执行路径提供约束，约束求解器在执行之后求解约束条件，并反向求解当前执行的输入，即由约束求解器获得一组新的输入，检测符号化后的程序中是否存在漏洞。通过将区块链合约中的变量符号化,将符号执行漏洞检测方法引入区块链合约漏洞检测,逐条编译执行合约中的指令,在编译执行过程中动态更新执行路径、求解路径约束,从而发现合约中所有可行的执行路径并进行合约漏洞检测。

近年来,基于符号执行思想,出现了以 Oyente、Securify、Maian、Mythril、Sereum、TeEther 等为代表的区块链合约漏洞检测系统。

Oyente 是首个基于区块链合约控制流图和符号执行方法对智能合约进行漏洞检测的系统,包括 CoreAnalysis、Explorer、Validator 及 CFGBuilder 4 个模块。具体来说,该系统以与智能合约源码对应的 EVM 字节码及以太坊运行状态作为输入,模拟 EVM 字节码搜索并遍历智能合约的各种执行路径,实现对处理异常漏洞、可重入漏洞、执行顺序依赖漏洞等多种类型漏洞的检测。

Securify 是由以太坊基金会支持的智能合约安全扫描器,其输入是智能合约的 EVM 字节码或源代码(被编译成字节码输入工具),以及一系列用特定领域语言描述的模式,输出是具体出现漏洞的位置。Securify 通过静态分析以太坊智能合约的 EVM 字节码及合约依赖关系来推断合约的语义信息。首先,将合约的 EVM 字节码反编译成静态的单一赋值形式;然后,将单一赋值形式的代码转为基本事实并推断关于合约的其他语义事实;最后,匹配由特定领域语言编写的各种安全属性,输出对应模式并整合成安全报告,实现对以太坊智能合约合规性和安全漏洞的静态分析。Securify 具有可扩展、自动处理、识别率高等特点。

Maian 是一种基于符号执行通过长程合约调用进行区块链合约漏洞分析的安全分析系统。与其他区块链合约漏洞分析系统不同,Maian 主要用于分析和识别特定类型的合约漏洞,如导致资产长久冻结的贪婪合约漏洞、容易导致资产泄露的挥霍合约漏洞、可以随时销毁合约的自杀合约漏洞等。Maian 的分析过程涉及将合约中的变量符号化,然后通过符号执行来探索程序中的所有可执行路径。在执行过程中,更新执行状态并收集路径约束,以发现程序中的安全问题。Maian 可以通过自定义规则来适应不断变化的网络环境,减轻人工监控的负担。然而,这种分析方法可能会因为状态空间爆炸和执行路径指数级增长而面临挑战,导致计算所需资源和时间开销显著增加。

Mythril 是基于符号执行的合约代码静态分析系统,通过语义分析、污点识别及控制流检测来发现区块链合约中的常见漏洞,如异常处理漏洞、执行顺序依赖漏洞、整数溢出漏洞、可重入漏洞等。Mythril 使用相对简单,提供命令行界面,通过配置文件来指定分析参数。例如,用户可以通过设置 search_depth 参数来定义 Mythril 在分析时应探索的执行路径深度。Mythril 支持多种 EVM 兼容的区块链平台,如 Ethereum、Hedera、Quorum、Vechain、Roorstock、Tron 等。

Sereum 是针对区块链合约可重入漏洞分析和检测的新型检测系统,该系统将污点值与实际数据值分离存储,通过构建动态污点标记实时追踪合约执行路径,确保动态污点跟踪对合约实际执行的完全透明;监控合约执行过程中的数据流动,确保数据在执行过程中不被非法修改,自动实现系统状态一致性检测,从而有效识别和检测系统可重入漏洞攻击。Sereum 的优势在于运行开销较低,不需要对已部署的合约进行修改,就能够以较低的误报率精确检测重入攻击。因此,Sereum 的出现为区块链智能合约的安全提供了一种新的保护机制,尤其对于那些已经部署且无法修改的合约,提供了一种有效的安全保障措施。

TeEther 也是基于符号执行的合约代码静态分析系统,与 Mythril 等合约代码静态分析系统不同,TeEther 通过分析与智能合约源码对应的 EVM 字节码识别关键执行路径,并将路径转换为一组约束,使用约束求解器来推断攻击者必须执行的交易以触发漏洞,实现合约漏洞自动识别。TeEther 的出现为智能合约的安全分析提供了一种自动化的方法,有助于提高在区块链平台上运行的智能合约的安全性。通过自动化的漏洞识别和利用,帮助开发者和安全研究人员更快地发现和修复潜在的安全问题。

(4)深度学习法

目前,深度学习技术有了长足的发展并被广泛应用于信息安全等领域。基于深度学习的漏洞检测技术对于新型安全漏洞的检测表现出较好的可扩展性和准确性,深度学习与信息安全的融合推动了新型区块链合约漏洞检测技术的诞生。常见的基于深度学习的合约漏洞检测技术包括 ReChecker、SaferSC、DR-GCN、ContractWard、TMP 等。

ReChecker 是首个将深度学习与漏洞检测融合的针对合约可重入漏洞的检测系统,该系统通过将 Solidity 区块链合约源码转换为合约片段的形式,分析和识别智能合约中基本语义信息及控制结构依赖关系,从而构建自适应记忆模型和迭代机制,实现区块链合约可重入漏洞的自动标记与检测。ReChecker 在超过 42 000 个真实区块链合约上的实验结果表明，将基于深度学习的技术应用于智能合约漏洞检测是切实可行的，这对于保障智能合约的安全性具有重要意义。

SaferSC 是首个将深度学习与漏洞检测融合的通用型智能合约漏洞检测系统，该系统通过对以太坊智能合约源码进行分析和标记，建立了基于长短期记忆网络（long short-term memory，LSTM）的以太坊合约源码序列模型，支持操作码级别的智能合约安全威胁检测，且随着合约复杂性的增加，LSTM 能够保持接近恒定的分析时间，从而实现对常见区块链合约漏洞的快速、准确检测，具有良好的扩展性和实际应用价值。

DR-GCN 是首个基于智能合约控制流图分析实现区块链合约漏洞检测的系统，支持多平台智能合约漏洞检测，如以太坊、维特链等，主要实现可重入漏洞、死循环漏洞及时间戳依赖漏洞等多种类型合约漏洞的检测。该系统检测合约漏洞的原理是，首先由合约源码抽象出具有通用语义的合约流图，然后基于卷积神经网络建立合约漏洞检测模型，从而实现对合约漏洞的检测。

ContractWard 是一个基于机器学习和采样技术的自动化智能合约漏洞检测系统，通过从区块链合约源码中提取程序执行二元轨迹特征，可实现对区块链可重入漏洞、时间戳依赖漏洞、整数溢出漏洞等常见合约漏洞的检测。ContractWard 的使用有助于提高智能合约的安全性，减少由于漏洞导致的经济损失，并维护区块链生态的稳定性。

TMP 基于 DR-GCN 从以太坊智能合约函数及变量中抽象出语义信息，并以关键语义信息为主要结点构建合约流图，将结点间执行依赖关系抽象为合约流图中的有向时序边，构建归一化合约时序流图，建立基于归一化合约时序流图的神经网络模型，实现智能合约漏洞的自动化检测。

（5）通用语义表示法

区块链智能合约可以看作按照分布式结构部署的应用程序，与传统应用程序的区别在于以下 3 个方面。首先，智能合约允许设置 Fallback 函数和运行燃料 Gas，用于限制程序的恶意执行；其次，智能合约可实现基于电子加密货币的价值流动；最后，智能合约在分布式部署方式下的一致性需求，导致部署后的智能合约难以修改。

因此，与传统应用程序相比，智能合约的部署和执行过程更加复杂，一旦出现安全问题，引起的损失也更大。

为了及早发现智能合约的安全问题，研究人员提出可以从以太坊智能合约源码及相应的字节码中，抽象出具有通用语义表达的语义结构，然后对智能合约的通用语义表示进行分析和探测以发现安全漏洞。近年来，出现了以 Vandal、Slither、ContractGuard 等为代表的基于通用语义表示法对智能合约进行安全分析和检测的系统。

Vandal 是通过智能合约 EVM 字节码对合约进行静态安全分析的系统，该系统主要由分析结构和反编译结构构成。由反编译结构执行抽象逻辑，将 EVM 字节码反编译为等价的中间表示形式，将字节码形式的逻辑关系抽象为更高级别的通用语义表示，使用基于通用语义表示的逻辑驱动方法进行智能合约漏洞检测。上述过程消除了所有堆栈操作，使数据依赖关系得以暴露，这对于理解程序行为和检测潜在漏洞至关重要。Vandal 具有分析高效、易扩展、可视化和开源免费等特点，适用于安全性审计、性能优化、教育等多种场景。

Slither 是通过智能合约源码对合约进行静态安全分析的系统，该系统首先将智能合约源码转换为基于 SlithIR 的通用语义表示，保留源码转换为字节码时丢失的语义信息，然后使用基于 SlithIR 的静态分配过程和 RISC 指令集简化合约通用语义分析过程。上述系统不仅可用于以太坊智能合约常见漏洞的分析与检测，还能够针对具体安全问题给出相应的合约代码优化建议。

ContractGuard 是一种基于通用语义表示的智能合约入侵检测系统，通过分析智能合约上下文标记，高效索引和分析程序内无环路径，将安全防护逻辑与智能合约的业务处理逻辑融合于一体，不需要已知漏洞签名就能够快速检测出各种潜在攻击导致的异常入侵控制流，从而保障智能合约安全。由于 EVM 账户存储开销较高，ContractGuard 支持自适应地选择数据结构以优化存储成本。同时，通过在智能合约的字节码中插入探针，记录并校验每笔交易运行的 context-tagged 无环路径是否在安全集合中，若发现非法路径，则自动回滚交易并发出警报。

Ethir 是利用区块链合约 EVM 字节码对合约进行安全分析的系统，该系统首先基于 Oyente 构建出控制流图，然后由控制流图抽象出基于规则的 EVM 字节码的通用语义表示，通过反编译以太坊虚拟机字节码来提供高级的字节码表示。通过这种方式，Ethir 能够将低层次的 EVM 代码转换为更高层次的、易于分析的表示形式，进一步使用针对高级语言开发的分析工具来推断字节码的属性，由 EVM 字节码的安全性分析和判断区块链合约的安全性。

Gas 机制是以太坊中用于衡量执行智能合约操作所需计算资源的一种度量。智能合约中的 Gas 漏洞可能导致合约执行效率低下、资源浪费，甚至可能被恶意利用导致资产损失。Madmax 是针对以太坊智能合约燃料 Gas 相关漏洞的安全分析系统，该系统基于 Vandal 进行合约控制流分析，基于反编译部件进行程序结构分析与检测，将与源码对应的字节码反编译成高语义信息的通用语义表示，从而有效检测与以太坊 Gas 相关的合约安全漏洞，如资产冻结漏洞等。

SmartCheck 是一种基于通用语义表示的可扩展智能合约安全静态分析系统。该系统通过对区块链合约源码进行词法和句法分析，将区块链合约源码抽象为基于 XML 的通用语义表示，然后在 XPath 模式下匹配和检查所有合约代码，实现对合约代码的全面覆盖分析和漏洞检测。SmartCheck 不仅能够分析 Solidity 代码，还能够通过添加指定的扩展语法和数据库，支持其他智能合约语言，检测多种合约安全漏洞，适应不断变化和扩展的智能合约生态系统，如未经检查的外部调用、由外部合约引起的拒绝服务等。

除上述具有通用性的合约漏洞检测系统外，还有部分研究针对特定漏洞给出相应解决方案。Qian 等[140]利用双向长短期记忆与注意机制精确检测可重入错误，以此预防重入攻击。Liu 等[141]提出了 ReGuard，这是一种检测可重入漏洞的工具，它通过模糊动态识别合约中的可重入漏洞并自动标记。Grossman 等[142]提出有效回调自由对象的概念，用于处理合约中的回调错误，如可重入错误。Fei 等[143]开发了 MSmart 工具来分析时间戳依赖、整数溢出等高风险漏洞，增加新的中间表示规则，以缩短查找漏洞所需的时间，极大地提高了检测漏洞的效率。Torres 等[144]设计了准确发现以太坊智能合约中的整数错误的检测框架 Osiris，在由超过 120 万份智能合约构成的大型实验数据集上全面评估了其性能，检测出 42 108 份合约存在整数溢出风险。Bragagnolo 等[145]提出了一种基于镜像封装的具有反编译功能的 SmartInspect 架构，通过反编译已经部署的智能合约来获得合约中的非结构化信息，检测智能合约实例的当前状态。Abdellatif 和 Brousmiche 的研究表明[146]，智能合约在矿工池驻留的时间越长，就越有可能被成功攻击。Vukolić[147]指出按顺序执行智能合约破坏了区块链某些特性，如机密性，并提出并行执行过程独立的智能合约。在此基础上，Dickerson 等[148]提出允许矿工调度不冲突的合约交易实现并行执行的新方法，该方法在智能合约基准测试中表现良好，极大提高了合约执行效率。

针对上述现有区块链漏洞扫描方法，通常从检测范围、准确性、自动化程度等方面评估其性能。首先，漏洞扫描应能覆盖广泛的已知漏洞，包括常见的安全风险和特定区块链平台特有的漏洞。例如，WANA 工具支持检测随机数依赖漏洞、时间戳依赖漏洞、Map 结构迭代漏洞、整数溢出漏洞、除零漏洞、未处理错误漏洞等。其次，漏洞扫描应当具有能满足系统需求的准确程度，包括降低误报率和漏报率。例如，ArtemisX 工具覆盖的漏洞类型包括整数溢出、自杀合约、资产冻结、资产泄露、时间戳依赖、区块信息依赖、可重入攻击、未处理的异常等。最后，选择能够自动化执行大部分检测工作的漏洞扫描工具，以提高效率和减少人工干预。

1.5 区块链主流开发平台

1.5.1 Solidity

Solidity 是一种面向合约的高级编程语言，专门用于在以太坊区块链上编写智能合约。它具有类似于 JavaScript 和 C 语言的语法结构，易于学习和使用。Solidity 支持合约的编写、部署和调用，同时提供了丰富的库和工具，帮助开发者更高效地构建复杂的分布式应用程序。Solidity 的智能合约能够实现各种功能，如代币发行、投票、去中心化交易等，成为了以太坊生态系统中最受欢迎的智能合约开发语言之一。

Solidity 的主要特点是智能合约的安全性和可靠性。区块链上的智能合约一旦部署就无法修改，因此编写一个安全、无漏洞的合约是十分重要的。Solidity 提供了丰富的安全功能和最佳实践指南，帮助开发者避免常见的合约漏洞和攻击。与此同时，Solidity 还支持面向对象编程，支持继承、库和复杂的用户定义类型等多种特性，以此来提高合约的可维护性和扩展性。

1.5.2　Web3.js

Web3.js 是一个 JavaScript 库，主要是用于在 Web 应用程序中集成以太坊的功能并与以太坊结点进行交互。Web3.js 提供了丰富的 API 和功能，开发者可以通过实现创建钱包、发送交易、调用智能合约等一系列操作，使应用与以太坊的交互变得更加简单和方便，也可以通过 Web3.js 轻松读取区块链上的数据、交易信息等。

Web3.js 的一大亮点是跨平台和跨浏览器的兼容性，无论是在前端还是后端，无论是在服务器端还是浏览器端，开发者都可以使用 Web3.js 和以太坊进行交互。与此同时，Web3.js 支持异步编程模式，这对于处理大量的并发请求十分重要，是保证应用程序的性能和响应速度的重要因素。利用 Web3.js，开发者可以构建各种类型的以太坊应用，如钱包应用、去中心化交易所、投票应用等，为区块链技术的推广和应用提供了强大的支持。

1.5.3　Remix

Remix 是一种基于 Web 的以太坊智能合约集成开发环境（integrated development environment，IDE），为开发者提供了一个直观、方便的合约编写和调试环境。Remix 有干净简洁的界面和丰富的功能，包括合约的编辑器、编译器、调试器、部署器等，可以满足开发者在编写合约过程中的各种需求。与此同时，Remix 还支持在线部署和调试功能，开发者不用在本地安装任何软件，可直接在网页上完成合约的编写、测试和部署，提高合约编写的效率。

Remix 的主要特点之一是强大的调试功能和实时反馈机制。通过使用 Remix 内置的调试器，开发者可以实时查看输入变量的值和执行结果，及时发现和修复合约中的缺陷，提高合约的安全性。与此同时，Remix 还允许合约的模拟执行和单元测试，即在不消耗真实以太币的情况下对合约进行整体测试，提高了合约的质量和稳定性。

1.5.4　Go 语言

Go 语言是由 Google 公司开发的一种静态类型的编程语言，内置轻量级协程（goroutine）和通道（channel），拥有庞大而活跃的开发社区和开源项目库。Go 语言作为一门快速、安全的编程语言，非常适合用于开发区块链平台协议及相关网络安全应用，如以太坊的客户端 Geth、比特币的 btcd、加密货币钱包、身份验证系统和防篡改的日志系统等。Go 语言通过使用垃圾回收机制，以及基于原生线程的并发模型，实现了出色的并发能力和高性能，可用于处理大规模交易和运行复杂智能合约。此外，针对区块链应用往往有在不同的操作系统和环境中运行的需求，Go 语言提供了跨平台的编译和部署支持，可以轻松地在各种操作系统上进行区块链应用开发和部署，实现与以太坊智能合约的交互，包括部署合约、查询合约和调用合约等。

Go 语言在区块链开发中具有多样性和灵活性，不仅适用于底层的区块链协议和网络通信，也适用于构建上层的智能合约和去中心化应用。随着区块链技术的不断发展，Go 语言在区块链及相关网络安全领域的作用将越来越重要。

第二章
智能合约

　　智能合约是继电子加密货币之后区块链应用的第二大创新，最初由 Nick Szabo 于 1994 年提出，他将其定义为嵌入在软件中可自动执行复杂业务逻辑的合约条款代码。由于当时缺少智能合约自动执行复杂业务逻辑的去中心化环境，智能合约一直停留在概念设计阶段。自以太坊和超级账本问世以来，通过在区块链中运行的通用去中心化应用程序，扩展了智能合约的定义和应用范围。智能合约是运行在区块链上的一个自执行合约，其条款是以代码形式编写的。智能合约允许在不需要中介的情况下进行信任交易，交易一旦被触发，智能合约就会自动执行合约中规定的条款。这种机制可以大大提高交易的效率和透明度，降低交易成本和欺诈风险。智能合约的应用场景非常广泛，从金融服务、供应链管理到版权保护和身份验证等都有涉及，是区块链技术中一项创新且具有革命性的应用。

2.1 智能合约概述

智能合约被定义为图灵完备的、部署于区块链网络中的可自动执行复杂业务逻辑的合约条款代码，由区块链中参与特定合约的若干用户共同创建和部署，本质上是将传统的程序化合约条款移植到具有去中心化、不可伪造、不可篡改特性的 P2P 区块链网络无信任环境中执行。智能合约通常基于事件触发机制，在达到执行条件后自动触发执行，利用区块链的不变性和问责制明确参与者的权利与义务，由区块链全部结点共同验证和监督。事件驱动程序作为事件触发机制的核心部分，构成了具有代币、钱包、交易所和市场的新型数字经济的基础，同时也促进了点对点交易的新模式。

目前，应用比较广泛的区块链智能合约开发平台包括以太坊（ethereum）和超级账本（hyperledger fabric）。

以太坊是由 Vitalik Buterin 等于 2015 年推出的目前最大的支持区块链合约实现的去中心化开源平台，其原生代币称为以太币，用于支付交易费用及参与网络共识。区块链合约通常采用高级语言 Solidity 或 Vyper 编写，编译成字节码后存储在区块链的分布式账本中。区块链字节码即字节序列，又称操作码，由虚拟机执行。虚拟机提供硬件抽象，同时在特定情况下计算有效的状态转换。《以太坊黄皮书》指出以太坊具有基于堆栈的架构，并具有多个可寻址数据组件，支持超过 140 个独立的操作，每个操作都与特定操作码相关。与传统计算机处理器支持的指令种类相比，虚拟机中用于实现智能合约的操作码的种类较少，但它与 x86 和 ARM 等传统硬件处理器使用的操作码非常相似。

以太坊网络中的任何结点都可以创建智能合约。智能合约中的程序代码可用于实现多个实体交互的逻辑预设条款，并预定义执行智能合约的触发条件和动作响应。智能合约的高级指令被转换为字节码，并作为交易存储在以太坊区块链中。智能合约被部署后，其执行过程通过状态机执行交易来实现，相关交易和更改状态记录在区块链中。首先，由合约触发结点广播一个处理特定合约的交易，由合约定义该交易的功能和输入；然后，矿工收集这些交易，并在以太坊虚拟机中由达成共识的矿工结点存储和执行这些智能合约交易。

理想情况下，交易原子广播工作方式和采用的共识机制能够确保虚拟机副本独立工作，就像每个对等实体都可以访问虚拟机一样，可将部署在区块链上的智能合约看作运行在一个可信全局计算机之上的应用程序。可信全局计算机通常具有隔离性、确定性、停止机制等属性，其执行指令的正确性由部署在区块链上的共识机制保证。其中，隔离性指任何意外结果不得对区块链状态产生影响，确定性指要达成共识，在两个不同结点上执行的同一程序的输出必须相同；停止机制指为了避免由陷入死循环的程序产生的拒绝服务攻击而引入的程序执行控制机制。

根据 Blockchair 的数据，截至 2024 年 12 月在以太坊上共创建了超过 4100 万个智能合约。研究人员在由超过 5000 个以太坊智能合约构成的实验集中，分析统计了这些智能合约指令类型的分布概率，如图 2.1 所示。

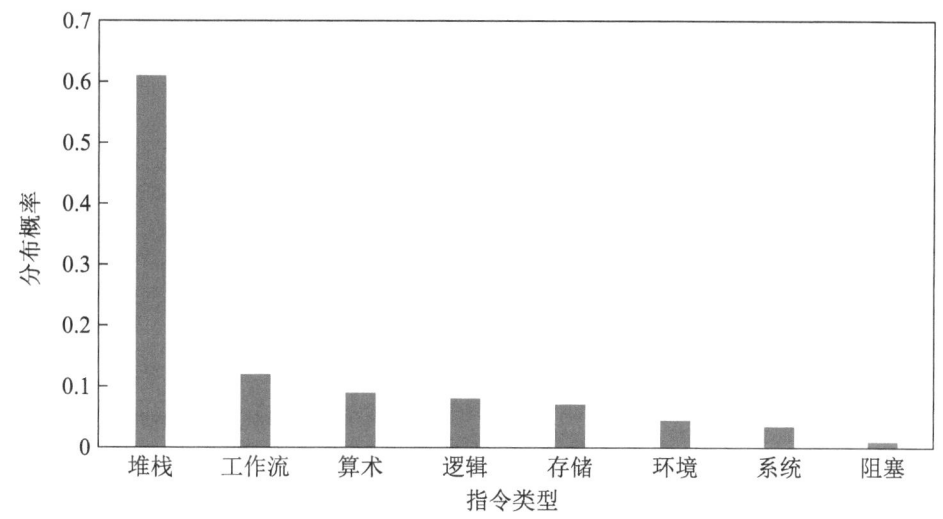

图 2.1　智能合约指令类型的分布概率

研究表明，这些合约中存在大量重复合约，且超过 60% 的合约从未被调用或使用过[149]，导致区块链生态系统高度同质，本书将这一现象称为智能合约代码的聚类性。产生这一现象的主要原因是，在开发过程中难以完全避免智能合约逻辑错误或代码错误，而智能合约代码一旦被部署便不可更改，若部署后的合约中存在缺陷，很容易被攻击者利用。一般来说，随着区块链合约复杂性的增加，编译器生成的用于在虚拟机中执行的字节码的大小及相应的存储需求也会增加。针对上述问题，降低智能合约的复杂性和存储需求,同时保留存储在分布式账本中的元数据,将是一个显著的改进。

以太坊的另一个研究热点是如何提高其可定制性。虽然以太坊是一个公共的、分布式的、去中心化的可用于执行智能合约的计算平台,但以太坊中的所有合约和交易都运行在同一个主链上,无法满足定制化的需求。此外,其主链的响应速度往往较慢,这影响了以太坊平台上的所有应用程序。Fu 等[150]对以太坊执行环境的研究工作表明,在以太坊虚拟机的不同实现条件下,使用的 gas 总量和操作码序列具有不一致性。产生上述不一致性,一是因为虚拟机采用的退款机制不同,二是因为每台机器的内部优化程度不同。因此,即使在不同虚拟机上执行相同的合约,也会在字节码中产生不同的模式。可通过引入额外的指标缓解上述不一致性。例如,设置智能合约代码大小指标,激励用户使用产生较小字节码的、内部优化程度较高的以太坊虚拟机,在降低执行环境不一致性的同时节约执行成本。此外,以太坊还推出了一系列的扩展解决方案,如 Plasma、Sharding 和 Optimism 等,以提高网络的交易处理能力和吞吐量。同时,以太坊也在探索跨链技术及隐私保护技术,提出了 Polkadot、Cosmos、ZK-SNARKS 和 Tornado Cash 等技术,以实现不同区块链之间的互操作性,提高用户隐私性和交易保密性。

随着区块链技术的发展,企业开始寻求能够满足其特定需求的区块链解决方案,涉及隐私性、保密性、网络参与者的访问控制机制及业务逻辑处理等多个方面。为了满足企业的上述需求,推进区块链技术跨行业发展,Linux 基金会在 2015 年创建了 Hyperledger 项目。超级账本 Hyperledger Fabric 作为其中一个重量级开源项目,致力于开发企业级联盟链,通过构建分布式账本、智能合约和共识机制等区块链核心组件,帮助企业在网络上建立身份、执行交易和存储数据,服务于企业内部业务协作,构建可信任的商业网络,以适应不同行业和场景的复杂应用需求。

Hyperledger Fabric 采用模块化架构,支持不同组件的可插拔实现,允许网络根据特定的业务场景和信任模型选择最合适的组件,能够更好地处理企业级数据查询及访问控制等问题。例如,为了满足企业对高性能和可扩展性的需求,Hyperledger Fabric 支持可插拔的共识协议,允许网络根据具体的业务需求选择合适的共识算法,可以选用基于 etcd 库中 Raft 协议的排序服务实现,也可以选择其他拜占庭容错共识协议,从而实现商用级的出块速度。通过通道机制,允许参与者在私有子网络中进行交易,而私有数据特性则允许在不创建独立通道的情况下实现隐私保护,从而满足隐私和保密性的需求。通过成员服务提供商来管理网络中参与者的身份,确保交易可以被授权监管和审计。通过基于角色的访问控制模型和访问控制列表机制,允许对通道内资源访问、背书控制或链码调用控制等多个场景下的需求进行精细控制,实现了细粒度的权限管理。

在 Hyperledger Fabric 中,智能合约也称为链码。Hyperledger Fabric 支持多种编程语言编写链码,如 Go、Java 和 Node.js 等,这使得开发者可以在 Hyperledger Fabric 平台下使用他们熟悉的语言来编写链码,而不必学习新的语言。链码作为受信任的分布式应用程序,在沙盒环境中被隔离执行,在执行过程中,不能直接访问其他链码的状态或数据,需要遵循背书策略,即必须得到网络中一定数量的结点的背书,并在结点中达成基本共识,交易才被认为是有效的,从而增强系统的安全性和灵活性。此外,Hyperledger Fabric 允许链码的升级和版本控制,使得链码的管理和维护更加灵活和方便。

综上所述,智能合约为区块链增添了可编程属性,允许在满足预设条件时自动执行合同条款,无须中介或第三方的介入,这使得交易和协议的执行更加高效和自动化,使得区块链不仅仅是一个分布式账本,而是一个可以运行复杂业务逻辑和操作的去中心化计算平台,极大地扩展了区块链的功能。此外,Hyperledger Fabric 不需要原生加密货币来激励挖矿或执行智能合约,降低了系统的风险,同时减少了与加密货币相关的运营成本。然而,智能合约在应用、安全和隐私保护等方面仍面临多维度、跨阶段的挑战,需要从设计、实现、测试、部署到运维的全生命周期进行综合考虑和保障。

2.2 智能合约运行机制

2.2.1 以太坊智能合约运行机制

目前,基于不同区块链平台的智能合约开发语言尚未统一,多数智能合约由具有图灵完备特性的 Solidity 语言编写[151]，主要包括合约中可执行单元函数模块和智能合约状态数据两部分。基于 Solidity 的以太坊智能合约具有支持 gas、支持回调、不支持浮点操作等特性，因此其在以太坊区块链部署时，与传统软件的部署存在诸多差异，如存储方式、调用方式、消耗资源方式等。

基于 Solidity 的以太坊智能合约运行机制如图 2.2 所示。部署在以太坊区块链上的智能合约通常通过 EVM 与以太坊状态数据库（StateDB）交互，来执行数据查询或数据修改等操作，其中，EVM 可看作基于字节码和 EVM 堆栈的沙盒环境。在以太坊区块链上部署基于 Solidity 语言编写的智能合约时，智能合约源码首先被编译为 EVM 可访问的字节码，随后 EVM 基于上述字节码构建 EVM 堆栈。当智能合约执行条件被触发时，EVM 验证函数签名等信息，通过验证后，支持访问 EVM 堆栈及状态数据库。

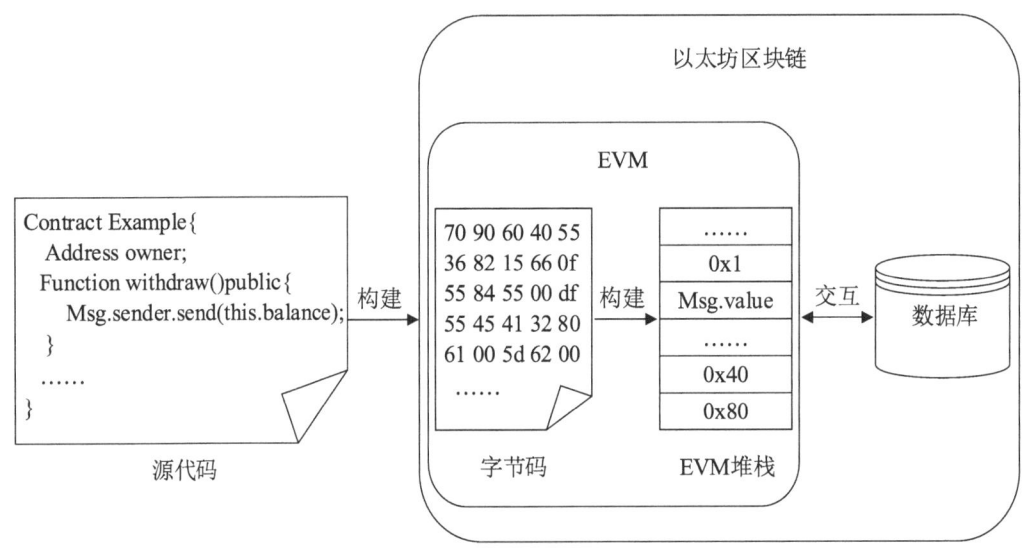

图 2.2　以太坊智能合约运行机制

以太坊中的合约函数主要包括导入命令、编译命令及合约代码 3 部分。导入命令的关键函数为 import，主要实现将被调用合约代码或其他合约代码导入调用合约或当前智能合约中；编译命令的关键函数为 pragma，用来预设特定编译器版本，避免出现由不同编译器指令集异构性引起的错误；合约代码主要包括 contract 合约函数和 library 库函数。其中，contract 函数是基于 Solidity 的以太坊智能合约的关键部分，用于存储合约数据及由函数实现的关键业务逻辑。library 函数不支持存储数据，也不支持以太币价值流动，当 contract 函数调用 library 函数时，被调用函数将在 contract 设定的上下文环境中执行，可以拓展 contract 函数中的基础变量类型，还可以进一步修改 contract 函数中的状态变量。

以太坊中的合约函数可以表示为操作代码的集合。例如，根据《以太坊白皮书》[152]，调用 EVM 操作代码 G_{sset}，可将变量从零设置为非零。此外，每个操作代码都有一个相关的成本，即所谓的 gas，gas 费用需通过 Gas 价格转换为以太币支付，并最终转换为法定货币。以太坊智能合约中的所有操作，如合约创建、合约调用或函数调用等，用户均需要支付一定数量的 gas 费用。上例中操作代码 G_{sset} 的执行成本为 20 000 gas，若在智能合约执行过程中消耗完用户支付的 gas 费用，则将触发 out-of-gas 错误异常，且系统会将当前合约执行所到达的状态进行回调（fallback），并返还用户支付的 gas 费用。通过这种方式，可以使用以太坊编译器计算智能合约代码执行的总成本，即所有操作代码成本的总和。

回调是基于 Solidity 的以太坊智能合约的另一特性。回调函数是一类特殊函数，它可以没有函数名、参数甚至返回值。当外部调用函数与以太坊合约中给定的函数标识符不匹配时，如被调用的函数名或参数列表不存在，会调用回调函数。当以太坊合约仅接收以太币而没有任何附加数据时，为了实现以太币正常接收，也要求以太坊合约支持回调函数，通常将其标记为 payable。此外，需要注意的是，基于 Solidity 的以太坊智能合约不支持浮点类型运算，若执行除法运算的整型数的商为浮点数，其运算结果会被截断。然而，基于 Solidity 的以太坊智能合约允许预先指定编译版本号，因此对运算结果为浮点数时执行的截断操作仍存在风险。

2.2.2 Hyperledger Fabric 智能合约运行机制

Hyperledger Fabric 是基于许可准入机制的企业级开源区块链技术平台，由 Linux Foundation 下的 Hyperledger 项目维护。与其他主流分布式账本或区块链平台相比，Hyperledger Fabric 设计之初就考虑到了企业应用的需要，特别强调模块化和可配置性，通过提供一些特殊功能，支持多种行业的区块链解决方案。例如，采用模块化架构，支持不同组件的可插拔实现，使得身份识别、共识排序、加密算法等核心组件可以根据企业的具体需求进行定制和替换；支持创建私有通道，允许一组参与者创建私有交易账本，从而在保护数据隐私的同时进行交易，这种机制使得有竞争关系的企业既可以在同一个共享网络中合作，又可以保护敏感信息不被其他网络参与者看到，显著提高了性能和并发处理能力。

在 Hyperledger Fabric 网络体系架构中，交易首先被执行并背书，然后通过共识协议排序，在验证后才提交到账本。下面介绍 Hyperledger Fabric 的网络体系架构，及其基于执行排序验证（execute order validate，EOV）的新交易处理流程。

2.2.2.1　Hyperledger Fabric 概述

与公有链不同，Hyperledger Fabric 提供了一个权限化（私有）的区块链网络环境，允许网络中的参与者进行身份认证，支持可插拔的共识机制，使得网络可以根据具体需求调整共识过程，以适应不同的交易速度和信任级别的需求。与此同时，Hyperledger Fabric 的架构支持智能合约，使得开发者可以编写业务逻辑，自动化执行合同条款，从而提高了业务流程的效率和透明度。

在 Hyperledger Fabric 网络中，结点是构成网络的基本单位，可以分为多种类型，主要包括普通（peer）结点、排序（orderer）结点和客户（client）结点。普通结点负责维护区块链的状态和账本，处理客户端请求，并执行链码以更新账本状态。每个普通结点都可以加入一个或多个通道，通道允许网络中的一部分参与者创建一个隔离的子网络，实现数据隐私保护。排序结点负责处理交易的排序和打包，生成区块，并将其分发给所有的普通结点，维护网络中的一致性。客户端结点代表用户参与网络，它通过提交交易请求和查询网络状态与其他结点交互。这种分布式的架构使得 Hyperledger Fabric 网络能够在保证高度安全和隐私保护的同时，支持大规模的企业应用。

2.2.2.2　体系架构

Hyperledger Fabric 体系架构如图 2.3 所示，其网络结点账本的内部组件包括区块链和世界状态。区块链保存特定通道上每个链码的所有交易历史。世界状态为每个特定的链码维护变量的当前状态。要在 Hyperledger Fabric 网络上部署链码，网络管理员必须将链码安装到目标结点上，然后调用排序结点将链码实例化到特定通道上。

在实例化链码时，管理员可以为链码定义背书策略。背书策略定义了哪些结点需要就交易结果达成一致，然后才能将交易添加到通道上所有结点的账本中。

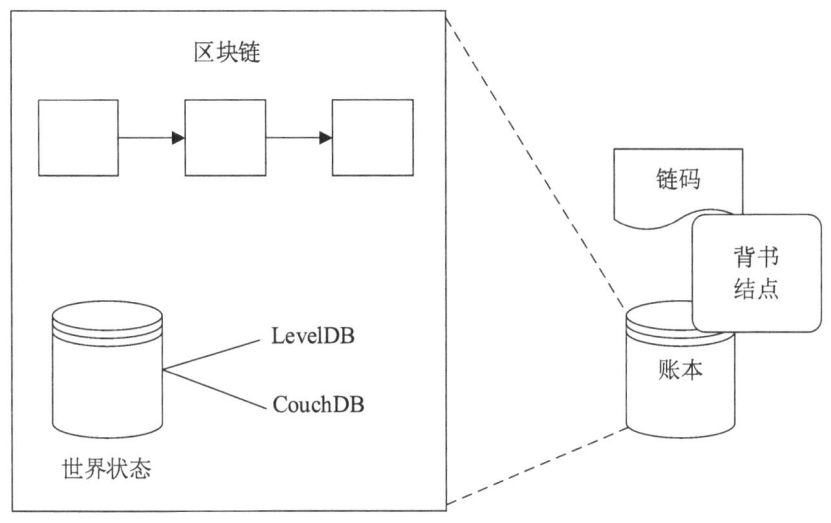

图 2.3　Hyperledger Fabric 体系架构

Hyperledger Fabric 目前支持 LevelDB 和 CouchDB 两种类型的世界状态数据库。LevelDB 是基于 Fabric Peer 的默认键值数据库，而 CouchDB 是基于 JSON 的数据库，支持基于 JSON 对象的丰富查询操作。例如，CouchDB 允许使用特定键设置资产，并使用 JSON 查询语法查询过滤后的资产。链码开发人员在开发链码时必须选择使用 LevelDB 或 CouchDB 数据库。

2.2.2.3　交易执行过程

Hyperledger Fabric 的交易执行过程如图 2.4 所示。根据结点类型，普通结点使用 Gossip 协议与排序结点和其他对等结点通信，客户结点使用 gRPC 协议与其他对等结点通信。

● 客户结点负责生成新交易，并将其发送到背书结点以进行模拟执行。收集读写集后，将其发送到排序结点进行排序。

● 排序结点提供全局排序服务，负责将交易排序并打包成块，然后发送给其他对等结点。

● 普通结点是 Hyperledger Fabric 网络中的主要工作结点，可以扮演 3 类角色：背书人、验证人和提交人，其中，背书人的身份是可选的，但其他角色是必需的。

作为背书人,需要在开始时模拟交易的执行,并将读写集发送到客户结点。作为验证人,负责验证排序结点广播的块是否合法。作为提交人,负责将已成功验证的区块提交到区块链账本。

下面对图 2.4 中基于 Hyperledger Fabric 的 3 阶段交易处理过程"模拟执行—排序转发—验证提交"进行详细介绍。

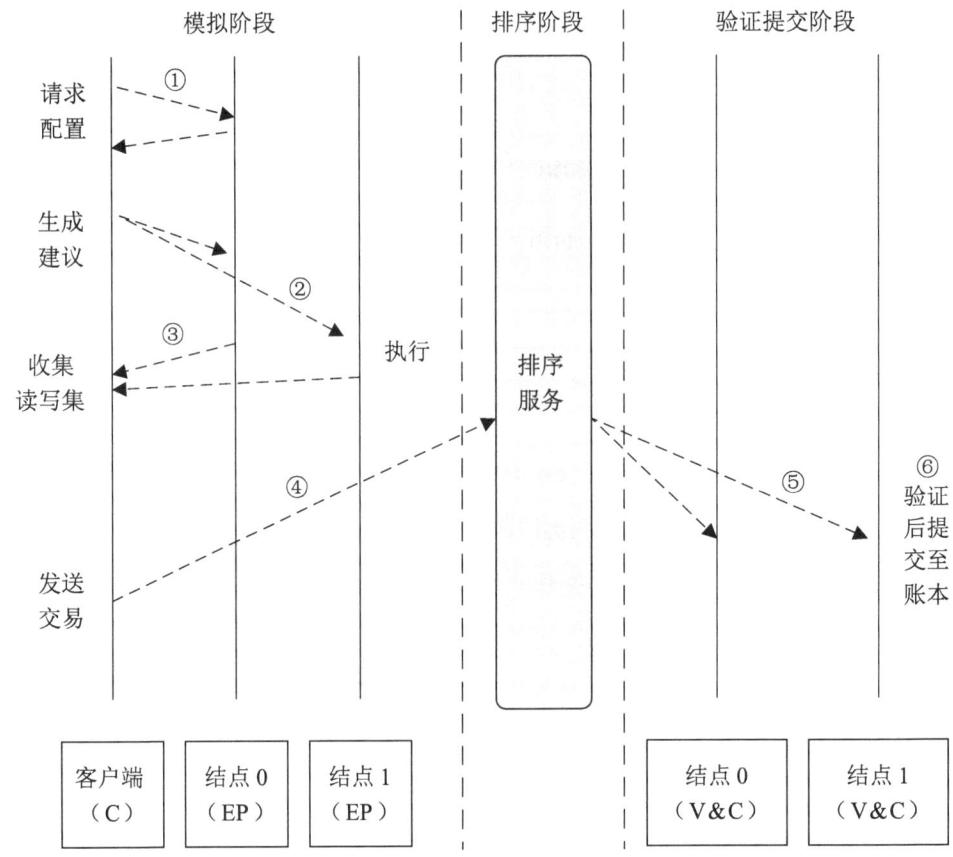

图 2.4　Hyperledger Fabric 交易执行过程

(1) 模拟执行

首先,客户结点需要通过静态配置或服务发现动态选择背书结点。①客户结点向受信任的对等结点发送配置请求以获得候选对等结点列表,然后,随机选择背书人。②客户结点生成交易建议,并将其发送至特定通道上的一组预先确定的背书结点。③背书结点从交易提议的有效负载中提取信息,验证用户身份和授权。如果验证通过,则背书结点模拟交易生成,将读写集返回给客户端结点。④客户端将附有背书交易提议响应的读写集发送到排序结点。

（2）排序转发

排序结点是 Hyperledger Fabric 共识机制中最重要的组件之一。⑤排序结点接收到来自客户结点的交易后，将其排序并创建一个新的有序交易区块，最后将其广播至其他验证结点。

（3）验证提交

如图 2.4 所示，⑥当验证结点接收到区块时，将根据内置规则验证区块中的各交易，确保每笔交易都由从调用的链码背书策略中确定的背书结点签名，并且已获得足够的背书。然后，进行版本检查，以验证接收到的区块中各交易的正确性。各验证结点都会将收到交易的读写集与其账本的世界状态进行比较，如果验证检查通过，则交易被标记为有效，并且每个结点的世界状态都会更新；否则，交易被标记为无效，不更新其世界状态。验证成功后，区块将被提交到全局区块链账本。

2.3 智能合约跨链交互系统

智能合约支持图灵完备的编程语言，具有可编程、分布式和透明等特性。然而，无许可区块链系统对可实现的智能合约类型施加了很大的限制。例如，以太坊的全球复制和顺序执行模型具有 gas 限制，这使得许多计算不可行。本部分介绍支持在无许可区块链上实现更复杂智能合约跨链交互（smart contracts interact across chains，SCAC）的系统；针对建立合作的多个物联网联盟链结点动态自主跨链通信问题进行研究，提出一种可扩展性较好的跨链交互机制（IoT-consortium-chain-based dynamic autonomous cross-chain- interaction mechanism，IDACM）；进一步探索复杂场景下物联网联盟链系统自主交互理论模型及算法，提出一种异步授权状态下兼顾系统效率和安全性的新型物联网联盟链通信机制（IoT-consortium-chain-based communication mechanism under complex-conditions，ICMC）。

SCAC 基于链外执行模型，由合约发布者指定一组服务，使得结点独立于共识层执行合约代码。SCAC 与传统的解决方案相比主要优势在于，它允许合约在执行过程中安全地调用由不同服务提供结点运行的其他合约，即 SCAC 是通过灵活的信任假设实现交互式智能合约离线执行的解决方案，并且 SCAC 可以支持比标准以太坊复杂几个数量级的智能合约。

IDACM 在对特定物联网联盟链应用场景下跨链交互过程分析的基础上，抽象出物联网联盟链链间通信一般模型，基于机构预设异构结点积分和信誉双重激励机制，将单个联盟链基于验证结点列表（verification nodes list，VNL）对跨链交易的共识过程扩展为多个联盟链基于存在特权子群的门限数字签名（threshold digital signature，TDS）共识过程，从而将联盟链内部共识扩展为建立联盟链间合作关系的跨链共识。通过简化路径证明拓扑，给出构造结点跨链通信身份可信性路径证明（path proof with trusted identity，PPTI）的方法，实现物联网结点间身份可信性证明的自主构造和验证；通过部署智能合约实现对跨域资产协作的价值激励，有效提升异构联盟链结点跨链协作效率。

复杂跨联盟链交互场景对系统共识效率和安全性提出了更高的要求。例如，如果跨链交易涉及的部分联盟链因共识失败或遭受 51% 攻击等原因而无法正常运转，将导致由跨链操作的异步性带来的交易阻塞和失效蔓延攻击等安全问题，从而使跨链失效在多联盟链合作网络结构中大面积蔓延，造成严重损失。ICMC 从基于群组门限数字签名的跨链共识机制（group-threshold-digital-signature-based cross-chain consensus mechanism，GCCM）自主路由的链间动态授权机制、基于 GCCM 的多级混合可选信任—验证机制及防止异步授权的跨链原子通信机制 3 方面对现有物联网联盟链通信机制进行改进，提出一种异步授权状态下兼顾系统效率和安全性，且能够抵御复杂跨联盟链通信系统失效蔓延攻击的新型物联网联盟链通信系统。

2.3.1 现有解决方案的局限性

在比特币作为一种无许可加密货币引发人们对区块链技术的探索之后，以太坊将区块链技术扩展到智能合约领域。以太坊是基于一个顺序的、全局复制的执行模型，每个矿工都应该在找到下一个区块之前执行最新区块的所有合约调用。智能合约代码定义了将基于区块链的特定价值从合约中转移到合约控制账户的规则和条件。鉴于以下几方面因素，智能合约在金融、教育、医疗等多个领域，相比传统应用具有以下几方面优势。

- 智能合约的通用性。智能合约具有可编程性，因此支持用户在区块链上部署执行任意智能合约应用。
- 智能合约的高透明度。智能合约代码和执行过程可由公共区块链中的任何人验证，具有高透明度。
- 智能合约具有强大的生命力。合约的执行过程不是由一个或几个实体控制，而是由一个去中心化的无许可系统控制。

在以太坊中，所有合约都由参与共识过程的矿工按顺序执行。这种按顺序和全局复制的执行模型与基于 PoW 的共识机制相结合，为交易执行提供了完整性和严格的可串行化特性[153]。只有当所有诚实矿工都执行交易并验证结果的正确性时，以太坊才能确保交易执行的正确性。只要以太坊共识机制的信任假设成立，该模型就能确保区块链状态包括所有合约状态的完整性。然而，上述过程的验证时间，对矿工来说成本很高，固有地限制了系统的可执行的合约类型和可实现吞吐量。

为了提升以太坊智能合约的执行能效，部分研究探索了在无许可区块链上通过执行合约，实现更复杂智能合约的替代方法，下面对智能合约的部分现有执行方案进行介绍。

YODA[154] 提出了一种支持异步执行合约调用的随机抽样模型。对于每个合约调用，随机选择一个矿工子集，独立于挖掘过程执行合约代码，验证每个合约调用，并以新交易的形式返回结果。YODA 的主要限制是，每个智能合约调用需要由单独的子集执行多轮，并且要求参与采样的子集规模相对较大，以降低欺骗的概率，如数百个结点。与标准以太坊相比，上述方法已经减少了参与合约执行的结点数量，如从数千个结点减少到数百个结点，但 YODA 仍然存在大量冗余、多轮执行的过程，通信开销较大，且无法保障系统完整性。此外，YODA 需要预先设置无偏差分布式随机信标协议，如 RandHound，初始化例程及周期性随机值选定通信开销较大。

Arbitrum[155] 提出由合约创建者指定一组验证者，检查链外执行的完整性。Arbitrum 将以太坊的顺序和全局复制执行模型替换为一个由可能对合约完整性感兴趣的少数方异步执行并进行合约验证的模型。在 Arbitrum 中，智能合约由合约创建者指定的一组结点在链外异步执行。如果所有指定结点都签署了相同的结果,则矿工将接受执行结果。如果签署相同结果的结点较少,则交易不会立即被接受,而是进入质询期,在质询期内,合约无法执行。跨分区调用是通过在被调用链上存储新交易来处理的,即调用过程不以原子方式执行,不能保证可串行化,且远程跨分区调用延迟较高。

Ekiden[156]使用 TEE,即 SGX 包来执行智能合约。Ekiden 的主要目的是实现机密合约,而不是复杂合约。Ekiden 为智能合约提供了保密性,并通过 SGX 执行链外合约,将合约执行过程独立于共识过程。虽然这种方法能够执行更复杂的合约,但要求所有 SGX 都是可信的。

然而,上述解决方案都是在单独的分区中执行合约调用,在没有并发控制的情况下,处于执行态的以太坊合约调用其他分区合约并更改其状态,会使合约处于不一致状态,因此无法安全执行跨分区以太坊合约调用。由于许多以太坊合约需要跨分区合约调用,因此现有上述解决方案无法满足以太坊合约的执行需求。

为了实现较高的吞吐量,区块必须保持较小间隔,因此以太坊合约的执行时间有限。上述时间限制对能够支持的智能合约的计算复杂性有直接影响。目前,每个以太坊区块的燃料限制约为 8 Mgas。然而,即使"使用插入排序对 256 个整数进行排序"的简单任务也需要 16 Mgas。因此,尽管以太坊是基于图灵完备的编程语言,原则上允许执行任意智能合约,但在实践中受到严重限制,无法执行复杂密码操作或使用机器学习模型等高计算量的合约。分区是提高区块链交易吞吐量的常用方法。例如,Chainspace[157]中主干基础设施被划分为若干分区,每个智能合约发布者都可以指定一个可信分区来执行智能合约,从而实现合约执行并行化。然而,为了在跨分区执行中保持完整性,需要在各分区间建立信任。Omniledger[158]是另一种支持跨分区交易的分区方案,使用随机抽样法选择分区,将分区规模设定为数百到数千量级,以减少随机选择的作弊概率,但 Omniledger 存在较多冗余分区。此外,Omniledger 仅支持类比特币交易,需要修改才能安全地用于智能合约系统。在以太坊上执行计算复杂合约的另一种方法是将其拆分为多笔交易。然而,拆分合约需要额外的机制来保持合约调用原子化。例如,在合约中添加锁定机制和超时机制。此外,拆分合约只适用于个别复杂合约计算，合约调用仍然受到顺序执行的限制，不适合推广使用。

2.3.2 SCAC 系统

尽管区块链及智能合约的出现对于构建新的相关领域应用具有强大的吸引力，但当前的智能合约系统的实现仍然存在限制。例如，以太坊原则上允许通过图灵完备的编程语言开发任意合约，但实际上它严重限制了合约的复杂性。为了防止过度延迟，以太坊使用称为 gas 的度量来衡量执行复杂性。如果约定调用超过指定的限制，则其执行将中止，这有效地限制了可以实现的计算类型[159]。因此，以太坊平台所支持合约的计算复杂性本质上是有限的。SCAC 的主要目标是提供一种解决方案，提高每个区块的执行限制，支持在无许可区块链系统（如以太坊）中安全执行更复杂的智能合约及各种新类型的合约，如执行 EVM 原本不支持的加密操作合约，同时保持较高透明度和良好的活性。

与传统解决方案不同，SCAC 将高效的并发控制机制和灵活的信任模型相结合。与 YODA 类似，SCAC 使用一组由合约发布者指定的服务提供结点在链外异步执行合约，其执行过程与共识过程脱离。该模型允许结点在不降低协商一致过程效率的情况下执行复杂合约，并支持灵活的信任假设和活性保证。合约发布者可以为每个合约分别选择一组合适的服务提供结点，用户也可以自由选择他们信任的服务提供结点以保证合约的安全性和有效性。该执行模型允许使用无许可区块链提供的数字货币，在为用户提供透明度和完整性保证的同时，还能够为用户提供链外执行带来的高效率和高灵活性。Arbitrum 也能实现由少数方异步执行并进行合约验证，但在 Arbitrum 执行过程中，要么服务提供结点就执行结果达成一致意见，要么系统退回到代价较高的链上重新验证。与 Arbitrum 不同，SCAC 支持更灵活的验证，如果 n 个服务提供结点中有超过门限值（假设门限值为 k）的结点提交了相同的结果，则执行结果将被接受。也就是说，SCAC 支持的信任模型中不超过 $n-k$ 个指定的服务提供结点存在拜占庭故障时，可以确保安全。与 Ekiden 相比，SCAC 不需要完全可信的 TEE。特别是，与以前的解决方案不同，SCAC 支持跨分区交易，即能够处理涉及由不同分区服务提供结点处理的合约的交易，因此能够安全高效地执行跨服务提供结点边界交互的合约。

SCAC 的主要目标是通过允许服务提供结点使用尚未成为链的一部分的暂定合约状态来加快交易处理，实现更复杂的合约。为了确保结点提交的 k 个（$k<n/2$）签名不会产生矛盾，每个签名都包含对先前合约状态的引用，矿工仅引用链上最新状态签名，确保交易仅包含正确签名，从而建立灵活的信任模型。经典的解决方案包括两阶段锁定[160]和最优并发控制[161]。最近的研究提出了基于交易预排序的确定性替代方案[162]。该方案的主要好处是，避免了对需要在所涉及分区之间进行多轮通信的分布式提交协议的执行依赖。确定性方法为链外智能合约的执行提供了良好的基础。特别是，支持对交易单独排序来扩展典型的块结构。当矿工创建一个新区块时，会对交易预先排序以便执行。服务提供结点检查新区块，如果已排序交易包含合约调用，则转入链外执行。通常，并发控制解决方案需要分区之间的同步，如分布式提交协议。SCAC 通过利用对交易预排序并向对等网络广播尚未提交的交易执行结果来避免这一限制。一旦交易执行完成，服务提供结点就更改交易状态。矿工至少收到 k 个服务提供结点签署的状态更改，才将其包含在提交交易的下一个块中。

在 SCAC 系统中，合约执行结果在链上公开，因此具有较高的透明度。然而，SCAC 无法提供与以太坊相同的活性保证。因为，SCAC 智能合约是由一组预先选定的结点执行的，而不是无许可网络中的任意结点，容易引发针对特定合约应用的拒绝服务攻击。SCAC 仍然提供了强大且可调整的实时性保证，只要至少有 k 个诚实的服务提供结点可用，就可以保证完成合约调用。因此，综合来看，SCAC 显著提高了基于智能合约实现复杂应用的能力。

2.3.2.1 系统模型

SCAC 系统模型如图 2.5 所示。假设对等实体通过类似比特币或以太坊等现有区块链对等网络，基于无权限准入机制进行协作和通信，根据自身需要，成为系统中客户端结点、服务提供结点或矿工结点等角色。客户端结点相当于以太坊等系统中的用户，可以通过广播指定被调用合约的已签名交易来调用智能合约，还可以通过广播包含合约代码及其规范的交易，部署新的智能合约。其中，规范定义了应该执行合约调用的服务提供结点及执行结果的接受标准。矿工结点负责收集交易，在将交易添加到新区块之前，对交易执行有效性检查，并对执行结果进行状态依赖性检查。基于合约执行复杂性的激励机制激励服务提供结点将其公钥提供给相关客户，然后才能执行智能合约及合约调用。执行完成后，服务提供结点通过网络将执行结果发送给矿工，由矿工将其记入新区块。

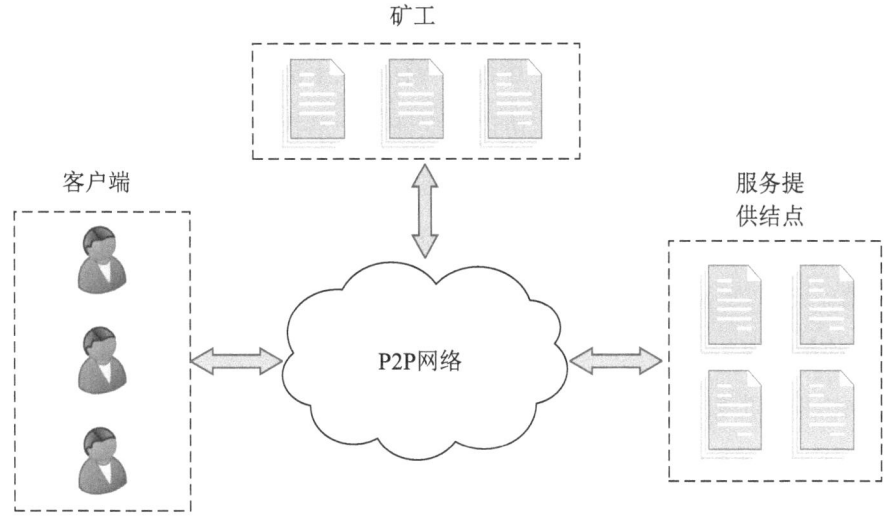

图 2.5　SCAC 系统模型

传统的区块链解决方案不支持安全的跨分区调用。相比传统区块链解决方案，SCAC 保障了系统的安全性和活性，并能够进行有效的并发控制。SCAC 对系统安全性的提升主要体现在，在存在拜占庭分区的情况下，能够实现安全的跨分区调用。更准确地说，SCAC 提供的解决方案能够保证合约中所有交易执行的完整性和严格的序列化。严格的可串行性是分布式数据库系统的常见隔离特性，确保交易并行执行的结果等于交易顺序执行的结果。合约执行完整性是指在合约获得全部输入的情况下，合约代码被正确执行。如果一个合约的执行取决于另一个合约中的输入，通常存在两种选择，第一种选择是将这些输入视为不可信数据，并使用它们；第二种选择是将这些输入视为可信数据，这意味着只有当客户端愿意信任主合约时，才使用该合约。

SCAC 对系统活性的提升主要体现在对合约有效性和交易活性的提升两方面。合约有效性是指系统中保持一定数量的可以实时响应的非故障服务提供结点，要求每个合约的执行覆盖不低于门限值数量的非故障服务提供结点，允许合约与没有达到非故障服务提供结点门限值数量的其他合约交互。SCAC 中的合约通过成功执行或返回中止消息来完成所有交易,然后继续处理下一笔交易。这种设计的显著优点是,合约与另一个潜在的错误合约或非响应性合约的交互不能停止主合约的运行。SCAC 的第二个活性属性是交易活性,这意味着交易最终将成功执行。

SCAC 还具备有效的并发控制能力。在分布式系统中,执行交易的实体需要在提交最终结果之前就执行顺序,以及是否在所有结点上成功完成执行达成一致。经典的分布式提交协议,如两阶段锁定协议,保证了交易执行的严格可串行化,但要求所有相关实体之间进行多轮通信。SCAC 能够在没有错误和攻击的情况下,进一步减少在单个合约内及跨多个合约执行的并发控制开销,从而使得交易执行具有较小的通信开销。

2.3.2.2 执行过程

SCAC 采用类似 Arbitrum 的链外合约执行模型。合约创建者在创建合约的交易中指定 n 个服务提供结点作为执行集,在部署新合约时,由指定的 n 个服务提供结点负责合约执行。系统不要求所有服务提供结点必须就执行结果达成一致,而是采用不同的方法,允许合约创建者定义达到可接受的执行结果所需的服务提供结点门限值 k,k 也称为安全参数。服务提供结点数量 n 和安全参数 k 一起定义了合约的信任级别。当执行合约调用时,若指定的 n 个服务提供结点中至少有 k 个返回了相同的执行结果,则矿工将接受状态更改。涉及多个合约的合约调用需要由所有相关合约的执行集共同执行,但不要求合约参与者信任其他合约的执行集。

SCAC 允许合约创建者分别为每个合约选择信任级别。以太坊的信任模型是特定于合约的,即用户可以自由选择他们决定信任的合约。例如,如果用户决定向特定智能合约汇款,则表示用户同意该合约代码中指定的条件和逻辑。决定信任一个合约的用户不必信任在同一系统中运行的其他合约。在 SCAC 的合约规范中,还包括服务提供结点数量 n 和安全参数 k。与以太坊类似,任何不使用特定 SCAC 合约的一方都不受该合约执行结果的影响。

下面介绍 SCAC 信任假设及合约部署执行过程。

（1）信任假设

SCAC 中的信任假设类似于大多数无许可的区块链系统。对矿工的信任程度遵循以太坊和其他 PoW 系统的标准信任假设,即任何一个矿工都可能是拜占庭结点,但诚实矿工占多数，因此矿工整体可信以达成共识。服务提供结点通常是信誉良好的实体，如以小额服务费换取合约的知名公司，也可以是以公益为目的执行合约的非营利组织等。假设服务提供结点是拜占庭结点，每个合约创建者为合约指定一组执行集，并为部署的合约定义安全参数 k。当合约拥有大于 k 个无故障服务提供结点时，即可认为 SCAC 合约有超过门限值的诚实执行结点。基础加密货币的完整性（如货币创造、双重消费）独立于合约执行，不依赖任何指定的服务提供结点。

（2）合约部署和执行

在合约部署和执行阶段，假设每个 SCAC 交易至少包含一个写入操作，由 SCAC 客户端向对等网络广播交易，由矿工对这些交易排序并收集到区块中。如果交易不包括任何合约调用，矿工可以立即在链上执行交易，并将其记录在区块的结果部分。如果交易调用了合约，矿工会对交易执行简单验证，如交易格式是否正确等，然后将交易包含在区块的已排序部分，但不立即执行合约调用。当新块被广播到网络，并且被为该合约指定的服务提供结点收到时，由服务提供结点执行合约调用代码。由服务提供结点签署交易状态变化并将其广播回网络。当矿工从指定的 k 个服务提供结点接收到关于同一组状态变化的签名时，执行状态依赖性检查。这里的状态变化指先前状态的哈希，将状态变化和相应的签名包括在未来块中状态依赖性检查，可确保同一执行集中两个独立结点的验证结果不冲突，并且无法在不同的上下文中重放结果。

在分布式系统中，仅当所有结点同意以相同的顺序完成执行，才能提交结果。在 SCAC 系统中，交易被矿工预先排序并最终决定是否提交，以避免执行代价较高的分布式提交协议，服务提供结点不需要运行一致性协议和多轮提交协议，因此，SCAC 可以被视为确定性并发控制的变体。此外，在分布式数据库中，交易通常在执行后立即提交，以避免"脏读"，即其中一笔交易更改资源的状态，另一笔交易在提交第一笔交易之前读取其更改前的状态。如果第一笔交易由于系统崩溃等无法提交，则第二笔交易必须回滚以保持一致性。

在分布式系统中执行跨分区交易的一种常见方式是，当交易读取或写入另一个分区控制的资源时，会向另一个分区发送请求，由相关的服务提供结点执行所请求的操作并返回结果。上述执行过程优化计算资源的常用方法如图 2.6（a）所示。然而，这种方法的一个显著缺点是单个智能合约调用可能涉及多个其他合约子调用，这样将导致服务提供结点之间的多轮通信，可能产生大量的通信开销。

SCAC 采用了不同的方法，降低了通信成本。与强制服务提供结点在每个子调用之前和之后进行通信不同，所有相关的服务提供结点都执行完整的交易并在之后发布执行结果，如图 2.6（b）所示。在执行 SCAC 跨分区调用时，要确保之前合约调用的结果包含在区块链中，且相关的服务提供结点需要在执行调用之前更新合约的暂定状态。图 2.6（b）所示的跨分区合约调用模型要求每笔交易都必须列出所有可能涉及的合约。在 SCAC 中，客户预先运行交易，以确定所涉及的一组合约和服务提供结点，并将此信息附加到广播交易中，这使得服务提供结点能够知道他们需要执行哪些合约调用，以及他们需要为哪些合约设置暂定状态。服务提供结点基于这种暂定状态执行完整的合约调用。

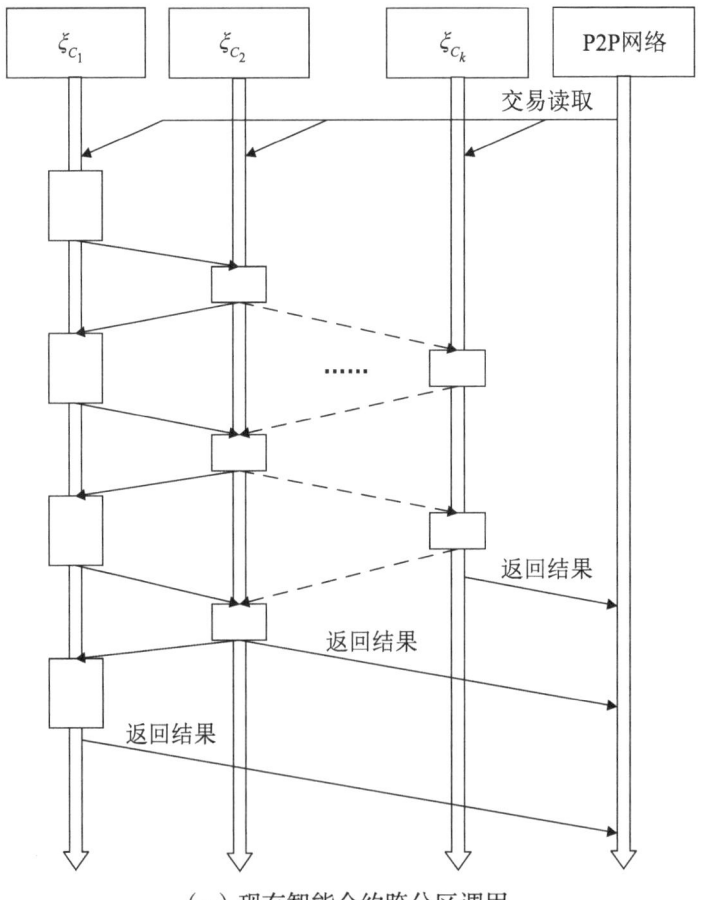

（a）现有智能合约跨分区调用

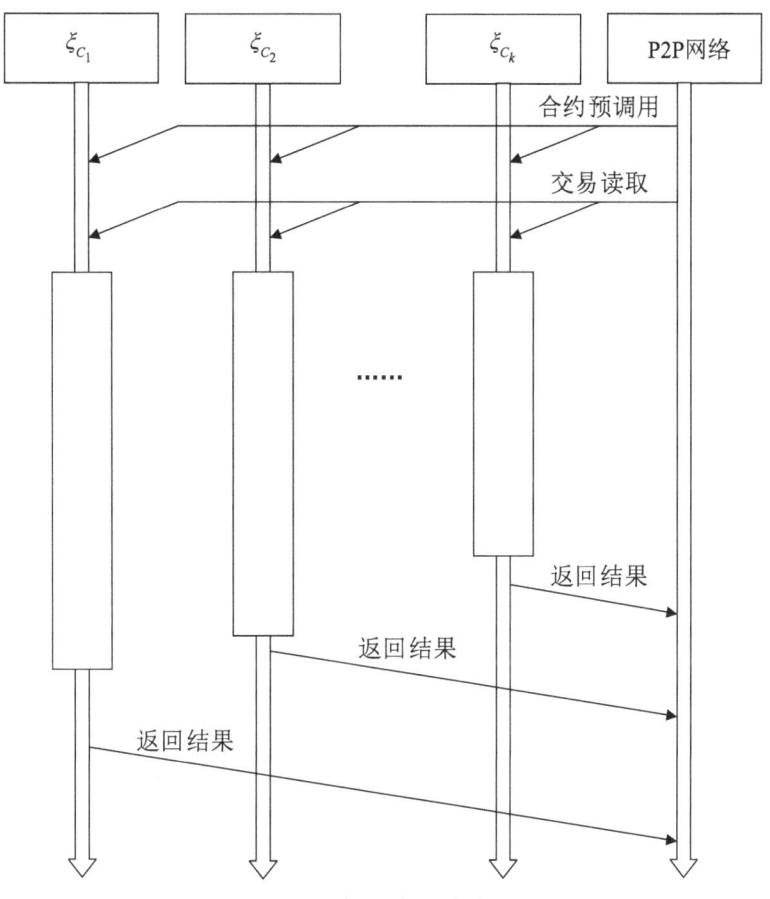

(b) SCAC中智能合约跨分区调用

图2.6 智能合约跨分区执行过程

在SCAC系统中，智能合约C的部署过程如图2.7所示，其工作原理如下。

①客户端从可用服务提供结点中选择执行集合ξ_C，并向每个服务提供结点$S \in \xi_C$发送部署请求R_D，要求它们作为合约部署的执行者。请求包含合约代码、参数n和k（$k \leq n$），以及所选服务提供结点的身份。

②每个成为执行集成员的服务提供结点都会在部署请求上返回签名$\delta_S(R_D)$。

③客户端创建一个新交易TX_D，其中包含来自ξ_C的服务提供结点列表、部署请求R_D和来自ξ_C所有成员的签名集$\sum_{\xi_C}(R_D) = \{\delta_S(R_D) | S \in \xi_C\}$。客户端将新交易发送到网络，矿工验证签名，如果有效，则将其包含在新块的排序部分中。

④一旦交易被新块包含，ξ_C的成员将像正常的合约调用一样执行合约。

⑤服务提供结点将执行结果发送到网络以便被打包到新区块中。

一旦客户端将交易发送到网络，矿工就会检查其有效性，即检查发送账户是否有足够的余额、交易随机数是否正确及签名是否正确等。然后，它们将交易包含在下一区块的排序部分中。服务提供结点解析接收到的区块，并检查它们是否参与了合约调用。若是，则将区块交易添加到执行队列中。服务提供结点可以并行执行不同的智能合约，但需要按顺序执行对同一合约的调用，因此通常将每个合约组织成单独的执行队列。

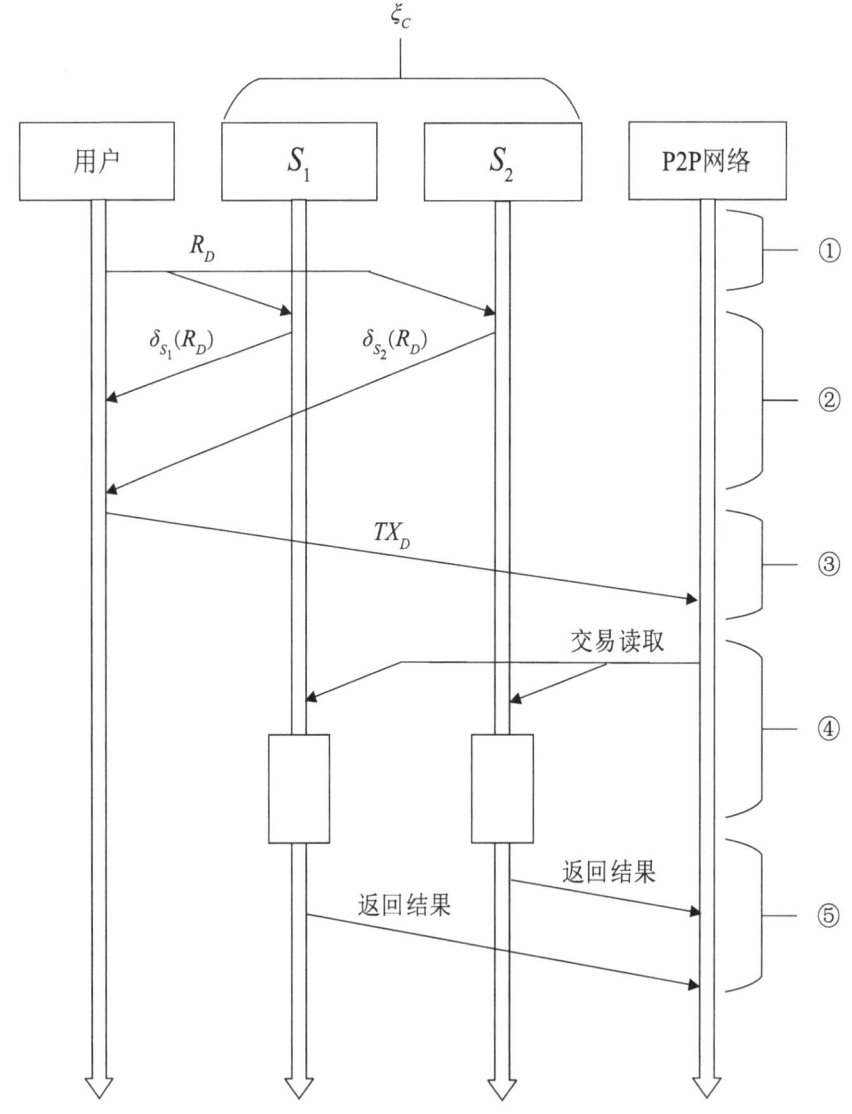

图 2.7　SCAC 智能合约部署

在 SCAC 系统中，客户端通过创建与以太坊交易类似的交易完成智能合约调用。除了以太坊交易的标准构成（nonce、gas、gas 价格、接收者、转移值、输入数据、签名）之外，客户端还指定了一组相关合约，允许服务提供结点快速确定是否需要参与合约执行。客户端首先在本地执行合约，以获得一组动态调用合约，确定执行过程中所涉及的合约集。上述过程类似以太坊中的 gas 成本估算，合约状态可能会在基于最新区块的本地预执行和已经应用新交易的最终执行之间发生变化。此时，交易将被中止执行，客户端需要使用新确定的一组相关合约再次发送交易。为保障合约执行过程的安全性，一般情况下，客户端不能使用上述功能。如果合约调用有对列表中未包含的某个合约的子调用，则该调用将不会被包含在执行集内执行，也不会提交对相应合约状态的更改，交易中涉及的其他执行集将在执行过程中产生异常。

执行不涉及其他智能合约的交易时，服务提供结点只需在执行交易后签署状态更改，并将其发送到网络。首先，矿工检查状态转换是否基于最新状态，即在应用结果之前，存储在结果中的先前状态哈希是否等于当前状态的哈希，从而避免执行结果在不同的上下文中重放。然后，矿工检查交易是否已由执行集中的 k 个服务提供结点签名，若是，则提交交易，将签名包含在下一个区块的结果部分。

基于门限值的跨分区合约调用过程如图 2.8 所示。涉及跨分区智能合约的交易，按如下步骤执行合约调用。

① 发送交易。客户端创建交易 TX 并将其发送到网络，矿工检查其有效性，并将其包含在下一个区块的排序部分中。

② 读取新区块。服务提供结点从 P2P 网络读取包含交易 TX 的新块，若交易被发送到位于不同分区中的服务提供结点，如位于同一分区中的 S_1、S_2，及另一个分区中的 S_3，则它们分别将交易添加到相应合约的执行队列中。

③ 暂定状态更新。服务提供结点继续接收来自 P2P 网络的其他交易的暂定结果，若交易已经获得相应执行集合中超过门限数量的签名，基于这些结果，服务提供结点可在执行期间使用合约调用中涉及的其他分区服务提供结点的当前状态，更新其他分区暂定本地合约状态。例如，在图 2.8 中，服务提供结点 S_1 和 S_2，需要更新合约 C_2 的状态，S_3 也需要更新合约 C_2 的状态。

④ 合约执行。一旦合约状态被更新并且交易 TX 位于各合约执行队列的顶部，各

服务提供结点就基于智能合约的当前状态和所有子合约的合约调用执行完整的交易。

⑤广播结果。交易执行后，各服务提供结点对产生的状态变化进行签名，并将状态变化列表、相应的签名，以及用以避免区块链分叉或其他合约不一致暂定状态的先前合约状态哈希发送到P2P网络。各相关执行集ξ_{C_i}中至少有k_i个服务提供结点签署状态更改，才能接受该交易。假设图2.8中S_2没有响应，并且未发送其结果，在这种情况下，只要S_1能够产生达到门限数量的签名（$k=1$，$n=2$），协议仍然可以在不中断的情况下进行。

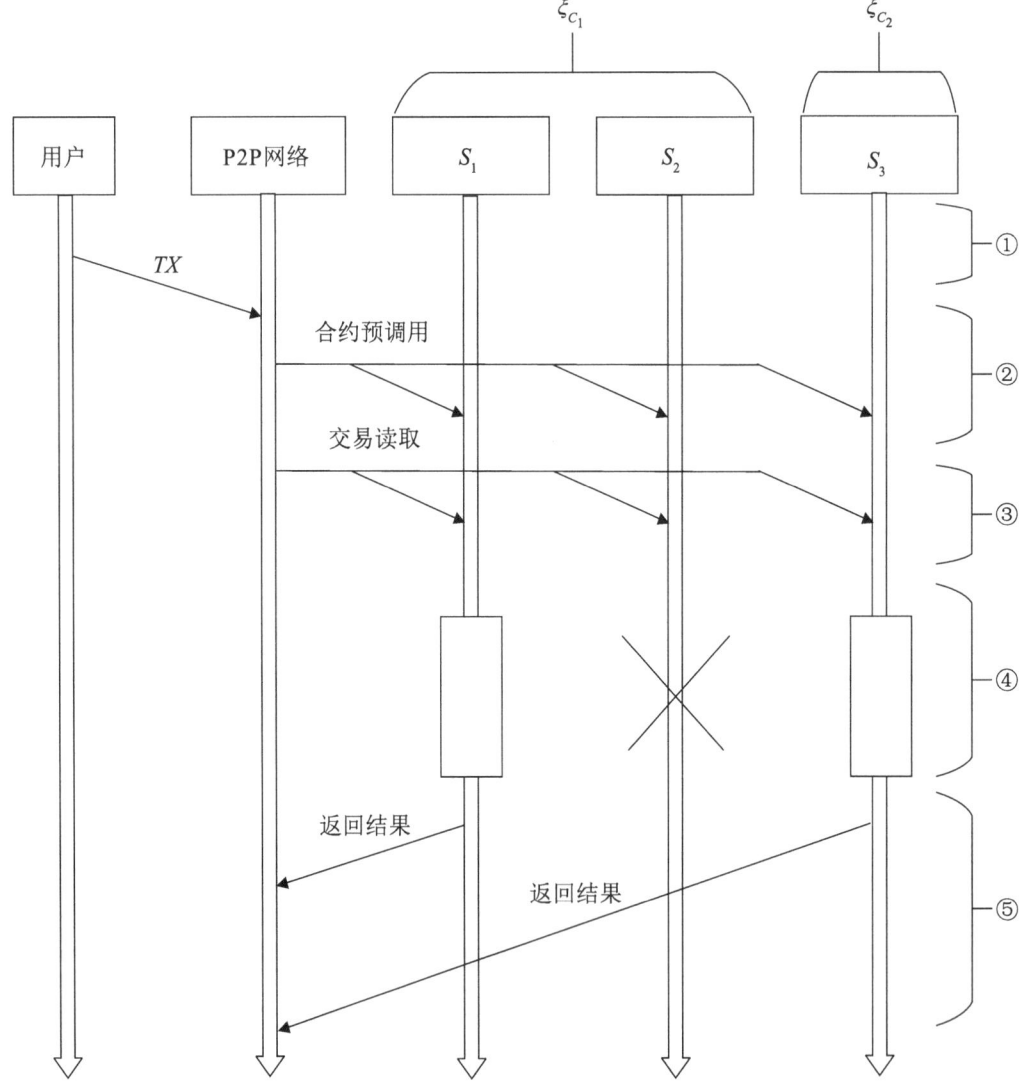

图2.8 基于门限值的跨分区合约调用过程

在从服务提供结点接收到状态更新后，矿工检查先前的状态更新是否已被接收并应用，对于每个涉及的智能合约，状态更新对应于由链中块的排序部分给出的交易列表中的下一个预定交易。他们进一步检查状态更新上的签名，确保所有涉及的智能合约都达到门限数量服务提供结点签名，然后将状态更新包含在未来区块的结果部分。

验证者对区块的验证包括检查区块格式是否正确，排序部分中列出的交易是否有效，以及交易结果是否有效。此外，还需要检查区块是否符合共识规则，如是否具有有效的工作量证明，是否在结果部分列出状态更改等。为了检查排序部分的有效性，验证结点会检查各交易发送方的签名是否有效，以及发送方是否有足够的余额用于执行合约调用。然后，由验证结点检查执行结果中来自服务提供结点的签名是否有效，是否达到相关合约集的门限签名数量，并执行状态依赖性检查，即检查先前状态的哈希值是否等于合约当前状态中存储的哈希值。由服务提供结点为每个合约保留交易的 FIFO 队列，以便跟踪各智能合约的执行。

在 SCAC 模型中，为每个合约分别指定一组验证结点，为跨链执行提供了更高的效率和更灵活的信任模型。合约可以直接使用无许可区块链的底层数字货币，由底层区块链提供透明性和双重支出保护。此外，SCAC 模型允许具有不同安全需求的应用程序在同一系统中共存，因此具有较好的灵活性。例如，若一个合约的所有验证者都被攻击者控制，只有该合约涉及的资产会受到影响，其他合约的完整性仍然可以为其他方提供安全性保证。

2.3.2.3 性能分析

如果来自同一集合的 u（$u \leq n-k$）个服务提供结点没有响应（其中，n 为执行集中服务提供结点数，k 为由合约创建者定义的达到可接受执行结果所需的服务提供结点门限值），则该组服务提供结点处理的交易仍然可以完成。如果来自同一集合的 u（$u > n-k$）个服务提供结点没有响应，则该执行集是无响应的，涉及该执行集的服务提供结点的交易显然无法处理，直到一些无响应服务提供结点得到修复，如在崩溃后重新启动。

SCAC 的目标是确保在遇到上述故障的情况下，通过允许服务提供结点签署和广播交易中止等指令，使得智能合约能够继续执行。如果服务提供结点在预定义的时间限制内没有收到跨分区交易执行中涉及的带有至少 k 个签名合约的临时状态更新，则服务提供结点将广播中止指令。如果在交易执行完成后的某个时间限制内，没有收到足够的新状态签名，则服务提供结点还可以广播中止指令。如果矿工从相关智能合约 C_i 的执行集 ξ_{C_i} 中收到至少 k_i 个服务提供结点的签名中止指令，其中 k_i 是 C_i 的门限阈值，则服务提供结点可以将这些中止指令作为给定交易的结果而不是状态更改包含在区块链中。如果另一个合约的执行集在很长一段时间内都没有响应，智能合约可以继续执行未来的交易。如果客户未能正确确定交易中涉及的合约集，服务提供结点将在交易执行时产生异常，并将其作为执行结果（类似于现有的以太坊异常）。客户端可以使用新估计的执行集再次发布相同的交易。SCAC 合约调用还可能涉及脏读。如果由于网络故障或恶意攻击等问题，前一笔交易的状态变化未到达矿工，则后续交易的状态变化就不能提交，因为矿工必须遵守交易的合约顺序。在这种情况下，服务提供结点能够快速发现交易或合约的状态更改不是由矿工提交的，相关结点只需重新发送状态更改即可。

（1）SCAC 的安全性分析

SCAC 的主要安全需求是确保具有超过门限数量执行集结点签名的非拜占庭合约，即使与拜占庭合约交互，也能提供执行完整性和严格的可序列化性。

性质 2.1 给定一个合约规范 C，该规范定义了由 n 个服务提供结点中至少 k 个结点组成的执行集合 ξ，在异步网络中，以下条件成立：如果来自 ξ 的少于 k 个服务提供结点存在拜占庭错误，则对于不涉及其他合约的合约调用，将保持严格的执行完整性和可串行性成立。

证明：由于只有不到 k 个 ξ 成员被攻击，其他所有成员都正确执行了合约代码，因此攻击者无法生成 k 个或更多与正确执行状态不同的更改签名。所有未受攻击的服务提供结点都遵循合约的交易顺序，且以原子方式顺序执行其交易，由于矿工检查结果的状态依赖性，为所有此类交易提供了执行完整性和严格的可序列化性。

（2）SCAC 的活性分析

假设 SCAC 为网络延迟限制已知的同步网络。合约活性是指尽管某合约与其他非响应性或拜占庭合约存在调用关系，但仍有满足门限数量签名的合约响应。交易活性是指所有满足合约预定门限数量签名的交易最终都能够成功执行。

性质 2.2 合约活性。给定一个合约规范 C_A，该规范定义了由 n_{C_A} 个服务提供结点中至少 k_{C_A} 个组成的执行集 ξ_{C_A}，如果 ξ_{C_A} 中至少 k_{C_A} 个服务提供结点为非拜占庭结点，则能够最终完成合约 C_A 的所有交易。

证明：有两种可能的情况。①合约 C_A 不调用任何其他合约。假设至少存在 k_{C_A} 个非拜占庭服务提供结点，则对合约 C_A 的调用可成功执行完成。②合约 C_A 与另一个合约 C_B 交互的情况。若 ξ_{C_A} 的非拜占庭服务提供结点从 ξ_{C_B} 接收到状态更改，这些服务提供结点可以成功执行调用并签署执行结果。若 ξ_{C_A} 的服务提供结点在超时后没有收到来自 ξ_{C_B} 的状态更改，则会发出中止指令，继续完成同一合约的其他交易。同理，若 ξ_{C_A} 的服务提供结点从 ξ_{C_B} 接收到不一致的状态更改，则交易也会被中止，从而允许完成合约 C_A 的其他交易。

性质 2.3 交易活性。给定块排序部分中的交易 TX，与 TX 相关的 q 个合约 C_i （$1 \leq i \leq q$）定义了具有门限值 k_i 的执行集 ξ_{C_i}，假设在同步网络下，若 $b_i \leq \min(k_i-1, n_i-k_i)$ 个来自 ξ_{C_i}（$1 \leq i \leq q$）的服务提供结点是拜占庭结点，则交易 TX 的活性能够得到保证，即 TX 最终将被执行。

证明：因为只有 $b_i \leq \min(k_i-1, n_i-k_i) \leq n_i-k_i$ 个服务提供结点 ξ_{C_i} 是拜占庭结点，每个合约都有超过门限数量的非拜占庭服务提供结点，且每个合约都具备活性属性（性质 2.2），服务提供结点将在有限的范围内广播所有先前交易的结果，从而使得服务提供结点获得所有相关合约的暂定状态。

综上所述，智能合约通过支持任意应用程序，极大地扩展了区块链系统功能。然而，在实践中，区块链平台对可实现的计算类型施加了很大的限制。本部分介绍的 SCAC 通过指定的服务提供结点，使用链下执行方式可以实现复杂合约执行。SCAC 解决方案的关键技术是并发控制协议，该协议允许合约跨服务提供结点边界相互调用，但不要求所有服务提供结点必须相互信任。

2.3.3 IDACM 系统

从现有研究来看，基于联盟链的价值物联网生态系统建设取得了一定进展，但联盟链技术对物联网设备自主跨链通信业务场景影响并不明显，基于物联网信息流交易的分布式价值传递、实体动态自适应跨链互操作等跨链通信问题研究仍处于概念验证阶段。鉴于物联网设备计算、存储能力受限,且链间通信涉及控制信息较多、数据信息较少的特点,本节在基于联盟链 VNL 共识的基础上,提出一种新型物联网联盟链动态自适应跨链通信方案 IDACM,该方案在满足物联网联盟链链间安全通信的同时,能够显著提高系统性能。具体研究内容如下。

①简化联盟链结点间通信拓扑,给出基于智能合约状态周期的结点跨链通信模型及结点跨链通信 PPTI 路径证明构造规则,进行链间交易交互式 PPTI 路径证明的动态构造与验证。

②将多个联盟链基于 VNL 对跨链交易的共识过程建模为存在多个特权子群的 TDS 过程,从而在不增加计算复杂性的前提下,将基于 VNL 的联盟链内部共识扩展为联盟链间跨链共识。

③分析物联网系统理性结点合作诚实行为动机,建立基于异构物联网联盟链系统结点积分和信誉的双重激励机制,分析结点跨链通信智能合约部署与触发机制,给出结点间价值转移与自主交互方式。

2.3.3.1 问题描述

如何使物联网用户拥有自身数据所有权,安全、动态自主地在各合作联盟链间共享数据是本部分拟解决的主要问题。物联网联盟链跨链交互场景如图 2.9 所示。

物联网系统中,底层网络通过监测设备采集用户数据并传输至汇聚网关,汇聚网关具有比采集设备强大的存储、处理和通信能力,实现向下与底层网络结合,向上平稳接入网络融合体系。将同一联盟机构的普通用户作为该物联网联盟链中普通结点,将部分智能设备、工作人员或管理人员作为验证结点,各合作联盟机构验证结点的集合称为群。系统中任何结点都可以通过网关将自身数据资产写入智能合约,合约存储文件存储在联盟链账本中,合约代码在收到来自其他可信结点或智能合约的触发信号时,对存储文件执行相应操作。

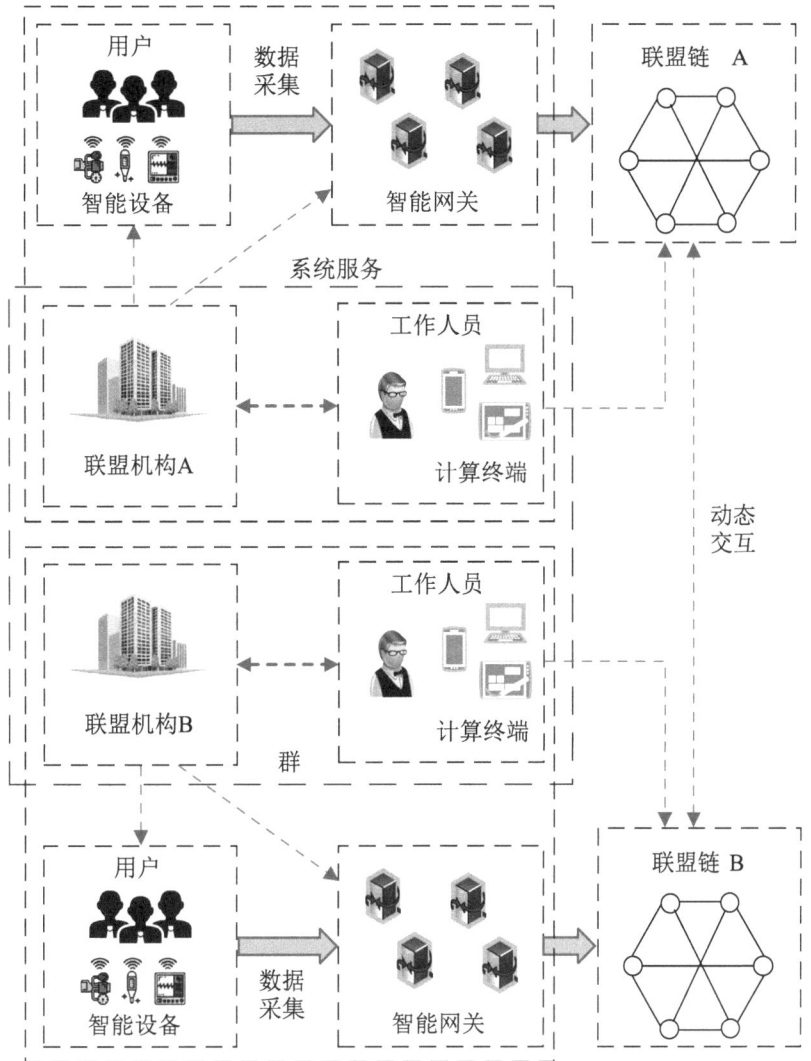

图2.9 物联网联盟链跨链交互场景

为了便于描述,这里给出跨链通信相关定义。

定义 2.1 P2P 通信方式下,联盟链记为 C_X,C_X 的结点集记为 $\{C_{X_i}\}$($i>0$),C_X 的验证结点列表记为 C_X,结点 C_{X_i} 拥有的资源记为资产 $\xi_{C_{X_i}}$,理性结点 C_{X_i} 利用本地资产 $\xi_{C_{X_i}}$ 对消息 m 进行运算,仅输出运算结果的响应方式称为盲响应。

定义 2.2 将 C_X 抽象为单点,任意单点之间无中继可达的传递路径称为单跳路径,Δt 表示某结点在物联网联盟链系统部署或执行智能合约时,通过单跳路径可达的另一方能够做出响应的时间上限。

定义 2.3 $sig(m, X)$ 表示 X 的私钥对消息 $m(m \neq \varnothing)$ 的签名，三元组 (m, p, σ) 表示结点路径证明（path proof, PP），$p=\{u_0, \cdots, u_k\}$ 为从请求发起结点 u_0 到响应结点 u_k 的有向连通路径，$\sigma=sig(\cdots sig(m, u_0), \cdots, u_k)$ 为从 u_0 到 u_k 的路径签名。若 u_k 为中继响应结点，从 u_0 到 u_k 的路径证明称为当前路径证明（current path proof, CPP）；若 u_k 为最终响应结点，从 u_0 到 u_k 的路径证明称为全路径证明（full path proof, FPP）。

结点跨链通信过程如图 2.10 所示，假设 C_A、C_B 为已建立合作关系的两联盟链，$C_{B_j} \in C_B$ 向 $C_{A_i} \in C_A$ 发起交互请求 $TX_{B_j.request}$，上述跨链通信过程可建模为 6 个阶段。

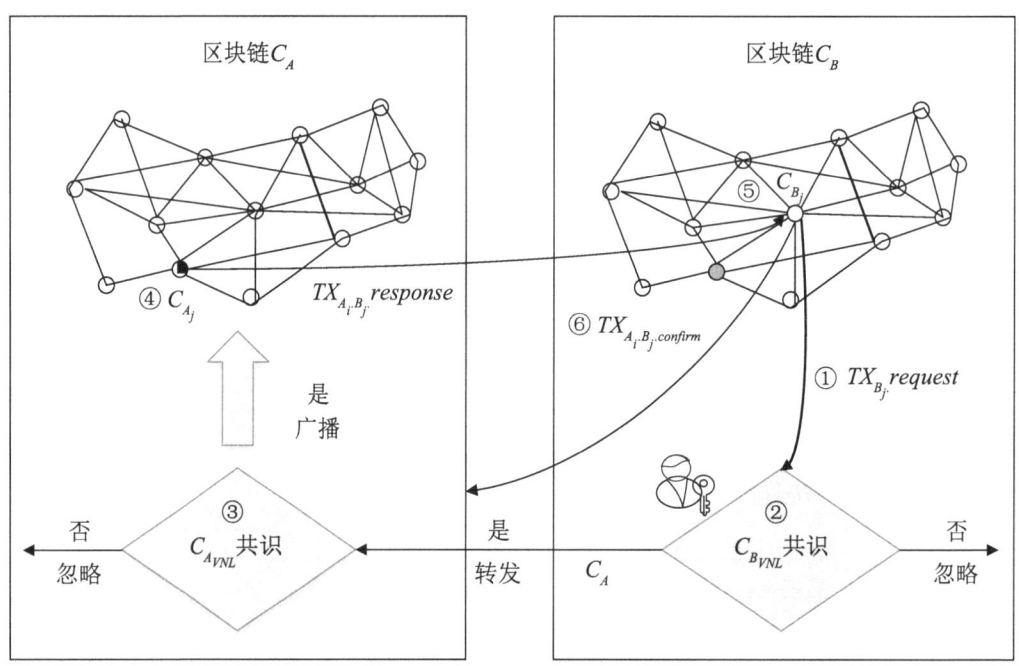

图 2.10　结点跨链通信过程

① C_{B_j}（图 2.10 右半部分格纹圆点标记）构造身份证明并创建价值转移密钥 $C_{B_j.s}$，将其与对资产 $\xi_{C_{A_i}}$ 的交互需求说明 m_{B_j}、C_{B_j} 至 C_B 的价值转移机制、交易截止时间等一起写入智能合约交易 $TX_{B_j.request}$ 并部署。

② C_B 采用 2.3.3.2 提出的 GCCM 共识机制，对交易 $TX_{B_j.request}$ 进行验证，若验证通过，更新 PPTI 路径证明，构造并部署用于实现 C_B 与 C_A 间价值转移的智能合约交易，否则，忽略交易 $TX_{B_j.request}$。

③ C_A 采用 GCCM 共识机制,对由②路径证明更新后的交易进行验证,若验证通过,更新 PPTI 路径证明,构造并部署用于实现 C_A 与 C_{A_i}(图 2.10 左半部分格纹圆点标记)间价值转移的智能合约交易,否则,忽略该交易。

④ C_{A_i} 对由③路径证明更新后的交易进行验证,若式(2.1)至式(2.3)成立,则更新 PPTI 路径证明并响应,C_{A_i} 以定义 2.1 盲响应方式将响应结果 Reply(m_{B_j})、全路径证明等写入交易 $TX_{A_i,B_j.response}$ 并部署,否则,忽略该交易。

$$t_{current} \leqslant t_{contract\_deadline} - \Delta t 。 \quad (2.1)$$

$$\text{Request}(m_{B_j}) \in \xi_{C_{A_i}} 。 \quad (2.2)$$

$$\text{Path}(m_{B_j}, p, \sigma) = 1 。 \quad (2.3)$$

⑤ C_{B_j} 验证来自响应结点 C_{A_i} 的智能合约交易 $TX_{A_i,B_j.response}$,通过后,C_{B_j} 向智能合约输入价值转移密钥 $C_{B_j,s}$ 哈希并提取询问应答 Reply(m_{B_j}),智能合约执行结束后程序向 C_{A_i} 返回价值转移密钥,与上述过程类似,剩余阶段价值转移智能合约依次进行。

⑥ C_{B_j} 构造并广播交易完成确认,C_A 验证来自 C_{B_j} 的交易完成确认,按照内部激励策略修改 C_A 内交易响应结点 C_{A_i} 的信誉值。

上述跨联盟链通信模型中,为达成链间合作共识,需要在基于联盟链内部 VNL 共识机制的基础上,建立用于传递合作机构联盟链间共识的跨链共识机制;为了动态自适应识别结点身份,需要构造提供结点跨链通信 PPTI 路径证明,将结点行为限定在机构许可的可信范围内;此外,在分析物联网联盟链环境下结点合作的诚实行为动机基础上,需要给出部署智能合约实现不同物联网联盟链结点间价值去中心化动态自主传递的方法。

2.3.3.2 IDACM 系统设计

IDACM 跨链交互系统主要包括跨链共识机制 GCCM、路径证明构造(path proof construction,PPC)机制、价值转移(value transfer mechanism,VTM)机制 3 个部分。若交易处理的某阶段未通过,则忽略该交易,本部分仅分析交易处理各阶段均通过的情况。

（1）基于 TDS 的跨链共识机制

基于信誉的共识机制：联盟链内部，授权一部分信任结点组成验证结点列表 VNL，系统中全结点服务器负责维护 VNL 列表，并向参与验证的结点提供在共识开始之前未被记录的所有有效操作，依赖 VNL 中成员的验证结果达成共识并完成区块生成。本部分在上述联盟链内部 VNL 共识基础上，将联盟链间合作关系抽象为 TDS 过程，将多个联盟链基于 VNL 对跨链交易 TX 的共识过程建模为存在多个特权子群的 TDS 过程，从而将联盟链内部共识扩展为联盟链间跨链共识。下面给出利用存在多个特权子群的 TDS 机制建立联盟链间合作关系的形式化描述。

定义 2.4 建立合作关系的 m 个联盟链，C_1，C_2，$\cdots$，C_m 验证结点列表集合记为群 C，各联盟链验证结点列表记为群 C 中 m 个互不相交的特权子群 C_1，C_2，$\cdots$，C_m，基于特权子群 TDS 生成群 C 的公私钥对（SK_C，PK_C），联盟链间合作关系表示为：

$$C=\{C_1\|C_2\|, \cdots, \|C_m, C_i \cap C_j = \varnothing\} \ (1 \leq i, j \leq m), \tag{2.4}$$

$$|C_i|=n_i, (n>0), \tag{2.5}$$

$$\sum_{i=1}^{m} n_i = n, \ m \geq 1, \tag{2.6}$$

$$E_{C_i.SK}(TX, t_i, n_i) = \begin{cases} \text{True}, & n_i \geq t'_i \geq t_i, \\ \text{False}, & 其他, \end{cases} \tag{2.7}$$

$$E_{C_{SK}}(TX, t_1, n_1; \cdots; t_m, n_m; t, n) = \begin{cases} \text{True}, & n_i \geq t'_i \geq t_i \text{ 且 } \sum_{i=1}^{m} t_i \geq t, \\ \text{False}, & 其他 。 \end{cases} \tag{2.8}$$

上述模型中，n_i 表示子群 C_i 验证结点列表中的结点个数，t_i 表示子群 C_i 的 n_i 个验证结点通过某次验证的最少结点数目，t'_i 表示 n_i 个验证结点中实际通过某次验证的结点数目，t 表示群 C 的 n 个验证结点通过某次验证的最少结点数目。式（2.4）限定联盟链间合作关系，式（2.5）、式（2.6）表示联盟链验证结点集规模，式（2.7）表示联盟链内部基于 VNL 的门限共识，式（2.8）表示基于特权子群 TDS 机制的跨链共识。

（2）PPTI 路径证明构造

为了使物联网系统具备智能处理能力，需要从大量低级别、弱语义数据中，以事件驱动的方式构造物联网用户间数据来源的可信性路径证明，确保物联网网络中的数据能够以动态自适应的方式提供给合法用户，实现跨域数据的动态自主交互和共享。P2P 通信方式下路径证明拓扑如图 2.11 所示。

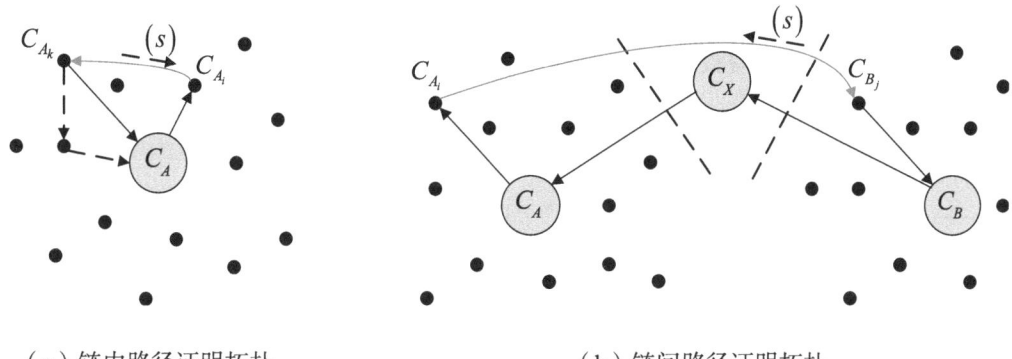

（a）链内路径证明拓扑　　　　　　（b）链间路径证明拓扑

图 2.11　P2P 通信方式下路径证明拓扑

基于物联网对等结点对信息的中继转发方式，对可信传播路径进行简化，得到 PPTI 路径证明构造规则如下。

规则 2.1　聚合规则。在 PPTI 路径证明拓扑链路上，将验证结点子群抽象为有向路径证明中的一个结点，相应地，将合法的门限子群签名抽象为路径签名中的一个签名。

规则 2.2　等价规则。将联盟链内部结点经链内若干结点中继至验证结点子群的 PPTI 路径证明简化为由该结点至验证结点子群的单跳路径证明。

规则 2.3　中继规则。不同联盟链结点间跨链通信 PPTI 路径证明仅包含验证结点子群作为中继结点。

规则 2.4　响应规则。PPTI 路径证明中普通结点间的单跳路径表示基于请求发起结点价值转移密钥 s 的盲响应。

链内路径证明拓扑如图 2.11（a）所示，由聚合规则，将验证结点子群 C_A 抽象为 PPTI 路径证明中的一个结点；由等价规则，将结点 C_{A_k} 经链内其他结点中继至验证结点子群 C_A 的 PPTI 路径证明简化为由结点 C_{A_k} 至 C_A 的单跳路径证明；链间 PPTI 路径证明拓扑如图 2.11（b）所示，$C_{B_j} \in C_B$，$C_{A_i} \in C_A$，$C_A \cap C_B = \varnothing$，由中继规则，$C_{B_j}$ 至 C_{A_i} 的跨链 PPTI 路径证明仅包含验证结点子群 $\{C_B, \cdots, C_X, \cdots, C_A\}$ 作为中继结点；由响应规则，图 2.11 中路径证明链路存在回路，且任意两普通结点间的 PPTI 路径证明为经过若干验证结点子群中继的多跳路径证明,两普通结点间的单跳路径(图2.11箭头)为响应结点基于请求结点和响应结点间PPTI路径证明对请求结点发出价值转移密钥s的单跳响应。

为了简化叙述,假设群C内仅存在2个特权子群,跨链路径签名构造时序如图2.12所示,链间PPTI路径证明群签名协议标记为$(t_A, n_A; t_B, n_B; t, n)$,下文分别对链内PPTI路径证明构造及链间PPTI路径证明构造进行介绍。

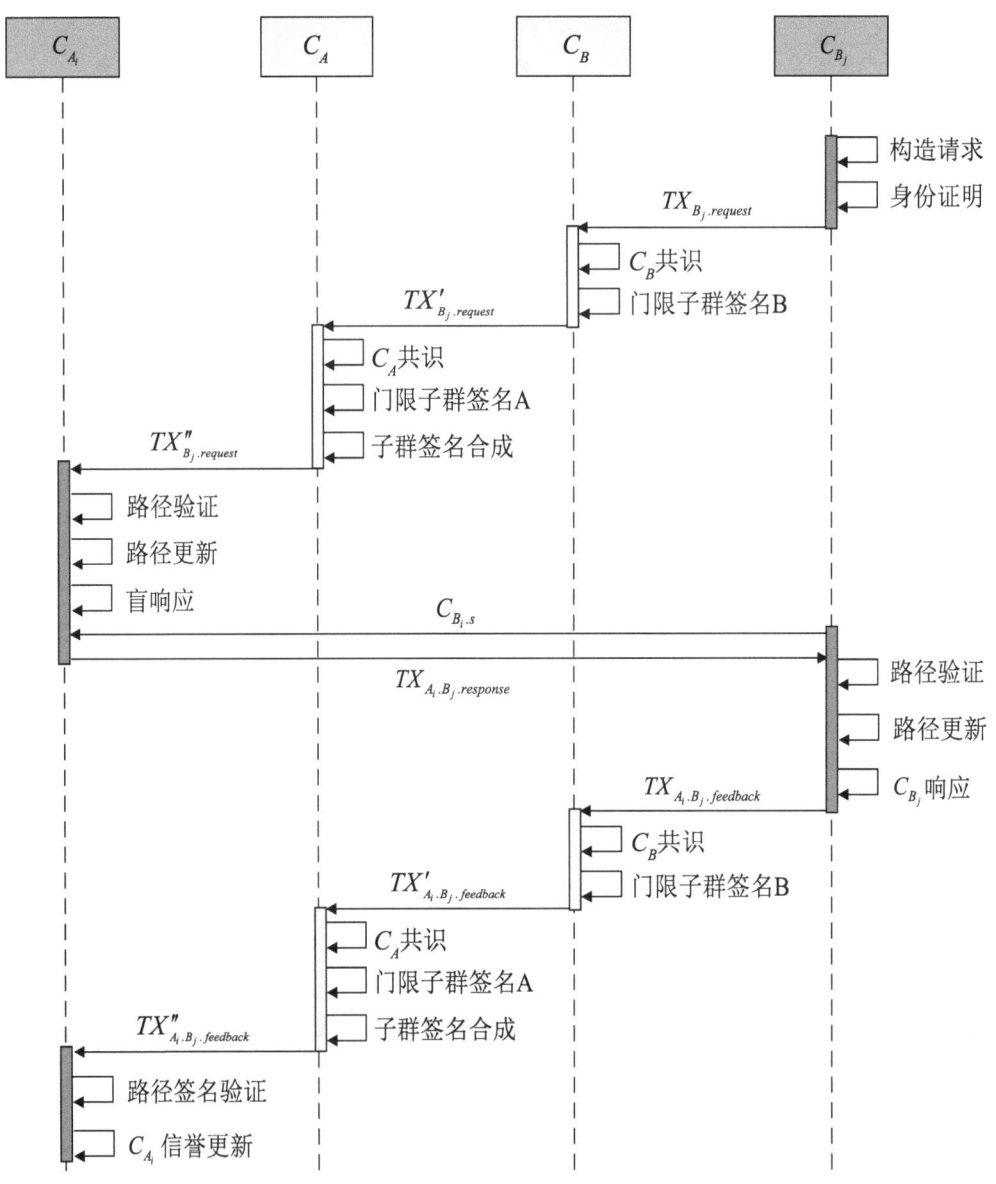

图2.12 跨链路径签名构造时序

①链内 PPTI 路径证明构造。

由定义 2.3，得到基于 TDS 的递归 PPTI 路径证明生成公式：

$$u_0 \xrightarrow{TX_1} u_1 : TX_1 = m \| E_{C_{X.SK}}(m, t_X, n_X),$$

$$u_i \xrightarrow{TX_{i+1}} u_{i+1} : TX_{i+1} = m \| E_{C_{X'.SK}}(TX_i, t_{X'}, n_{X'}), i>0, X, X' \in \{A, B\}。 \quad (2.9)$$

[注：式（2.9）中参数 t_X、$t_{X'}$、$n_{X'}$ 为可选项，用于门限签名。]

图 2.12 中，结点 C_{B_j} 以明文方式构造对另一联盟链结点 C_{A_i} 的交互请求 m_{B_j}，根据路径证明构造规则 2.2 和生成式（2.9）构造 C_{B_j} 至 C_B 的单跳路径证明，如式（2.10），生成智能合约交易 $TX_{B_j.request}$ 并在联盟链 C_B 内部署。

$$C_{B_j} \xrightarrow{TX_{B_j.request}} C_B : TX_{B_j.request} = m_{B_j} \| E_{C_{B_j.SK}}(m_{B_j})。 \quad (2.10)$$

C_B 内验证结点列表 C_B 对交易 $TX_{B_j.request}$ 进行共识，若式（2.7）为 TRUE，即交易 $TX_{B_j.request}$ 通过 C_B 内验证结点共识，则将式（2.7）中 $E_{C_{B.SK}}(TX_{B_j.request}, t_B, n_B)$ 作为 C_B 对交易 $TX_{B_j.request}$ 的门限子群签名，由 C_B 按照式（2.11）将对交易 $TX_{B_j.request}$ 的门限子群签名与 m_{B_j} 一起写入智能合约交易 $TX'_{B_j.request}$，更新交易路径证明。

$$C_B \xrightarrow{TX_{B_j.request}} C : TX'_{B_j.request} = m_{B_j} \| E_{C_{B.SK}}(TX_{B_j.request}, t_B, n_B)。 \quad (2.11)$$

②链间 PPTI 路径证明构造。

图 2.12 中，C_A 内验证结点子群 C_A 对交易 $TX'_{B_j.request}$ 的路径证明验证通过后，对交易 $TX'_{B_j.request}$ 进行共识，若式（2.7）为 TRUE，即交易 $TX'_{B_j.request}$ 通过 C_A 内验证结点共识，则将式（2.7）中 $E_{C_{A.SK}}(TX'_{B_j.request}, t_A, n_A)$ 作为 C_A 对交易 $TX'_{B_j.request}$ 的门限子群签名，由响应结点 C_{A_i} 所在联盟链验证结点子群 C_A 使用群密钥对 PPTI 路径证明中各门限子群签名进行合成。

链间 PPTI 路径证明群签名构造具体包括群密钥生成与共享、门限子群签名生成及路径证明更新 3 个部分。

一是群密钥生成与共享。

由密钥颁发机构选取安全素数 u、v，且满足 $v|(u-1)$，在有限域 Z_v 上秘密选取 3 个多项式 $f(x)$、$g_A(x)$、$g_B(x)$，次数依次为 $(t-1)$、(t_A-1)、(t_B-1)，选取有限

域 Z_v 的本原元 α，公开 (u, v, α) 和 $x_i, y_{A_j}, y_{B_k} \in {}_R Z_v$；$i=1, 2, \cdots, n$；$j=1, 2, \cdots, n_A$；$k=1, 2, \cdots, n_B$。由密钥颁发机构按照式（2.12）随机产生群私钥，按照式（2.13）计算群公钥，群私钥采用基于 Shamir 的密钥共享算法进行分发。

$$C_{SK} = (f(0) + g_A(0) + g_B(0)) \bmod v, \quad (2.12)$$

$$C_{PK} = \alpha^{(f(0) + g_A(0) + g_B(0)) \bmod v} \bmod u。 \quad (2.13)$$

基于密钥共享算法为特权结点 C_i 秘密分配群私钥片段 $f(x_i)$，$g_A(y_{A_j})$，$g_B(y_{B_k})$，按照式（2.14）计算其公钥并公开：

$$C_{i.PK} = \alpha^{\lambda_i f(x_i) + \mu_i \sum_X g_X(y_{X_{i_j}})} \bmod u。 \quad (2.14)$$

二是门限子群签名生成。

由式（2.5）可知，子群 C_X 验证结点个数为 $|C_X| = n_X$（$n_X > 0$，$X \in \{A, B\}$），子群 C_X 的 n_X 个验证结点中通过某次验证的门限结点数目为 t_X，被签署的交易为 TX，对于每个 $t_i \in \{t_X\}$，秘密随机选取 $K_i \in Z_u^*$，由式（2.15）计算公钥片段 r_{X_i}，子群 C_i 内各验证结点由式（2.16）计算子群公钥 r_X，由式（2.17）计算单个验证结点私钥片段 s_{X_i}，其中，λ_i、μ_i 是 Shamir 秘密共享算法中公开可计算的拉格朗日系数，$h(x)$ 是安全的哈希函数。

$$r_{X_i} = \alpha^{K_i} \bmod u, (K_i \in Z_u^*), \quad (2.15)$$

$$r_X = \prod_{i=1}^{t_X} r_{X_i} \bmod u, \quad (2.16)$$

$$s_{X_i} = (f(x_i) \lambda_i h(TX) + \sum_X g_X(y_{X_{i_j}}) \mu_i h(TX) - K_i r_X) \bmod v, X \in \{A, B\}。 \quad (2.17)$$

群 C 内结点由式（2.18）验证子群内单个验证结点签名 s_{X_i} 的合法性：

$$\alpha^{s_{X_i}} r_i^{r_X} = C_{i.PK}^{h(TX)}, X \in \{A, B\}, \quad (2.18)$$

$$S_X = (S_{X_1} + S_{X_2} + \cdots + S_{X_t}) \bmod v, X \in \{A, B\}, \quad (2.19)$$

$$\begin{cases} S_C = (S_{A_1} + S_{A_2} + \cdots + S_{A_{t_A'}} + S_{B_1} + S_{B_2} + \cdots + S_{B_{t_{B'}}}) \bmod v, \\ (n_A + n_B) \geqslant (t_A' + t_B') \geqslant t, \ t_A' \geqslant t_A t_B' \geqslant t_B, \\ r_C = \prod_X r_X \bmod u \end{cases} \quad (2.20)$$

若式（2.18）成立，验证结点子群接受子群内该单个验证结点签名，当 $|s_{X_i}| \geqslant t_X$

时，由式（2.19）计算 s_X。图 2.12 中，由验证结点子群 C_B 按照上述方法输出对交易 $TX'_{B_j.request}$ 的门限子群签名（r_B, s_B），类似的，由响应结点 C_{A_i} 所在联盟链验证结点子群 C_A 按照式（2.20）生成子群合成签名（r_C, s_C）。

三是路径证明更新。

子群签名合成后，C_A 按照式（2.21）将交易 $TX'_{B_j.request}$ 的群签名与 m_{B_j} 一起写入交易 $TX''_{B_j.request}$，更新交易路径证明。

$$C_A \xrightarrow{TX'_{B_j.request}} C_{A_i} : TX''_{B_j.request} = m_{B_j} \left\| E_{C_{A}.SK} \left(TX'_{B_j.request}, t_A, n_A; t_B, n_B; t, n \right) \right. \quad (2.21)$$

响应结点 C_{A_i} 对交易 $TX''_{B_j.request}$ 进行验证，通过后，利用本地资产 $\xi_{C_{A_i}}$ 对外部请求 m_{B_j} 进行计算，生成盲响应 $C_{A_i.}m_{B_j.response}$，按照式（2.22）将对交易 $TX''_{B_j.request}$ 的盲响应及更新后的 PPTI 路径证明与 m_{B_j} 一起写入交易 $TX_{A_i.B_j.response}$。

$$C_{A_i} \xrightarrow{TX_{A_i.B_j.response}} C_{B_j} : TX_{A_i.B_j.response} = m_{B_j} \left\| E_{C_{A_i}.SK} \left(TX''_{B_j.request} \right) \right\| C_{A_i.m_{B_j}.response} \quad (2.22)$$

C_{B_j} 接收到交易 $TX_{A_i.B_j.response}$ 后，对路径证明进行验证，若通过，向交易 $TX_{A_i.B_j.response}$ 发送价值转移密钥 $C_{B_j.s}$ 以触发该交易，并采用与式（2.10）、式（2.11）、式（2.21）类似的方法生成并广播包含 C_{B_j} 反馈的交易 $TX''_{A_i.B_j.feedback}$，以便机构对响应者做出激励。

（3）价值转移机制

在结点信誉激励机制研究基础上，由机构建立用于约束联盟链内部智能合约价值转移的积分机制，设定不同联盟链间异构积分价值兑换函数，通过在智能合约中调用该函数实现异构资产的等价值转换。联盟链系统中，将结点公私钥对作为身份标识，首次进入系统时，由机构为其分配用于启动运行的一定数量积分。每次交易时，请求结点需在智能合约交易中托管一定数量转移积分，并设置转移条件作为价值激励，当满足转移条件时触发积分转移，请求结点减少托管数量积分，响应结点获得等价值积分，积分为零的结点由于无法提供价值激励，存在请求长期不被响应而被"饿死"的风险。下面对链间结点价值转移方式进行介绍。

链间结点价值转移通过部署智能合约交易来实现，智能合约的一次部署称为链间价值转移的一个阶段，若跨链通信智能合约部署分为 k（$k>1$）个阶段，相应地，其执行过程也分为 k 个阶段。由定义 2.2 可知，前一阶段至少部署或执行 Δt 时间后，系统达到稳定状态，才可部署或执行相邻后一阶段，否则将出现前一阶段智能合约未部署或未执行，后一阶段智能合约无法执行或已执行，造成某些结点损失的情况。因此，理性结点将以 Δt 为最小时间间隔进行智能合约部署、执行。

若部署跨链通信第一阶段智能合约的时间为 $t_{timestamp}$，各阶段智能合约部署时序依次为 $\{t_{timestamp}, t_{timestamp}+\Delta t, \cdots, t_{timestamp}+(k-1)\Delta t\}$。

基于价值转移密钥触发的智能合约执行次序与部署次序相反，相应智能合约开始执行时序为 $\{t_{timestamp}+(2k-1)\Delta t, t_{timestamp}+(2k-2)\Delta t, \cdots, t_{timestamp}+k\Delta t\}$。

带有哈希锁定的智能合约生命周期依次为 $\{2k\Delta t, 2(k-1)\Delta t, \cdots, 2\Delta t\}$。

在要求通信时效性的系统中，如物联网智能设备间的通信，将各阶段智能合约有效截止时间设置为 $\{t_{timestamp}+2k\Delta t, t_{timestamp}+(2k-1)\Delta t, \cdots, t_{timestamp}+(k+1)\Delta t\}$。

图 2.12 中跨链通信价值转移智能合约部署分为 4 个阶段（不包括反馈激励），各阶段智能合约生命周期如图 2.13 所示，横轴为以 Δt 为单位的时间轴，纵轴为参与合约部署、执行的各结点。图中黑色实线箭头表示由箭头首尾结点协商的智能合约部署，箭头指向表示智能合约中承诺资产发生转移的方向；灰色实线箭头表示箭头首部对应结点在尾部对应时刻向智能合约发送价值转移密钥 $C_{B_j,s}$ 触发合约执行，箭头指向表示智能合约中实际资产发生转移的方向；智能合约执行结束后以返回值形式向黑色虚线箭头指向结点发送价值转移密钥，以触发后续智能合约执行；黑色加粗线段表示以纵轴对应结点为发起结点的各智能合约生命周期。

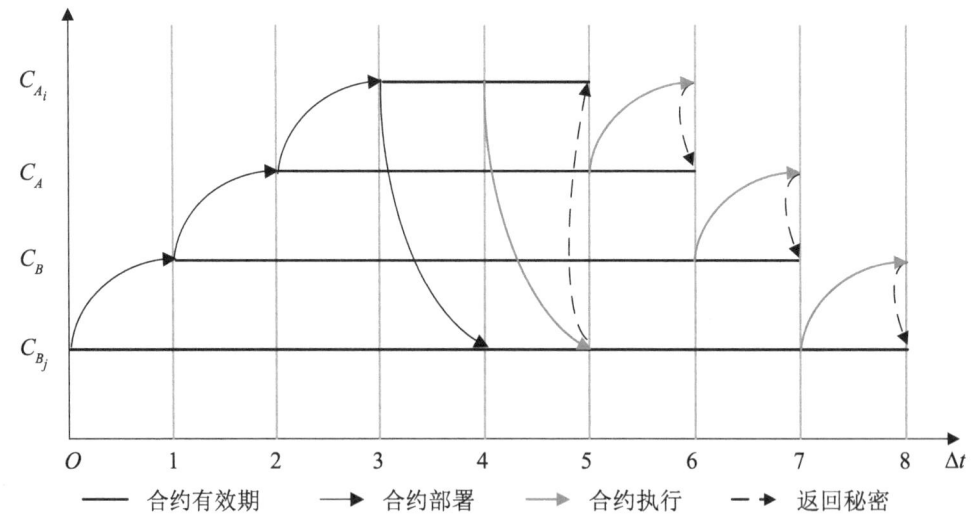

图 2.13　价值转移智能合约生命周期

理性结点希望合约能够执行,且不损失自己的利益,因此倾向于获得价值转移密钥后尽快触发合约,实现价值转入。图2.14、图2.15对图2.13中智能合约部署过程,智能合约触发及执行过程进行了更加细致的描述。图2.15中实线箭头表示已部署智能合约,黑色虚线箭头表示已执行智能合约,灰色虚线箭头表示正在执行智能合约;价值转移密钥$s=C_{B_j,s}$。

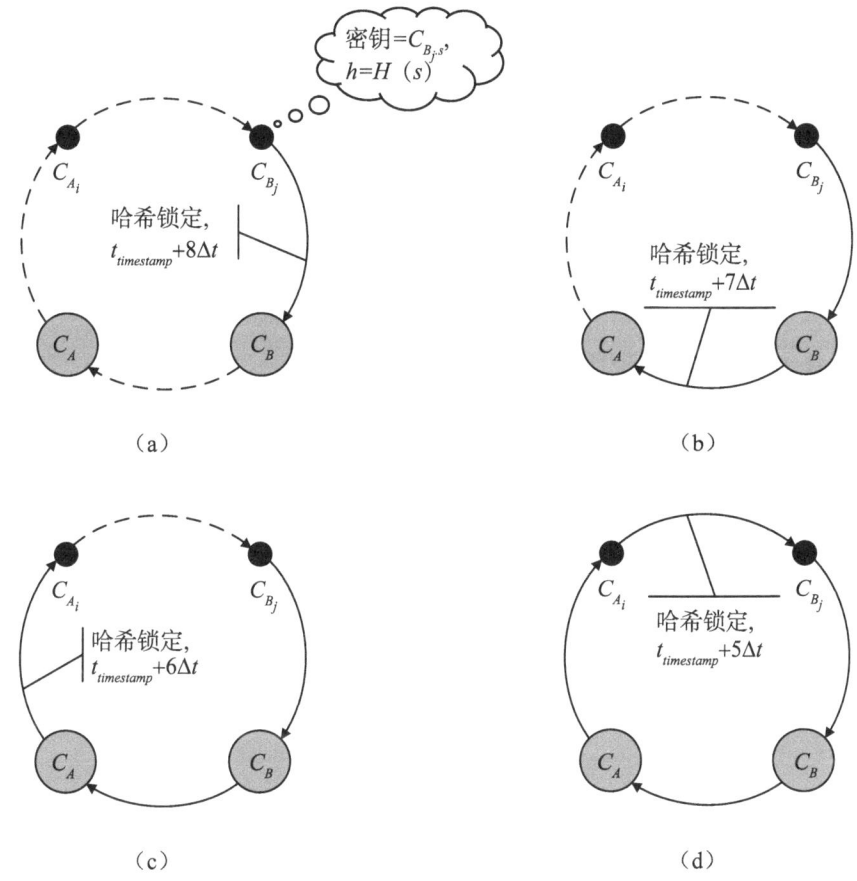

图2.14 价值转移智能合约部署时序

完整的价值转移过程如下。

①如图2.14(a)所示,请求发起结点C_{B_j}创建价值转移密钥$C_{B_j,s}$,选取单向抗冲突哈希函数$H(\cdot)$,计算$h=H(C_{B_j,s})$,与C_B协商并部署带有哈希锁定h和时间锁定$t_{timestamp}+8\Delta t$的智能合约,实现C_{B_j}至C_B的积分转移托管。若C_B在时间$t_{timestamp}+8\Delta t$前向智能合约发送价值转移密钥$C_{B_j,s}$,使得$h=H(C_{B_j,s})$,那么智能合约中托管的积分将

不可撤销地从 C_{B_j} 转移到 C_B；若 C_B 在时间 $t_{timestamp}+8\Delta t$ 前未能揭示该秘密，由 C_{B_j} 发起积分退回交易，智能合约中托管的积分将退还给 C_{B_j}。

②如图 2.14（b）所示，结点 C_B 确认①中智能合约稳定部署后，与 C_A 协商并部署哈希锁定为 h，时间锁定为 $t_{timestamp}+7\Delta t$ 的智能合约，利用预设联盟链间异构价值兑换函数，实现与①中智能合约托管积分等价值 C_A 系统积分从 C_B 转移至 C_A 的托管，步骤②、③、④智能合约执行逻辑与①相似，不再赘述。

③如图 2.14（c）所示，结点 C_A 确认②中智能合约稳定部署后，与 C_{A_i} 协商并部署哈希锁定为 h，时间锁定为 $t_{timestamp}+6\Delta t$ 的智能合约，实现与②中智能合约托管积分等值积分从 C_A 转移至 C_{A_i} 的托管。

④如图 2.14（d）所示，结点 C_{A_i} 确认③中智能合约稳定部署后，与 C_{B_j} 协商并部署哈希锁定为 h，时间锁定为 $t_{timestamp}+5\Delta t$ 的智能合约，实现与③中智能合约托管积分等值积分从 C_{A_i} 转移至 C_{B_j} 的托管。

⑤如图 2.15（a）所示，C_{B_j} 确认步骤④中智能合约稳定部署后，在该合约有效期内向合约输入价值转移密钥 s，触发合约执行，获得合约中 C_{A_i} 托管的资产，合约执行完毕后以返回值形式向智能合约部署方即 C_{A_i} 发送价值转移密钥 s。

⑥如图 2.15（b）所示，类似地，C_{A_i} 获得价值转移密钥 s 后，在步骤③部署智能合约有效期内向该合约输入价值转移密钥 s，触发合约执行，C_{A_i} 获得合约中 C_A 托管的资产，合约执行完毕后以返回值形式向智能合约部署方即 C_A 发送价值转移密钥 s。

⑦如图 2.15（c）所示，C_A 获得价值转移密钥 s 后，在步骤②部署智能合约有效期内向该合约输入价值转移密钥 s，触发合约执行，C_A 获得合约中 C_B 托管的资产，合约执行完毕后以返回值形式向智能合约部署方即 C_B 发送价值转移密钥 s。

⑧如图 2.15（d）所示，C_B 获得价值转移密钥 s 后，在步骤①部署的智能合约有效期内向该合约输入价值转移密钥 s，触发合约执行，C_B 获得合约中 C_{B_j} 托管的资产。

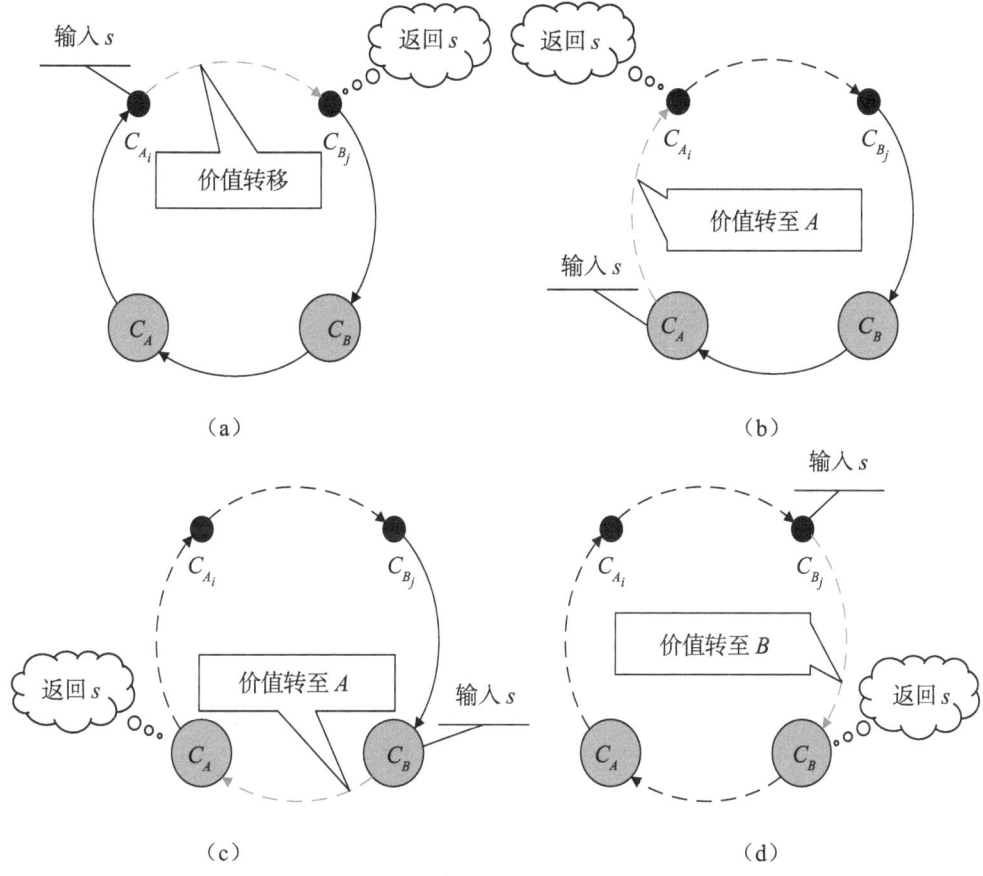

图 2.15 价值转移智能合约触发时序

经过上述步骤①—步骤⑧实现不同联盟链结点间价值转移，智能合约价值转移算法如算法 2.1 所示。该算法做出以下限定：价值转移函数仅接受并验证指定交易合作方提供的价值转移密钥；价值转移函数仅向提供合法 PPTI 路径证明的资产托管方返回价值转移密钥；资产退回函数仅接受并验证资产托管方调用。

算法 2.1　智能合约价值转移算法

输入：交易响应方（即资产托管方）*responder*，交易发起方 *resquester*，用于合约锁定的哈希函数 $h_{hashlock}$；托管资产 ξ；*responder* 路径证明三元组 (m, p, σ)，价值转移密钥 s，合约锁定时间（即合约有效时间）$t_{timelock}$；当前时间 $t_{current}$。

输出：若满足触发条件，合约执行，合约托管资产转移至 *resquester*，价值触发密钥 s 返回给 *responder*；若未能在有效期内触发合约，*responder* 发起合约资产退回交易，将智能合约中托管的资产退还给 *responder*。

Contract Asset_transfer{
    bool locked;
    address responder;
    address resquester;
    asset ξ;
    unit $t_{timelock}$;
    unit $h_{hashlock}$;
    unit $t_{timestamp}$;

// 部署合约：由 *responder* 传递 *responder* 地址、*resquester* 地址、托管资产 ξ、合约
// 锁定时间 $t_{timelock}$ 及用于实现合约锁定的哈希函数 $h_{hashlock}$ 等参数，并将锁定状态 //
locked 置为 true。

Function Deploy（*address responder'*, *requester'*; *asset*ξ'; *unit* $t'_{timelock}$, $h'_{hsalock}$）{
    responder = *responder'*;
    requester = *resquester'*; $\xi=\xi'$;
    $t_{timelock}=t'_{timelock}$; $h_{hashlock}=h'_{hashlock}$;
    locked = *true*;
    }

// 价值转移：仅当部署合约函数中由 *responder* 指定的 *resquester* 提供正确的价值转
// 移密钥 *s* 才可触发合约价值转移。

Function Asset_transfer（*unit s, m; path p; sig σ; unit* $t_{current}$）{
    Require（*s.sender*==*resquester*）;

// 若当前时间 $t_{current}$ 在合约锁定时间 $t_{timelock}$ 内，合约状态 *locked* 为锁定，合约调用者
// 能够提供合法的路径证明（*m, p, σ*），证明其为部署合约函数中由 *responder* 指定的
//*resquester*，且传递的密钥 *s* 有效，则触发合约中托管的资产 ξ 自动转给该合约调
// 用者，合约状态置为 False，然后将价值转移密钥 *s* 以返回值形式秘密发送给
//*respond*；否则，停止执行。

    If （$t_{current} \leq t_{timelock}$）$\cap$（$h_{hashlock}$==h（s））$\cap$ *isSig*（*m, p, σ*）$\cap$（*locked*==*true*）
    { *locked* =*false*;
      resquester ← ξ;
      Return（*s*）;
    }
    Else
      Halt;
  }

// 托管资产赎回：若 resquester 未能在商定的合约锁定期限 $t_{timelock}$ 内通过传递有效的

// 值转移密钥 s 触发资产转移，则仅 responder 可以通过提供身份路径证明将托管

// 资产 ξ 转移至其账户；否则，停止执行。

Function Refund（unit m; path p; sig σ; unit $t_{current}$）{

  Require（msg.sender==responder）;

  If（locked==true）∩（$t_{current}$>$t_{timelock}$）∩ isSig（m, p, σ）

   Transfer asset to responder;

   Return;

  Else

   Halt;

 }

}

2.3.3.3 分析与验证

（1）安全性分析

假设群 C 中实际有 t 个结点对交易 TX 进行了签名，其中至少 t_A 个结点来自子群 C_A，至少 t_B 个结点来自子群 C_B，有式（2.23）成立。

$$s_C = h(TX)\left(\sum_{i=1}^{t} f(x_i)\lambda_i + \sum_{j=1}^{t_A} g_A(y_{A_j})\mu_i + \sum_{k=1}^{t_B} g_B(y_{B_k})\mu_i\right) - r_C \sum_{i=1}^{t} K_i$$
$$= h(TX)(f(0) + g_A(0) + g_B(0)) - r_C \sum_{i=1}^{t} K_i 。 \quad (2.23)$$

因此有验证方程式（2.24）成立。

$$\alpha^{s_C} r_C^{r_C} = C_{PK}^{h(TX)} 。 \quad (2.24)$$

由式（2.23）、式（2.24）可以看出，不在群 C 中的结点无法参与或干扰上述验证过程，非合作关系的伪造跨链通信路径证明将无法得到验证，系统将忽略相应交易；若群 C 中参与签名的结点数量少于 t，有可能恢复分量 $g_X(0)$，$X \in \{A, B\}$，但无法恢复分量 $f(0)$，从而无法获得群私钥并通过验证；若群 C 中参与签名的结点 $\geq t$，子群 C_X 中参与验证结点数量 $< t_X$，可以恢复分量 $f(0)$，但无法恢复分量 $g_X(0)$，仍无法获得群私钥并通过验证。因此，使用基于特权子群的门限群签名机制可以实现联盟链间结点通信的身份有效性证明，提高系统安全性。

（2）可扩展性分析

链间 PPTI 路径证明群签名协议（t_A, n_A; t_B, n_B; t, n）很容易推广到更多联盟链参与的多特权子群 PPTI 路径证明群签名协议（t_A, n_A; t_B, n_B; $\cdots$; t_X, n_X; t, n），扩展方法如下：在协议建立阶段，选取 $|\{A, B, \cdots, X\}|+1$ 个多项式 $f(x)$，$g_A(x)$ $g_B(x)\cdots g_X(x)$，由式（2.12）、式（2.13）得到扩展的群私钥、群公钥计算方法，如式（2.25）、式（2.26）。

$$C'_{SK} = \left(f(0) + \sum_{i=A}^{X} g_i(0)\right) \bmod v, \; i \in \{A, B, \cdots, X\} \; 。 \tag{2.25}$$

$$C'_{PK} = \alpha^{\left(f(0) + \sum_{i=A}^{X} g_i(0)\right) \bmod v} \bmod u \; 。 \tag{2.26}$$

式（2.25）、式（2.26）中，每个特权子群中的结点持有分量 $f(x_i)$ 及对应的分量 $g_X(y_{X_i})$，验证过程同本书 2.3.3.2 小节。

请求发起结点 u_0 到响应结点 u_k 的有向连通路径签名 $\sigma = sig(\cdots sig(m, u_0), \cdots, u_k)$ 包含 u_0、u_k 单结点签名及连通路径上若干中继子群 TDS，其中，单结点所在联盟链验证结点子群共识机制保证结点身份的可靠性，门限群签名机制的安全性一方面为消息跨链通信提供安全保证，另一方面将消息传递路径限定在已建立合作关系的联盟链系统，具有良好的可扩展性。

（3）价值转移博弈分析

图 2.16 从结点合作博弈角度描述了任意结点 C_{X_i}（或 C_X）处，通过触发智能合约发生价值转移的 4 种可能情况，黑色箭头表示价值转移智能合约已部署，灰色箭头表示交互结束时仅对应智能合约被触发，发生价值转移。

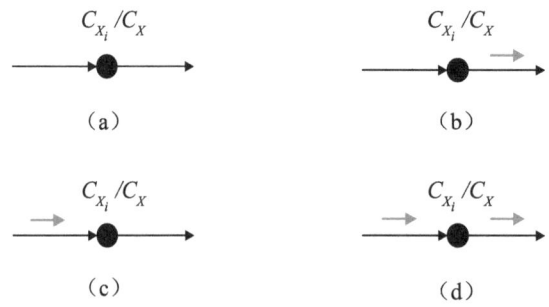

图 2.16 结点价值转移的 4 种情况

图 2.16（a）中结点入边和出边对应的智能合约均未被触发，表示没有价值经过该结点传递，该结点收益未发生变动，但违背了理性结点希望参与并达成交互的意愿；图 2.16（b）中仅结点出边对应的价值转移智能合约被触发，结点入边对应的价值转移智能合约未被触发，该结点价值亏损，排除结点在系统中潜伏并蓄意进行其他类型攻击的情况，理性结点不会主动选择此策略；图 2.16（c）中仅结点入边对应的价值转移智能合约被触发，结点出边对应的价值转移智能合约未被触发，该结点价值增加，未加约束情况下，结点会主动选择此策略以最大化自身利益；图 2.16（d）中结点出入边对应的价值转移智能合约均被触发，结点参与了价值流动，且价值守恒，这是理性结点希望参与并达成价值交互的正常情况。由上述分析知，理性结点选择价值转移策略时最佳策略为图 2.16（c），而不同物联网联盟链结点间合理的价值转移策略为图 2.16（d）。

在本部分提出的价值转移方式下，参与跨链价值转移的结点包括请求发起结点、响应结点及中继结点，图 2.16 中请求发起结点 C_{B_j} 观察到其入边智能合约由 C_{A_i} 参与并稳定部署后，才会向该合约发送价值转移密钥 $C_{B_j,s}$，触发价值转移，C_{A_i} 观察到其入边智能合约由 C_A 参与并稳定部署后，才会部署其出边智能合约，以此类推。理性结点希望参与并达成价值交互，从机制上确保各结点间的价值转移智能合约需要依次在 $t_{timestamp}$+$\{k\Delta t,(k-1)\Delta t,\cdots,\Delta t\}$（$k$=4）时间内按序部署完毕。自 C_{B_j} 开始沿逆时针方向在通信链路结点间部署的价值转移智能合约有效期依次为 $t_{timestamp}$+$\{(k+1)\Delta t,(k+2)\Delta t,\cdots,2k\Delta t\}$，如图 2.15 所示。

下面分析 C_{B_j} 至 C_{A_i} 通信链路上各结点价值转移博弈过程。C_{B_j} 的初始状态为图 2.16（a），作为理性的交易发起结点，C_{B_j} 希望发生跨链价值交互，因此，C_{B_j} 会在其入边智能合约有效期内向其发送价值转移密钥 $C_{B_j,s}$，触发价值转移，短时间内 C_{B_j} 将进入状态图 2.16（c），该智能合约执行完毕后将价值转移密钥返回给 C_{A_i}；短时间内 C_{A_i} 将进入状态图 2.16（b），因为 C_{A_i} 是理性的，他获得价值转移密钥后一定会在其入边智能合约有效期内向其发送价值转移密钥，将自身状态转换至图 2.16（d），该智能合约执行完毕后将价值转移密钥返回给 C_A；类似地，C_A、C_B 通过在有效期内触发入边智能合约，将 C_A、C_B 状态由图 2.16（b）最终转换至图 2.16（d），将 C_{B_j} 状态由图 2.16（c）最终转换至图 2.16（d）。

经过上述分析可知，本部分提出的价值转移方式，能够从机制上确保部署智能合约实现不同物联网联盟链结点间价值转移：若参与各方都遵守本部分提出的价值转移方式，则可通过触发智能合约发生跨链价值交互；若某参与方出于某种原因违背设定的价值转移方式，仅该结点状况会变得更糟。

（4）实验验证

为对本部分提出的基于 PPTI 路径证明的特权子群 TDS 跨链共识机制的可行性与性能进行测试，我们在 7 台服务器上构建了由 300 个虚拟验证结点组成的 Ethereum 仿真测试环境，实验平台如下：CPU 为 Xeon-E5、内存大小为 64 GB、操作系统为 Ubuntu-64bit。

共识过程主要包括结点密钥生成、密钥重构计算、共识签名及共识签名验证 4 个部分。其中，结点密钥生成是通过在结点间预先计算得到的，无须计入网络时延，实际的网络时延主要受密钥重构计算、共识签名及共识签名验证计算的影响。因此，这里采用的网络时延开销计算方法为将这三者的时间开销求和。

1）单链性能测试

单链环境下，验证结点数 $n=300$，系统以 10 ms 为间隔构造交易 TX，当门限值 t 以 10 为步长在区间 [10，100] 内取不同值，单次共识的交易数量 $\tau=1$，20，30 时，单笔交易平均网络时延随门限值变化情况如图 2.17（a）所示，可以看出，一方面，当 $t\in(50，100]$ 时，网络时延显著上升；另一方面，增加单次共识的交易数量有利于提高系统吞吐量，然而，将导致单笔交易平均时延增加。

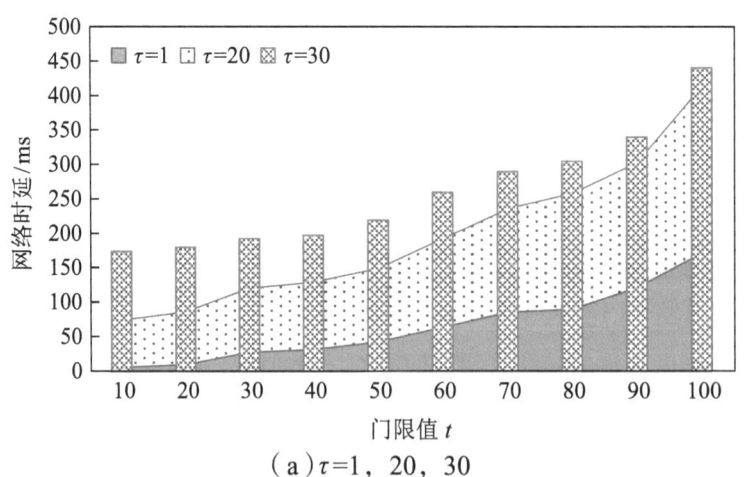

（a）$\tau=1$，20，30

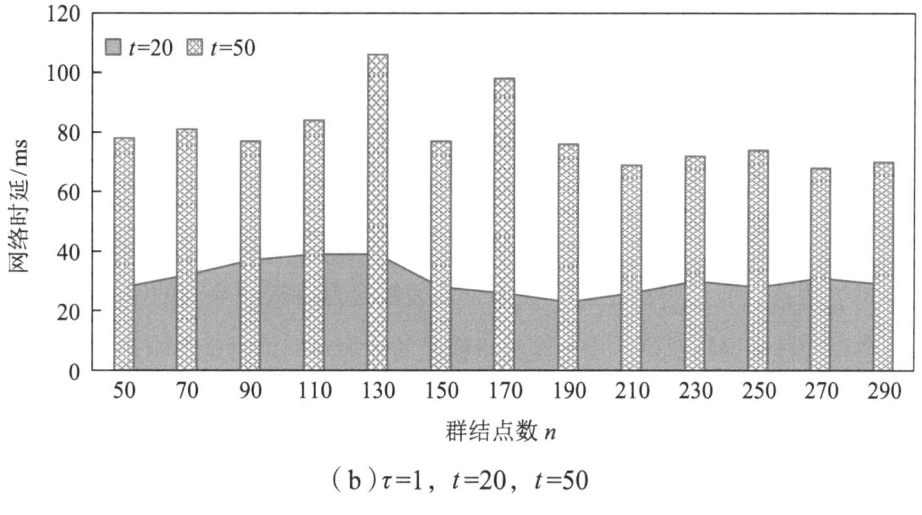

(b) $\tau=1$,$t=20$,$t=50$

图 2.17 单链性能测试

因此，$\tau=1$ 时，分别取 $t=20$，$t=50$，对验证结点总数 n 以 20 为步长在区间 [50，300] 内取不同值时网络时延变化情况进行了测试，测试结果如图 2.17（b）所示，可以看出，网络时延随 n 值上下波动，但基本趋于稳定，说明网络时延受 n 变化影响不大，主要受 t 的影响。

2）链间性能测试

构造 $n=300$，$n_A=n_B=n/2$，$t_A+t_B=t$ 的双联盟链，分别在 $t=50$，$t=70$，$t=90$ 时对链间性能进行测试。门限值 t_B 以 5 为步长在区间 [5，45] 内取不同值时链间网络时延变化情况如图 2.18（a）所示，可以看出，在群门限值 t 固定时，随着子群门限值的变化，链间网络时延产生有规律波动，当 $t=50$ 时，即 t_B 取值接近 25 时获得最小网络时延；当 $t=70$ 时，即 t_B 取值接近 35 时获得最小网络时延；当 $t=90$ 时，即 t_B 取值接近 45 时获得最小网络时延。多次测试结果表明，当 $t_X \rightarrow t/m$（$X \in \{A, B, \cdots\}$，$m>1$，m 为建立合作关系的联盟链个数）时网络时延较小，性能较好。

上述测试结果为各联盟链验证结点规模相同，且各特权子群拥有等同权利的情况下，本部分提出方案的链间通信时延。由本部分对单链性能的测试结果可知，网络时延受验证结点总数 n 变化影响不大，主要受门限值 t 的影响，可以得出当各合作联盟链验证结点规模不相同时，子群门限值 $t_X \rightarrow t/m$（$X \in \{A, B, \cdots\}$，$m>1$）时，链间通信获得较好性能的结论依然成立。

考虑到实际应用场景中存在联盟链各合作方权利不相等的情况，因此固定 t_A，变化 t_B，对 $t_A+t_B>t$ 的情况进行测试。重新设置上述两联盟链参数：$n=100$，$t=50$，$n_A=n_B=50$，$t_A=25$，对 t_B 以 5 为步长在区间 [25，45] 内取不同值时链间网络时延变化情况进行测试；$n=200$，$t=50$，$n_A=n_B=100$，$t_A=25$ 时，重复上述实验过程，得到图 2.18（b）。该场景下，随着 t_B 增加，链间网络时延有一定程度波动，但总的趋势是增加的。因此，我们得出结论，在多个联盟链合作方权利等同的基础上，增加某方权利将增大链间网络时延，而验证结点数量的增加对网络时延影响并不明显。

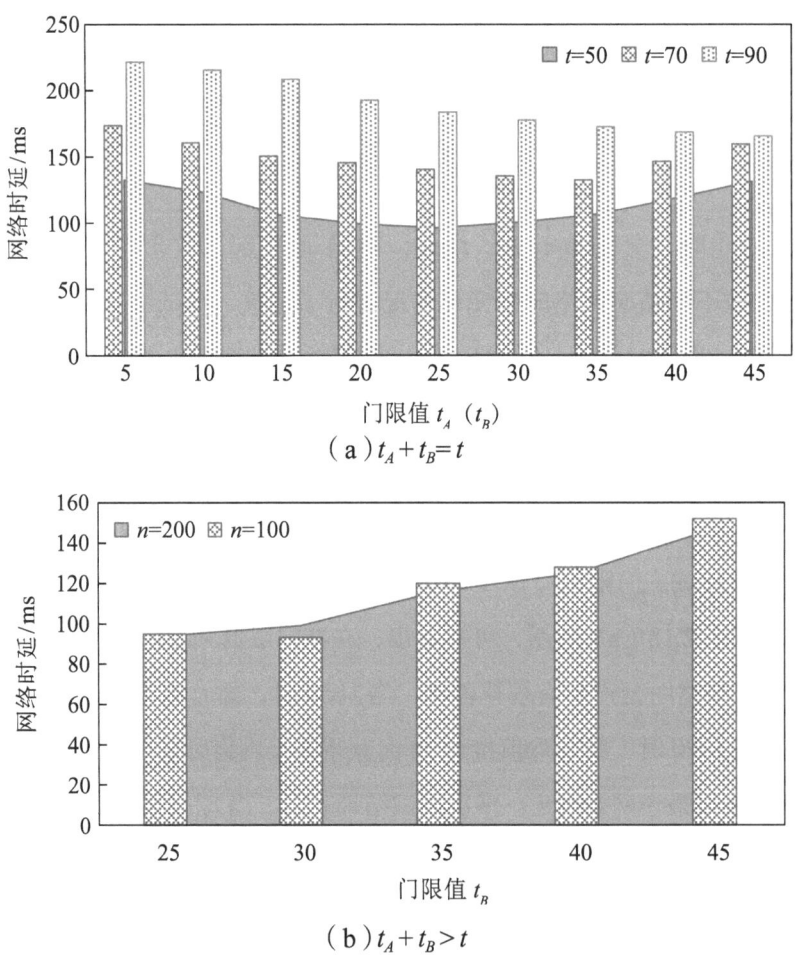

图 2.18 链间性能测试

智能合约的部署和执行。在上述仿真测试环境中，根据算法 2.1 构建轻量级智能合约，并通过部署基于算法 SHA-256 的具有哈希锁定功能的 8 阶段智能合约实现完整的跨链交互。根据之前通信性能测试结果,将结点间响应时间上限 Δt 设置为 160 ms。门限值 $t=t_A+t_B$,$t_A=t_B$,对验证结点总数 $n=100$ 和 $n=200$ 分别进行测试,得到 4 阶段智能合约部署时延如图 2.19 所示。

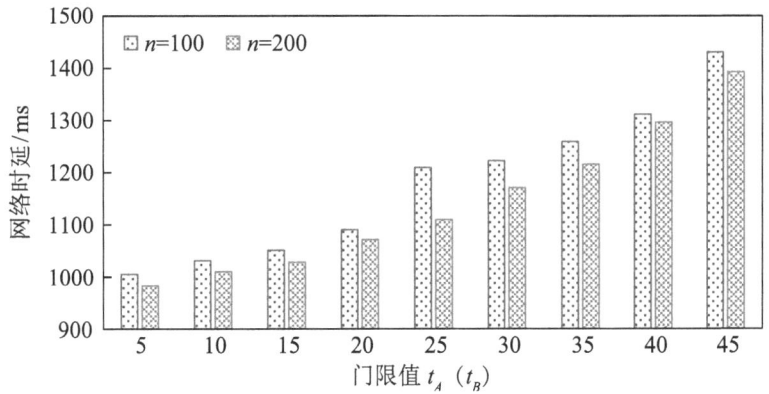

图 2.19　4 阶段智能合约部署时延

上述 4 阶段智能合约部署时延主要来自 3 个部分:链内共识、跨链共识及结点对智能合约部署响应的时间上限。从图 2.19 可以看出,在假设结点对智能合约部署响应的时间上限为常数的情况下,当验证结点的数目为 $n=100$ 和 $n=200$ 时,网络时延随着链内共识门限值的增加而增加;当链内共识门限值相同时,增加验证结点的数量可以在一定程度上降低智能合约部署网络时延。

验证结点总数分别取 $n=100$ 和 $n=200$ 时,测试 4 个阶段智能合约的执行时延。在各阶段部署智能合约后,请求发起结点向在第四阶段部署的智能合约发送价值转移密钥,然后依次触发智能合约各剩余阶段,4 阶段智能合约执行时延如图 2.20 所示。

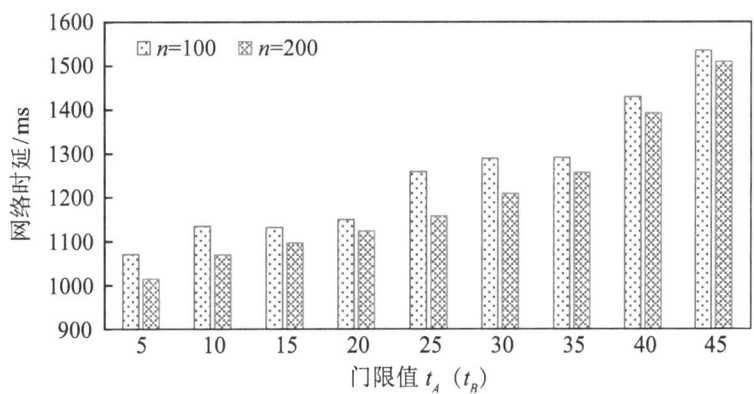

图 2.20　4 阶段智能合约执行时延

从图 2.20 中可以看出，随着链内共识门限值的增加，4 阶段智能合约执行时延与部署阶段有相似的变化。然而，与部署阶段网络时延相比，4 阶段智能合约执行时延略有增加，这主要是由于除了链内和链间的共识时延外，4 阶段智能合约执行时延还受到 SHA-256 函数运算和通信路径上结点的实际响应时延的影响。

在本部分提出的跨链交互机制中，一次完整的跨链交互网络时延包括上述 4 阶段智能合约部署时延及智能合约执行时延，主要受智能合约部署和执行各阶段共识门限值和结点响应时间上限的影响，而在现有终端计算能力下，用于价值转移锁定的哈希操作带来的时延较小。因此，本部分提出的方案便于利用高安全性哈希算法的单向性来确保多阶段智能合约之间价值转移的可靠性。此外，在测试环境下，本部分提出的方案可在秒级时间内完成一次完整的跨链交互，基本满足物联网联盟链链间交互的响应需求。

2.3.4 ICMC 系统

随着物联网系统规模的扩大，实际通信场景的复杂化将造成系统性能和安全性的下降，成为制约物联网联盟链推广应用的主要挑战之一。本部分在 GCCM 共识基础上，通过对典型的物联网联盟链链间交互场景进行分析，提出了复杂情况下物联网联盟链链间通信机制 ICMC：在构造基于 PPTI 路径证明协作请求交易基础上，给出基于授权码及非对称密码协议实现授权交易在联盟链系统中自适应路由的方法；结合博弈论，针对不同类型的交易，采用基于 GCCM 的多级混合可选信任—验证机制进行共识，兼顾了系统安全性和效率；采用"初始化—锁定—解锁"三阶段交易提交协议原子地处理跨联盟链交易，防止双重支出攻击或未成功转移的价值被永久锁定。实验表明，本部分提出的跨联盟链动态通信机制能够较好地实现复杂场景下结点高效、安全地跨链协作。主要工作内容包括以下方面。

①采用物联网动态数据多维授权 DAG 存储结构构造授权状态链，给出构造授权码并运行智能合约交易实现结点间无偿 – 主动跨链授权的方法，利用存在特权子群的 GCCM 共识和非对称密码学原理实现智能合约授权交易的自适应路由。

②将多个联盟链验证结点列表对跨链交易的共识过程建模为存在多个特权子群的 GCCM 共识过程，在此基础上，进一步给出提高系统安全性和可扩展性的基于多级混合共识的可选信任—验证机制。

③给出初始化—锁定—解锁三阶段物联网联盟链链间交易原子提交协议，用于原子地处理跨联盟链交易，以防止异步授权导致的双重支出攻击或未成功转移的价值被永久锁定，确保各联盟链之间交易状态的一致性。

2.3.4.1 ICMC 系统模型

建立在物联网联盟链数据及操作授权不可篡改和可追溯特性基础上的物联网自主协作，将大大提升物联网商业价值。复杂情况下物联网联盟链链间协作场景如图2.21 所示，该场景中，医院、外部停车场、征信机构为已建立合作的联盟机构，均采用联盟链存储和管理各自的数据。患者驾车去医院就诊前，可使用智能手机等终端输入个人信息进行就诊预约，并授权医院从征信机构自主获取该患者的信用评估信息，医院根据该患者信用状况决定是否授权，以及授权其在约定的时间内使用停车场及部分智能医疗监测设备的程度，获得医院授权的患者可在就诊当日自助完成车辆识别、常规检查、病史记录等，快速准确地建立就诊档案。

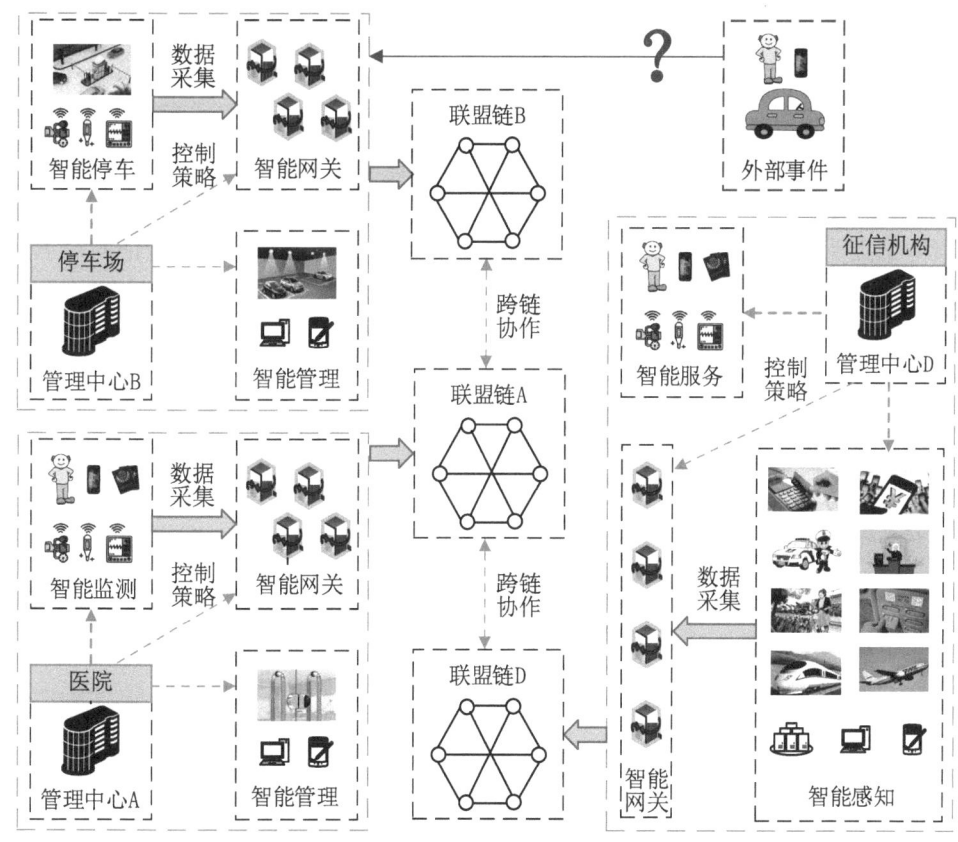

图 2.21 复杂物联网联盟链跨链交互场景

上述场景中,存在资产所有者、发布者、访问者和交易验证者4类角色。本部分对通信模型做出如下假设。

①连接至不同系统的感知设备始终在线,为了达到一定程度的对等通信,将感知数据发送至网关,由网关作为发布者发布感知数据,实体和资产间关系采用一对多范式,拥有资产所有权的实体可随时监控系统设备及数据,对其进行操作并对其他实体进行除所有权外的自治授权,被授权实体可以访问者身份进行特定操作。

②通过联盟链机构审核机制为验证者建立的身份足以抵御Sybil攻击。

③验证者之间的通信通道是同步的,即如果某验证者广播了一条消息,则所有验证者都会在已知的最大通信时延Δ内接收到该消息。

复杂跨联盟链系统链间通信模型如图2.22所示,有n个来自各联盟链的验证者参与交易处理并确保系统状态的一致性,其中联盟机构A、B、D验证结点数分别为n_A、n_B、n_D,由机构设定联盟链验证结点链间及链内共识门限值分别为t、t_A、t_B、t_D(t不一定等于t_A、t_B、t_D三者之和)。图2.22(a)中,圆形结点为各联盟机构内部参与系统运行的活动实体,其中,灰色结点为普通结点,仅参与交易的生成和中继,条纹结点为机构预选的验证结点,除了具备普通结点功能,还可以对交易进行验证,黑色填充结点为某次链间协作涉及的结点,有向箭头尾部结点为交易发起结点,箭头指向结点为交易响应结点。各联盟链验证结点集中实际通过当前验证的结点[图2.22(b)中环形结点]数目分别为t'、t'_A、t'_B、t'_D($t'=t'_A+t'_B+t'_D$)。密钥管理机构为各联盟链C_X($X \in \{A, B, D, \cdots\}$)中的每个验证者$i$都生成一个公、私钥对($C_{X_i,PK}$,$C_{X_i,SK}$),使用公钥$C_{X_i,PK}$唯一标识验证者$i$。复杂通信情况下,系统中的一次请求需要由若干笔交易协作完成,如该模型联盟机构B中某结点C_{B_j}需相继获得另两联盟机构A和D中结点C_{A_i}、C_{D_k}协作才能继续执行当前任务,当实际通过验证结点数目满足群签名机制门限要求时,C_{A_i}(C_{D_k})响应来自C_{B_j}的请求。

在上述复杂跨联盟链通信模型下,需要将一次交互过程涉及的多笔交易发送给多个联盟链进行处理,然而,在跨链形成的链联网结构中,如果部分联盟链共识失败或遭受51%攻击,则可能出现部分联盟链接受交易而其他联盟链中止交易的情况,链联网中错综复杂的跨链通信则会因为部分死链导致连锁式的交互失败,如果不添加可利用的竞争条件,将无法直接撤销已提交交易,造成资产损失等严重后果。

因此，上述通信模型的设计目标为以下几点。

①实现跨链结点间细粒度自主授权，简化验证流程，提高验证效率。

②要么提交，要么终止由若干笔交易协作完成的跨链请求，确保跨链通信期间单个联盟链正确、连续处理交易的鲁棒性。

③降低交易处理时延，提高系统吞吐量。

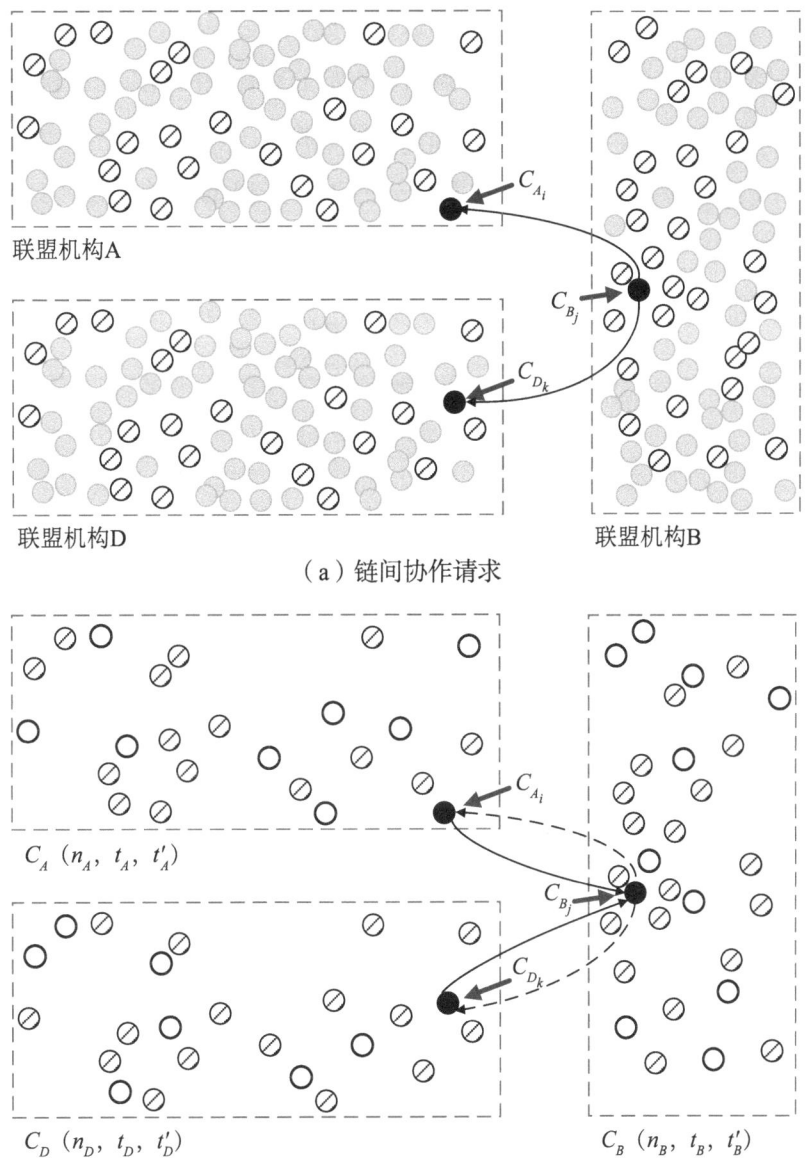

（a）链间协作请求

（b）基于TDS共识机制的自主响应

图2.22 联盟链链间通信模型

2.3.4.2 ICMC 算法设计

本部分在 2.3.3 小节 IDACM 系统基于特权子群签名共识研究基础上，对复杂跨联盟链通信系统模型进一步研究，从链间动态授权、可选信任 – 验证门限共识、跨链原子通信 3 个方面对现有跨链机制进行改进，提升物联网联盟链交易处理能力的同时，探索抵御复杂跨联盟链通信系统失效蔓延攻击的方法。

（1）基于 GCCM 的链间无偿 – 主动授权机制

通过对物联网系统运行逻辑进行调研，本部分对物联网结点间授权协作行为进行细粒度划分，如图 2.23 所示，物联网结点间协作除了存在有偿 – 请求（跨链）授权情况以外，在复杂场景下，还存在无偿 – 主动（跨链）授权的情况。

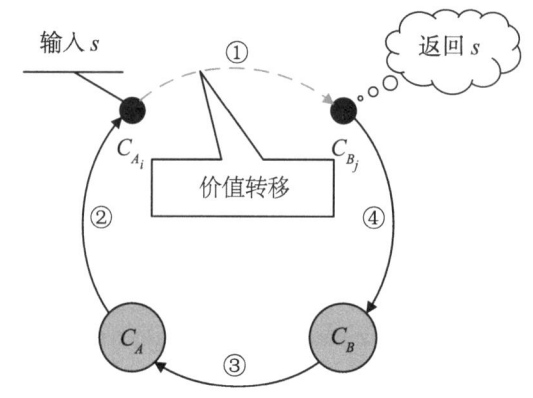

（a）有偿 – 请求（跨链）授权

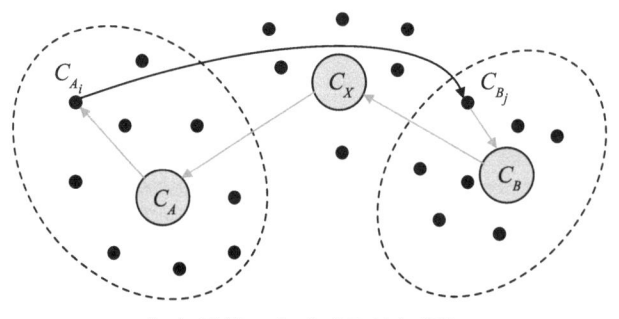

（b）无偿 – 主动（跨链）授权

图 2.23 授权协作的细粒度划分

有偿 – 请求授权是指请求者通过提供授权请求、可信身份证明等，并在智能合约中托管一定数额承诺转移的资产，获得目标响应者授权的方式，如图 2.23（a）所示。

前面介绍的 IDACM 系统，通过部署基于 VTM 机制的智能合约实现了结点间有偿 – 请求授权。无偿 – 主动授权是指由于结点间协作需要，拥有某项权限的结点需要主动授权给目标结点的情况，如图 2.23（b）所示。例如，联盟链 C_A 中结点 C_{A_i} 需要向联盟链 C_B 中结点 C_{B_j} 授权，并与 C_{B_j} 一起完成某项任务。在上述无偿 – 主动授权过程中，结点 C_{B_j} 需向结点 C_{A_i} 自主提供可信身份证明 [图 2.23（b）中灰色箭头]，C_{A_i} 验证通过后，才会对结点 C_{B_j} 进行授权 [图 2.23（b）中黑色箭头]。显然，无偿 – 主动授权过程由于缺乏价值激励无法通过 VTM 机制实现。本部分介绍利用存在特权子群的 TDS 共识算法和非对称密码学原理实现对智能合约授权交易自适应路由，进而实现结点间跨链无偿 – 主动授权的方法。

为使不存在依赖关系的交易能够在异构联盟链中并发处理，本部分采用物联网动态数据多维授权 DAG 存储结构构造授权状态链，以维护所有公开授权记录、投票表决表及由实体构成的成员表。一般情况下，两个相邻的授权状态区块的 DAG 结构的大部分是相同的，因此，可以利用指针（即子树哈希）方便地实现对已经获得授权的引用，利用授权码插入和删除结点更新授权链，授权码定义如下。

定义 2.5 授权码（authorization code，Acode）由授权交易的授权方生成，包括授权方机构公钥、使能标志、授权类型及授权方公钥 4 个部分，用于提供授权证明、进行授权验证。

本书 2.3.4.1 小节建立的通信模型中，群 C 内存在 3 个特权子群 C_A、C_B、C_D，链间 PPTI 路径证明群签名协议标记为 $(t_A, n_A; t_B, n_B; t_D, n_D; t, n)$。为得到 C_{A_i}、C_{D_k} 授权，除 PPTI 路径证明外，C_{B_j} 还需要向系统提供联盟链链间合作共识证明。由于响应结点对请求结点的授权过程具有相似性，这里仅介绍 C_{A_i} 对 C_{B_j} 的授权过程。由 2.3.4.1 小节中 PPTI 路径证明规则 2.2，包含 C_{B_j} 请求的交易 $TX_{B_j.request}$ 经由 C_A 中继至 C_{A_i}，用 $TX'_{B_j.request}$ 表示。C_{A_i} 对式（2.27）中的交易 $TX'_{B_j.request}$ 进行验证，通过后，构造包含身份证明 $C_{A_i.Proof}$ 及对资产 $\xi_{C_{A_i}}$ 授权类型的授权码。

$$C_A \xrightarrow{TX'_{B_j.request}} C_{A_i} : TX'_{B_j.request} = m_{B_j} \| E_{C_{A.SK}} \left(TX_{B_j.request}, t_A, n_A; t_B, n_B; t_D, n_D; t, n \right)。 \quad (2.27)$$

图 2.24 给出了结点 C_{A_i} 构造授权码，运行智能合约交易实现对结点 C_{B_j} 自主授权

的过程（不包括所有权）。C_{A_i} 提供在授权状态链上拥有资产 $\xi_{C_{A_i}}$ 所有权的最新证明，置授权码中访问控制策略使能标志，并调用随机函数产生随机数 nonce，用于计数及区分不同的授权；C_{A_i} 用自己的私钥 $C_{A_i.SK}$ 对授权码及随机数加密，得到密文 m_1，用 C_{B_j} 的公钥 $C_{B_j.PK}$ 对密文 m_1 和 C_{A_i} 的公钥 $C_{A_i.PK}$ 加密，得到密文 m_2，用群公钥 C_{PK} 对 m_2 加密得到 m_3，然后将 m_3、机构子群验证证明 $C_{A.Proof}$ 等作为交易 TX_{m_3} 在物联网联盟链系统网络上广播。

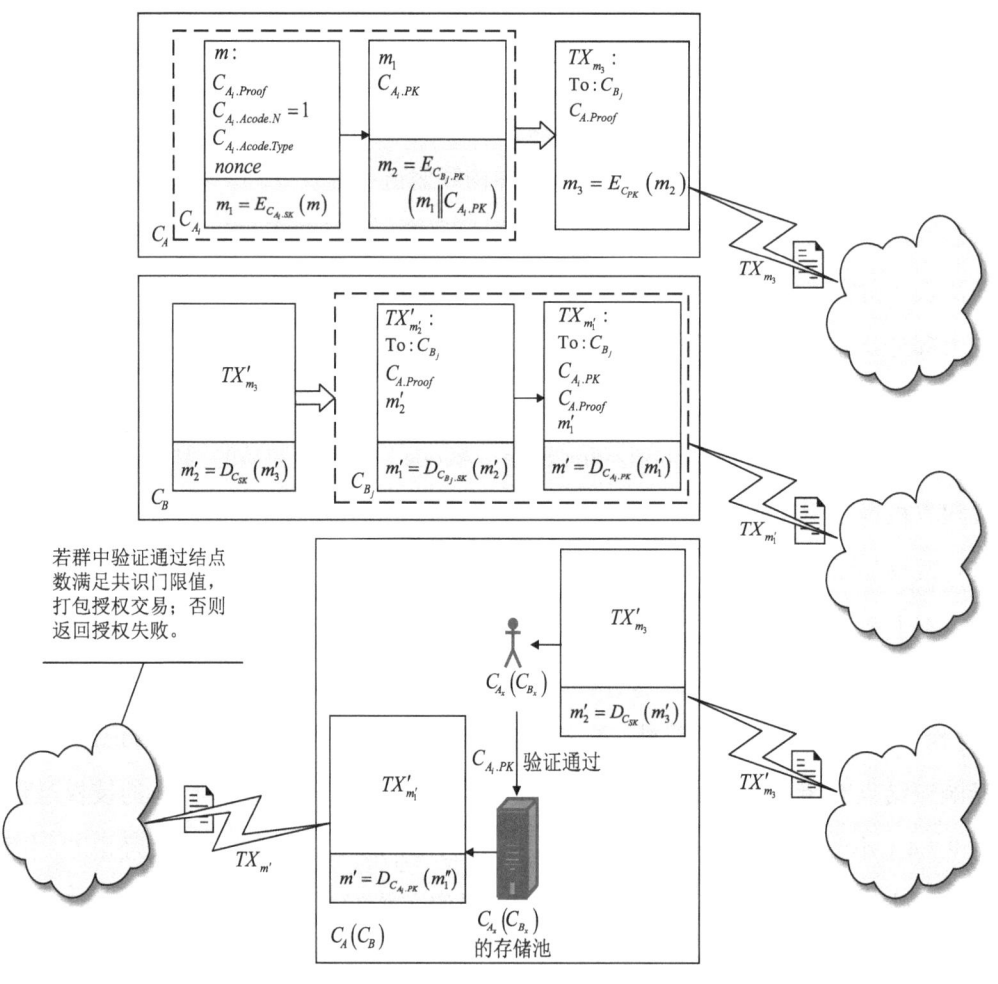

图 2.24 授权过程示意

被授权结点 C_{B_j} 所在联盟链接收到交易 TX'_{m_3}（真实通信过程可能出现传输干扰、攻击等导致接收端信息异常，因此为检测其与原始发送信号 TX_{m_3} 是否一致，接

收端用 TX'_{m_3} 表示，后面的情况类似），由 C_{B_j} 所在机构子群生成群私钥 C_{SK} 对 m'_3 解密，得到 m'_2，C_{B_j} 使用其私钥 $C_{B_j,SK}$ 对密文 m'_2 解密，得到密文 m'_1，将密文 m'_1、$C_{A_i,PK}$、$C_{A_i,Proof}$ 等作为交易 $TX_{m'_1}$（即 C_{B_j} 提供的被授权证明）在物联网联盟链系统网络广播。

建立合作关系的各联盟链内其他结点接收到 TX'_{m_3}，将其发送给所在机构的子群验证结点，生成群私钥 C_{SK} 对 m'_3 解密，得到 m'_2，但被授权结点外的其他结点无法对密文 m'_2 解密，仅能提取交易中除密文外的发送者公钥及机构证明信息，到授权链上对其所有权进行验证，若群中超过共识门限值的结点通过验证，本地保存 C_{A_i} 的公钥 $C_{A_i,PK}$；否则，作为惩罚，将交易发送者 C_{A_i} 加入系统黑名单，验证结点将拒绝对黑名单中结点参与的交易进行验证（包括 C_{A_i} 作为授权操作的被授权方或授权方）。

建立合作关系的各联盟链内其他结点接收到 $TX'_{m'_1}$，利用本地保存的 C_{A_i} 公钥 $C_{A_i,PK}$ 解密 $TX'_{m'_1}$ 中 m'_1，同时与利用 $TX'_{m'_1}$ 中包含的 $C_{A_i,PK}$ 解密 $TX'_{m'_1}$ 中 m'_1，若相等，验证 C_{B_j} 对交易 $TX'_{m'_1}$ 中授权码指定资产的操作类型和授权码中允许的操作类型是否一致，若一致，该结点本地验证通过，若群中有超过共识门限值的结点通过验证，打包授权交易，更新授权状态链；否则返回授权失败。

非合作联盟链内的结点接收到交易 TX'_{m_3}，无法对密文部分解密，忽略该交易，若收到交易 $TX'_{m'_1}$，因本地没有 $C_{A_i,PK}$ 仍无法对密文部分解密，忽略该交易。

智能合约自主授权算法如算法 2.2 所示。

算法 2.2　智能合约自主授权算法

输入：授权方 $requester$ 的身份证明 $requester_{Proof}$，授权类型 $requester_{Acode}$，被授权方 $responder$，收到授权交易并进行路由验证的结点地址；

输出：授权信息 m'。

Contract Authorization{
　　　　address reponder;　// 被授权方地址。
　　　　address resquester;　// 授权（发起）方地址。
　　// 由授权方提供身份证明、授权类型，并指定被授权方。
　　Function Authorization_encrypt ($requester'_{Proof}$, $requester'_{Acode}$, $responder'$) {
　　　　$requester_{Proof} = requester'_{Proof}$;
　　　　$requester_{Acode} = requester'_{Acode}$;
　　　　$responder = responder'$;

// 若授权方通过身份验证，授权消息 m 经过三次加密得到新授权交易；否则返回
// 出错。

If $IsValid\,(requester_{Proof})==True$

{ $m = requester_{Proof} \parallel requester_{Acode} \parallel nonce \parallel t_{timelock}$;

$m_1 = E_{requester.SK}(m)$; // 授权方私钥签名，用于向被授权方提供证明。

// 授权方使用被授权方公钥签名，用于实现授权交易链内路由。

$m_2 = E_{responder.PK}\left(m_1 \parallel resquester_{PK}\right)$;

$m_3 = E_{C_{PK}}(m_2)$; // 联盟链群共识签名，用于将信息的可见性限制在联盟链
// 内部。

$TX_{new}:C_{requester_{Proof}} \parallel m_3 \mapsto Broadcast$;

}

Else

    Return Error;

}

// 利用授权交易的联盟链群共识签名和被授权方公钥签名实现自主定向路由。

Function Authorization_routing (TX'_{new}, $responder''$) {

    $responder = responder''$; // 获取收到交易 TX'_{new} 并进行路由验证的结点
地址。

    $m'_3 = TX'_{new}$;

If $IsValid\,(D_{C_{SK}}(m'_3))==True$ // 判断是否为联盟链内结点；若否，返回错误。

    {$m'_2 = D_{C_{SK}}(m'_3)$;   // 联盟链内结点合成群私钥对 m'_3 解密。

If $Is\,Valid\,(D_{responder_{SK}}(m'_2))==True$ // 判断是否为指定被授权结点。

    {$m'_1 = D_{responder_{SK}}(m'_2)$;   // 指定被授权结点利用其私钥对 m'_2 解密。

    $requester_{PK} = GetPK\,(m'_1)$;

$requester_{Proof} = GetProof\,(m'_1)$; // 获得授权方公钥及身份证明。

// 若授权方通过身份验证且为有效授权，返回 m'；否则返回错误。

If $Is\,Valid\,(requester_{Proof} \cap D_{requester_{PK}}(m'_1))==True$

    {$m' = D_{requester}(m'_1)$;

    Return (m') ;

    }

Else

    Return Error;

                }
            Else
                Return Error;
            }
        Else
            Return Error;
    }
}

（2）基于 GCCM 的可选信任 – 验证机制

为提高系统安全性，通常将系统划分为数量少、规模大的联盟链，而大规模的联盟链又带来交易共识时延较长的问题。基于此，本部分根据交易涉及的实体范围，将交易划分为不同的类型，采取不同的 TDS 共识方式，下面给出交易类型的判别式。

$$\exists u_i \in P(TX) \bigcup u_i \in C_x, \forall u_j \in P(TX) \rightarrow u_j \in C_x (j \neq i)。 \quad (2.28)$$

若式（2.28）成立，该交易为非跨链交易；否则，为跨链交易。系统根据上述判别式识别跨链与非跨链交易，基于多级混合共识的信任 – 验证机制对交易进行验证，共识架构如图 2.25 所示。

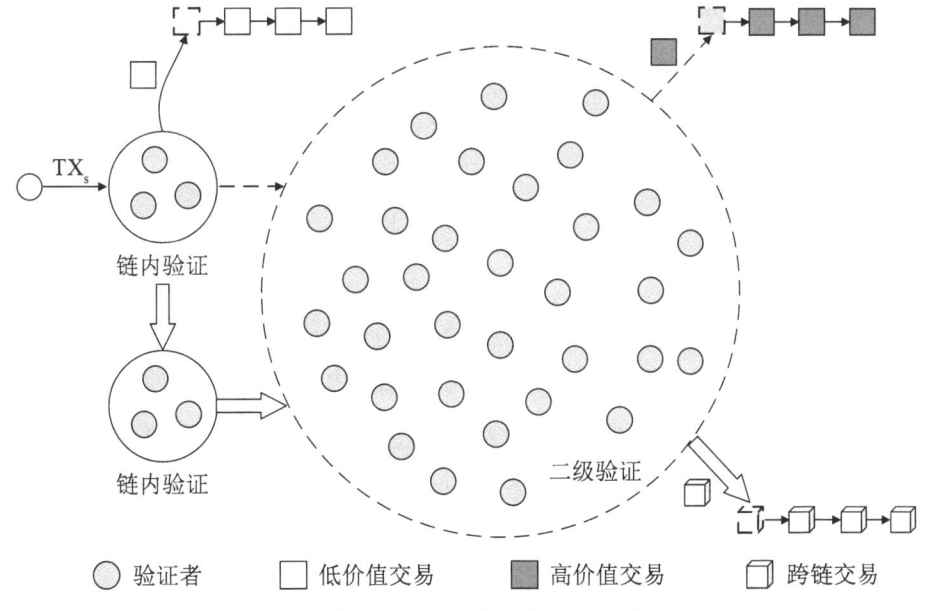

图 2.25 基于多级混合共识的信任 – 验证机制

对于非跨链低价值交易,由链内验证结点按照式(2.29)对其进行快速共识(第一级共识)。

$$D_{CX.PK}\left(E_{CX.SK}\left(TX,\ t,\ n\right)\right)=\begin{cases}TX,\\ 其他,\end{cases}X\in\{A,B,\cdots\}。 \quad (2.29)$$

低价值交易用户可以选择接受快速共识结果并获得实时的处理效率。然而,这并不意味着对系统低价值交易处理完毕,为保证系统长期运行的安全性,系统在用户接受快速共识结果后仍需要对低价值交易数据区块进行第二级共识。当第二级验证结点共识结果与第一级不一致时,机构将对第一级共识列表中签署了非法区块的验证结点进行识别并追责。第二级共识完成时间距离用户接受第一级快速共识的时间并不会太久,可以较快甄别虚假共识并尽可能挽回损失,此外,理性参与结点的目标是最大化自己的收益函数,对于低价值交易,机构通过引入惩罚机制,对恶意验证结点采取剔除出 VNL 或其他形式惩罚,降低结点作恶的可能性。详细的惩罚机制本书不做讨论。

对于非跨链交易中的高价值交易,采用多级混合共识中的两级验证机制,由交易发送者所在联盟链内 VNL 验证结点构成第一级共识列表,根据群签名门限值随机生成来自不同联盟链 VNL 验证结点的第二级共识列表,按照式(2.30)对其进行共识。

$$\begin{cases}D_{C_{X.PK}}\left(E_{C_{X.SK}}\left(TX,t_{X},n_{X}\right)\right)=\begin{cases}TX,\\ 其他,\end{cases}X\in\{A,B,\cdots\},\\ D_{C_{PK}}\left(E_{C_{SK}}\left(TX,t_{X},n_{X};\cdots;t,n\right)\right)=\begin{cases}TX,\\ 其他。\end{cases}\end{cases} \quad (2.30)$$

对于跨链交易,采用上述基于存在特权子群 TDS 机制的多级混合共识方式,根据机构为各结点所在联盟链设定的共识门限值由链内验证结点子群对接收或发出的交易进行链内共识,由交易的最终响应结点所在联盟链验证结点子群对 PPTI 路径证明中各门限子群签名进行合成,按照式(2.31)对其进行共识。

$$\begin{cases} D_{C_{X}.PK}\left(E_{C_{X}.SK}(TX,t_{X},n_{X})\right) = \begin{cases} TX, \\ 其他, \end{cases} & X \in \{A,B,\cdots\}, \\ D_{C_{X'}.PK}\left(E_{C_{X'}.SK}(TX,t_{X'},n_{X'})\right) = \begin{cases} TX, \\ 其他, \end{cases} & X' \in \{A,B,\cdots\}, \\ D_{C_{PK}}\left(E_{C_{SK}}(TX,t_{X},n_{X};t_{X'},n_{X'};\cdots;t,n)\right) = \begin{cases} TX, \\ 其他。 \end{cases} \end{cases} \quad (2.31)$$

本部分提出的多级混合可选信任 – 验证共识机制通过将交易区分处理，充分利用链内共识速度较快，有利于提高系统吞吐量，第二阶段共识（跨链）过程较慢，但可获得更高安全性的处理特性，可在不牺牲系统吞吐量和安全性的情况下，实现低价值交易的实时确认，同时保障跨链交易和高价值交易的安全性。因此，上述机制在微观上加深了链内验证和二次验证并发执行的程度，在宏观上最大限度地提高了系统验证资源利用率，从而提升了系统共识效率。

（3）跨链原子通信

为解决复杂情况下跨链通信过程系统状态不一致问题，本部分给出跨联盟链通信交易原子提交协议，如图 2.26 所示，包括交易初始化、锁定和解锁 3 个阶段，用于原子地处理跨联盟链交易，以防止双重支出攻击或未成功转移的价值被永久锁定，确保各联盟链之间交易状态的一致性。

根据本部分系统模型假设，联盟链在许可准入机制下是集体诚实的，各联盟链始终诚实地处理有效交易，每个跨链交易最终都会返回且仅返回一个响应：验收通过证明或拒绝证明。对于任意理性结点 C_{X_i}，有以下几种情况。

● 如果作为该结点输入的所有联盟链交易都发出验收通过证明，则作为该结点输出的各联盟链交易都会解锁以提交。

● 如果作为该结点输入的至少一个联盟链交易发出验收未通过证明，则作为该结点输入的所有联盟链交易都会解锁以中止。

● 如果作为该结点输入的至少一个联盟链交易发出验收未通过证明，则作为该结点输出的各联盟链交易都不会解锁提交。

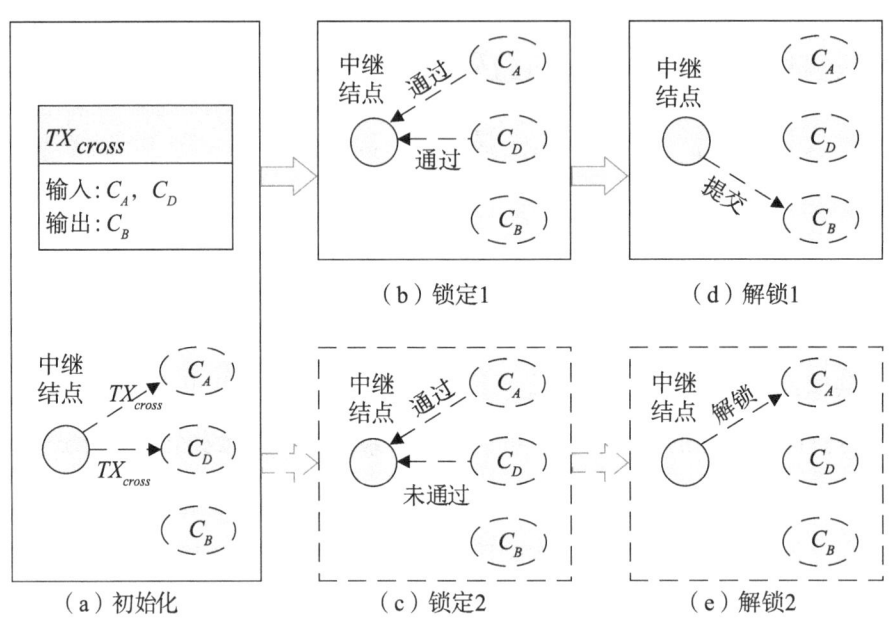

图 2.26　跨链原子通信示意

图 2.26 中，由用户账户（实体用户或智能合约用户）创建并向网络广播跨联盟链交易 TX_{cross}，假设其输入为来自两个不同联盟链的最新授权证明和交易执行逻辑，输出为对另一联盟链的实体 - 资产授权关系或新生成资产的权属分配。与交易 TX_{cross} 相关的输入联盟链运行方式如下：在输入联盟链内部验证交易中身份证明的有效性，若有效，将交易锁定在该联盟链账本中，并广播对该交易的锁定，允许结点访问输入联盟链账本进行交易锁定验证［图 2.26（b）］；反之，在联盟链内创建验证未通过证明［图 2.26（c）］。

根据交易执行结果，将该交易的解锁分为交易提交解锁和交易终止解锁。若系统中所有联盟链都广播了交易验收通过证明，则可以提交相应的交易，用户账户创建并广播解锁该交易的交易，包括与该交易对应的锁定交易和用户账户身份证明，然后，各联盟链验证解锁交易，并将原交易输出包含在输出联盟链账本的下一个块中［图 2.26（d）］。

若某输入联盟链发出验证未通过证明，则所有联盟链终止该交易；此外，若存在多个输入联盟链，为了回收在其他联盟链锁定的资产，用户账户必须向其他输入联盟链发送包含另一输入联盟链验证未通过证明的、解锁并终止该交易的请求，其他输入联盟链收到并验证解锁请求后,将资产标记为可再次使用[图 2.26(e)]。

上述跨链原子通信协议中,由于解锁交易要包含其他输入联盟链验证未通过证明,因此通常比常规交易大。在群签名共识机制下,当超出门限值数目的联盟链验证结点在包含已提交交易的区块上达成共识时,系统将为该交易生成群签名,其大小与验证结点数量无关,因此可以获得较小的解锁交易,有助于降低存储成本并实现快速处理。

2.3.4.3 实验验证

为对本部分提出的复杂场景下物联网联盟链跨链通信机制性能进行测试,在 7 台服务器上构建了由 300 个虚拟验证结点组成的 Ethereum 仿真测试环境,实验平台如下:CPU 为 Xeon-E5、内存大小为 64 GB、操作系统为 Ubuntu-64bit。构造联盟链 C_A、C_B、C_D,验证结点数 $n_A=n_B=n_D=100$,验证结点总数 $n=300$,链内共识门限值记为 t_A、t_B、t_D,跨链共识门限值记为 t。

(1)时延测试

基于存在特权子群 TDS 的共识过程主要包括结点密钥生成、密钥重构计算、共识签名及共识签名验证 4 个部分。预先计算结点密钥,无须计入网络时延,实际的网络时延主要受密钥重构计算、共识签名及共识签名验证计算的影响。因此,基于存在特权子群 TDS 的一次完整共识的实际网络时延开销计算方法为将这三者的时间开销求和。此外,使用 Python 设计了一个脚本,以产生具有随机地址和足够数量的交易,使用网络仿真模块 NetEm 手动向网络添加链路传播延迟 Δ,用于模拟现实世界的交易发生频率。

1)低价值交易共识时延

单链环境下,系统以 $\Delta=10$ ms 为时间间隔构造交易 TX,当门限值 t_A(t_B/t_C)以 10 为步长在区间 [10,70] 内取不同值,单次共识的交易数量 $\tau=1,20,30$ 时,单个低价值交易平均共识时延随门限值变化情况如图 2.27(a)所示。

可以看出,当 $t_A\in(40,70]$ 时,交易共识时延显著上升;增加单次共识的交易数量有利于提高系统吞吐量,然而,这将导致单笔交易平均共识时延的增加。

将上述实验中构造交易 TX 的时间间隔设置为 $\Delta=5$ ms,得到单个低价值交易平均共识时延随门限值变化情况如图 2.27(b)所示。

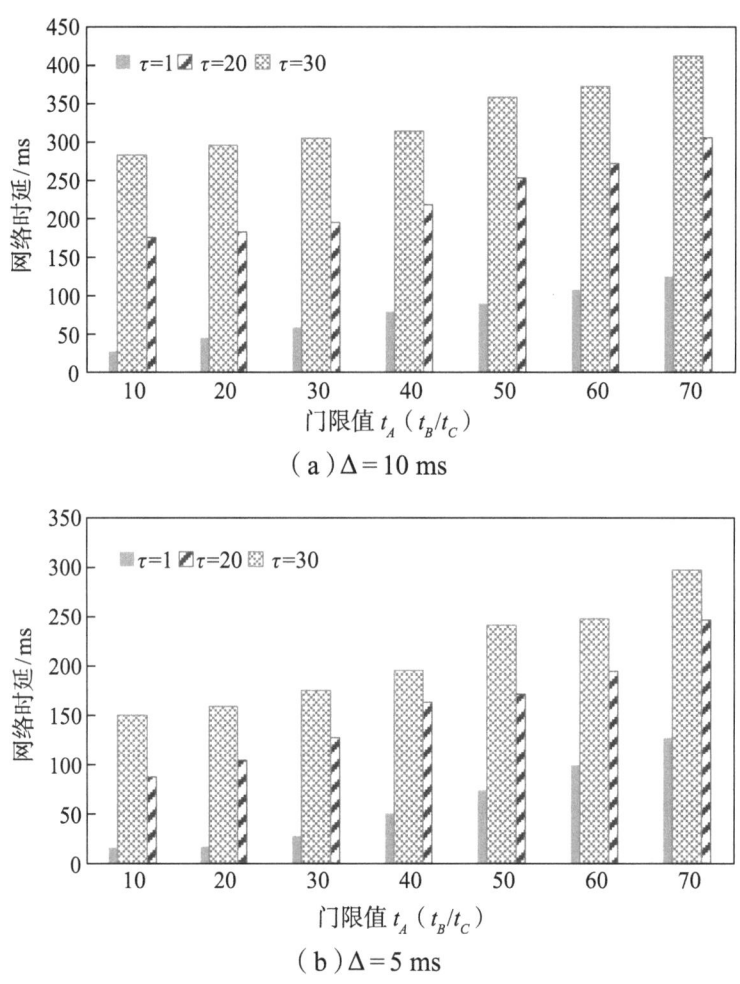

图 2.27 低价值交易共识时延

可以看出，相比 $\Delta=10$ ms 时，降低 Δ 值显著降低了单次共识的交易数量较多时的共识时延，如 $\tau=20$ 时共识时延减少的平均值约为 72 ms，$\tau=30$ 时共识时延减少的平均值约为 118 ms；但是对于单次共识的交易数量较少时的共识时延影响较小，如 $\tau=1$ 时共识时延减少的平均值约为 17 ms。此外，当 $\Delta=5$ ms，$\tau=1$ 时网络共识时延较小，随着门限值 t_A（t_B/t_C）在区间 [10，70] 内变化，网络共识时延在 16～127 ms 之间线性增加，因此，实时性要求较高的系统，可通过降低 Δ 和 τ 值减少网络时延，以获得较短的响应时间。

2）高价值交易共识时延

测试用例高价值交易为非跨链交易，采用两级共识方式：由交易所在联盟链内验证结点构成第一级共识列表,根据群签名门限值 t 随机生成来自群内各联盟链验证结点的第二级共识列表。系统以 $\Delta=10$ ms 为时间间隔构造交易 TX,取第一级共识门限值 t_A (t_B/t_C)=10,当第二级共识门限值 t 以 10 为步长在区间 [80,200] 内取不同值,单次共识的交易数量 $\tau=1$,20,30 时,单笔高价值交易平均共识时延随门限值 t 变化情况如图 2.28(a)所示。

可以看出,单笔高价值交易平均共识时延随着二次共识门限值的增大线性增加,单次共识的交易数量越多,单笔交易的共识时延越大,因此在系统负载恒定的情况下,对于处理实时性要求比较高的系统可通过减少单次共识交易数量的方法降低共识时延。

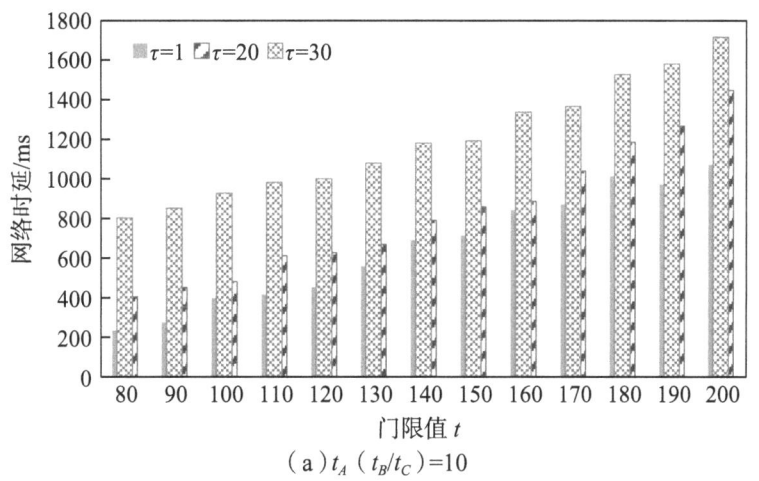

(a) t_A (t_B/t_C)=10

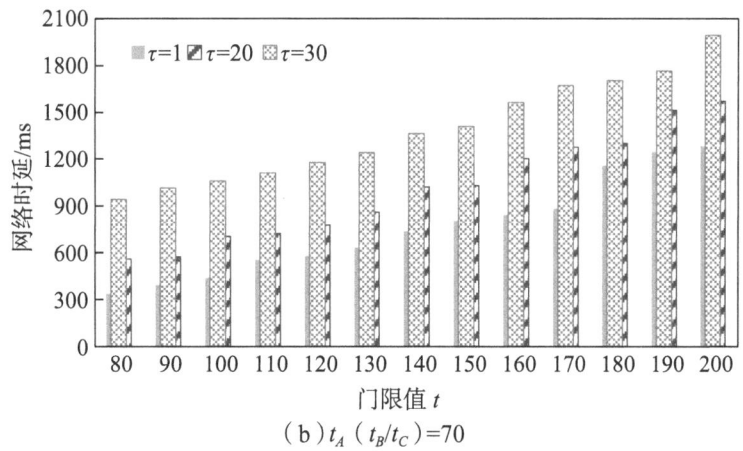

(b) t_A (t_B/t_C)=70

图 2.28 高价值交易共识时延

将上述实验中第一级共识门限值设置为 t_A (t_B/t_C)=70,当第二级共识门限值 τ 以

10 为步长在区间 [80, 200] 内取不同值时,得到单个高价值交易平均共识时延随门限值 t 变化情况如图 2.28(b)所示。相比图 2.28(a),$\tau=1$,20,30 时图 2.28(b)中单个高价值交易平均共识时延均有所增加,多次测试获得的共识时延增幅均值分别为 196 ms、339 ms 及 349 ms。可以看出,τ 取较大值时,单笔交易的平均共识时延对链内门限值 t_A(t_B/t_C)的取值表现出一定的鲁棒性。

3)跨链交易共识时延

系统以 $\Delta=10$ ms 为时间间隔构造仅联盟链 C_A、C_B 结点参与的跨链交易 TX,验证结点数分别为 $n_A=n_B=100$,验证结点总数 $n=200$,t_A、t_B 分别取(25,25)、(50,50)、(25,75),由于跨链交易数目较链内交易少,单次共识的交易数量取 $\tau=1$,门限值 t 以 5 为步长在区间 [100, 140] 内取不同值时,单个跨链交易平均网络时延随门限值 t 的变化情况如图 2.29(a)所示。

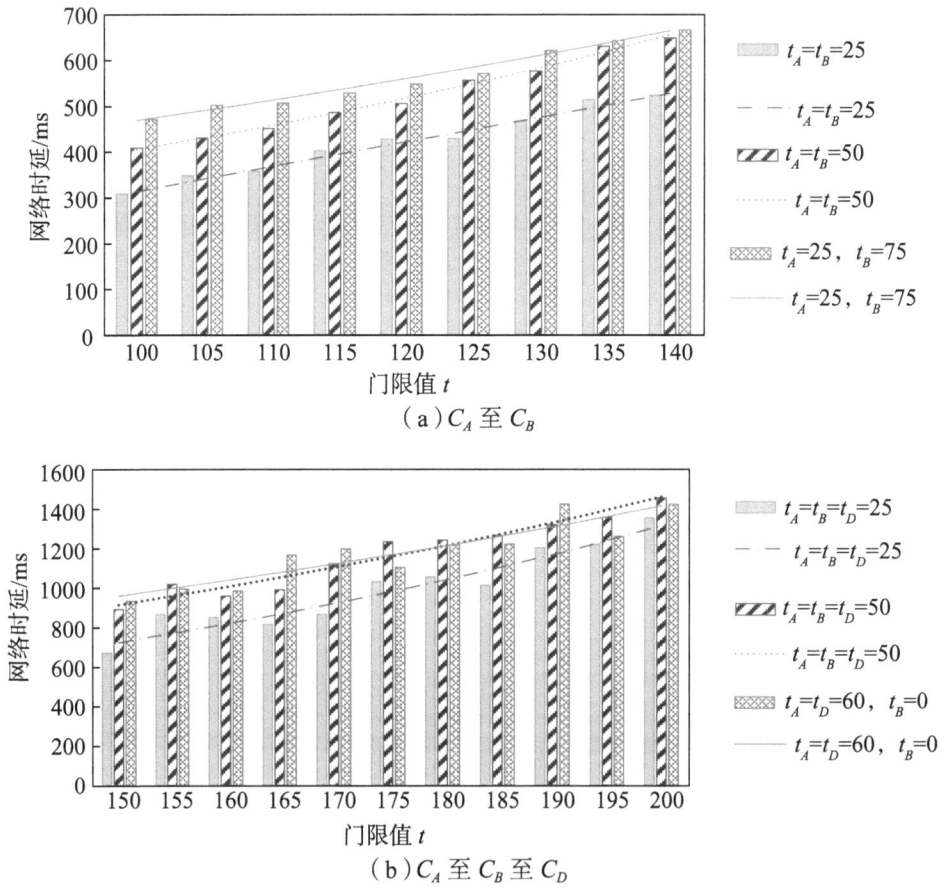

图 2.29 跨链交易共识时延

可以看出，当两联盟链内共识门限值均取较小值时能够获得较低的交易共识时延；共识门限结点总数相等时，参与共识验证的结点在各联盟链均匀分布时能够获得比非均匀分布更低的交易共识时延。

以 $\Delta=10$ ms 为时间间隔构造联盟链 C_A、C_B、C_D 结点参与的跨链交易 TX，验证结点数 $n_A=n_B=n_D=100$，验证结点总数 $n=300$，t_A、t_B、t_D 分别取（25，25，25）、（50，50，50）、（60，0，60），$t_B \neq 0$ 表示联盟链 C_B 参与测试用例中由 C_A 发送至 C_D 交易 TX 的验证，$t_B=0$ 表示 C_B 仅作为 C_A 中结点与 C_D 中结点跨链通信的中继结点，不参与交易验证。单次共识的交易数量取 $\tau=1$，门限值 t 以 5 为步长在区间 [150，200] 内取不同值时，单个跨链交易平均网络时延随门限值 t 变化情况如图2.29（b）所示。

可以看出，链内共识门限值较低时，随群共识门限值变化的单个跨链交易共识时延也较低，$t_B=0$ 时单个跨链交易共识时延与链内共识门限值取 50 时有部分重叠且波动较大，这是由于一方面增大链内共识门限值会引起交易共识时延增加，另一方面，为满足联盟链 C_A、C_B、C_D 群共识门限 t，$t_B=0$ 时来自 C_B 实际参与群共识的验证结点数目呈现随机性，且变化幅度较大，从而引起来自 C_A、C_D 实际参与群共识的验证结点数目的变化较大。

（2）压力测试

通过修改环境参数，对低价值、高价值、跨链 3 类交易在不同构造交易时间间隔 Δ、共识门限取值下进行压力测试，也称为吞吐量测试。

1）低价值交易压力测试

单联盟链环境下，结点数目 n_A（n_B/n_C）=100，系统分别以 $\Delta=10$ ms、$\Delta=0$（本部分将系统中存在足够多待处理交易的情况看作 $\Delta=0$）为时间间隔构造交易 TX，链内共识门限值分别取 t_A（t_B/t_C）=10、t_A（t_B/t_C）=70，低价值交易共识吞吐量随单次共识的交易数量 τ 变化情况如图2.30所示。可以看出，图中 4 种参数取值下交易吞吐量均随着单次共识的交易数量 τ 的增加而增加，$\tau=1$，t_A（t_B/t_C）=70 时，系统吞吐量仅为 8 TPS，略高于比特币，$\tau=1$，t_A（t_B/t_C）=10 时，系统吞吐量达到 37 TPS，是比特币吞吐量的约 5 倍；$\tau=30$，t_A（t_B/t_C）=70，$\Delta=0$ 时，系统吞吐量达到 241 TPS，约是比特币吞吐量的 34 倍，约是以太坊吞吐量的 16 倍，$\tau=30$，t_A（t_B/t_C）=10，$\Delta=0$ 时，系统吞吐量达到 1108 TPS，约是比特币吞吐量的 158 倍，约是以太坊吞吐量的 74 倍。

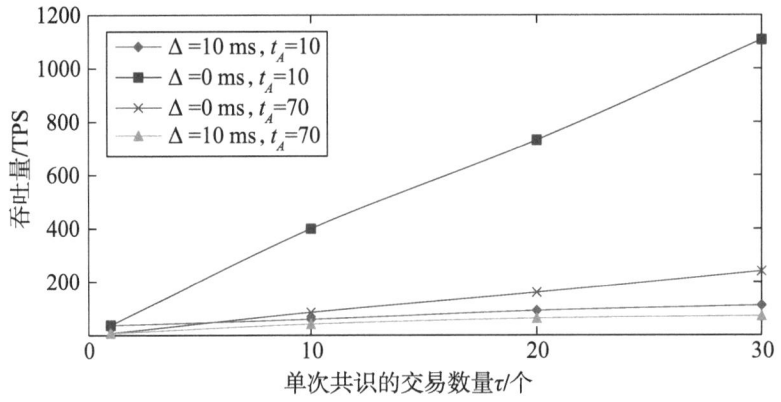

图 2.30　低价值交易压力测试

测试结果表明，$\Delta = 0$ ms 时，系统吞吐量受共识门限值影响较大，$\Delta = 10$ ms 时，系统吞吐量对链内共识门限值的变化呈现一定程度的鲁棒性；链内共识门限值较小时共识吞吐量受 Δ 影响较大。

2）高价值交易压力测试

测试用例高价值交易为非跨链交易，与时延测试相同，采用两级共识方式：由交易所在联盟链内验证结点构成第一级共识列表，根据群签名门限值 t 随机生成来自群内各联盟链验证结点的第二级共识列表。取第一级共识门限值 t_A（t_B/t_C）=70，系统分别以 $\Delta=10$ ms、$\Delta=0$ ms 为时间间隔构造交易 TX，第二级共识门限值取 $t=100$、$t=200$，高价值交易共识吞吐量随单次共识的交易数量 τ 变化情况如图 2.31 所示。

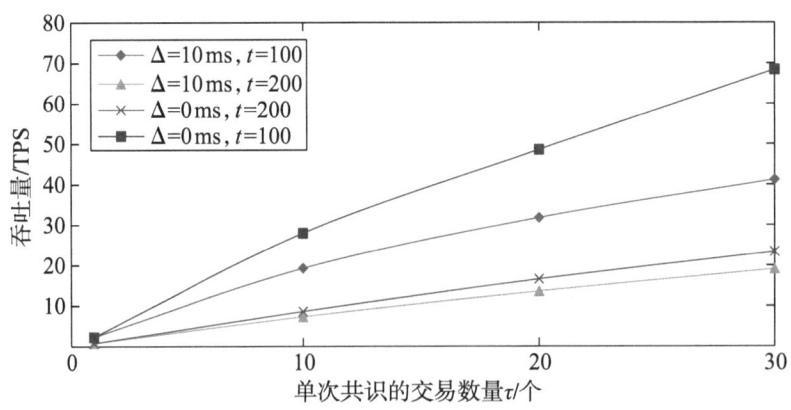

图 2.31　高价值交易压力测试

可以看出，图中 4 种参数取值下交易吞吐量均随着单次共识的交易数量 τ 的增加而增加，$t=200$，$\tau=30$ 时，系统吞吐量达到 24 TPS，略高于比特币和以太坊的吞吐量；$t=100$，$\tau=30$ 时，系统吞吐量达到 69 TPS，约是比特币吞吐量的 10 倍，约是以太坊吞吐量的 5 倍。测试结果表明，跨链共识门限值 t 较小时，系统获得较高吞吐量；t 较大时，系统吞吐量对 Δ 值的变化呈现一定程度的鲁棒性。

3）跨链交易压力测试

系统以 $\Delta=10$ ms、$\Delta=0$ ms 为时间间隔构造仅联盟链 C_A、C_B 结点参与的跨链交易 TX，验证结点数分别为 $n_A=n_B=100$，验证结点总数 $n=200$，t_A、t_B 分别取（25，25）、（50，50），单次共识的交易数量取 $\tau=1$，群共识门限值 t 以 10 为步长在区间 [100，140] 内取不同值时，在 Δ 和 t_A、t_B 的 4 种不同参数取值下系统共识吞吐量随群共识门限值 t 变化情况如图 2.32（a）所示。

可以看出，4 种不同参数取值下交易吞吐量均随群共识门限值 t 的增加而减少，$\Delta=0$ ms，$t_A=t_B=25$，$t=100$ 时，系统吞吐量最高达到 50 TPS，约是比特币吞吐量的 7 倍，约是以太坊吞吐量的 3 倍。

实验结果表明，Δ 的取值对跨链交易吞吐量影响较大，这说明当前机器计算水平下执行密码算法占交易总周转时间比重较少，Δ 取较大值时，系统吞吐量显著减少，且系统吞吐量对链内共识门限值的变化呈现一定的鲁棒性。

考虑交易涉及多个联盟链 C_A、C_B、C_D 时的情形。群共识门限值取 $t=200$，链内共识门限值 t_A、t_B、t_D 分别取（25，25，25）、（50，50，50）、（60，60，60），单次共识的交易数量取 $\tau=1$，构造跨联盟链 C_A、C_B、C_D 交易 TX 的时间间隔 Δ 以 2 ms 为步长在区间 [0，10] 内取不同值时，系统吞吐量随 Δ 变化的情况如图 2.32（b）所示。可以看出，设定的 3 种不同链内共识门限取值下，吞吐量均随着 Δ 的增大而减小，特别是，当 $\Delta \to 10^+$，系统吞吐量显著减少，$\Delta=0$ ms，$t=200$，$t_A=t_B=t_D \in [25，50]$ 时，系统吞吐量约为 18 TPS，略高于比特币和以太坊吞吐量。实验表明，群共识门限值取较大值 $t=200$ 时，链内共识门限值的变化对系统吞吐量呈现一定程度的鲁棒性。

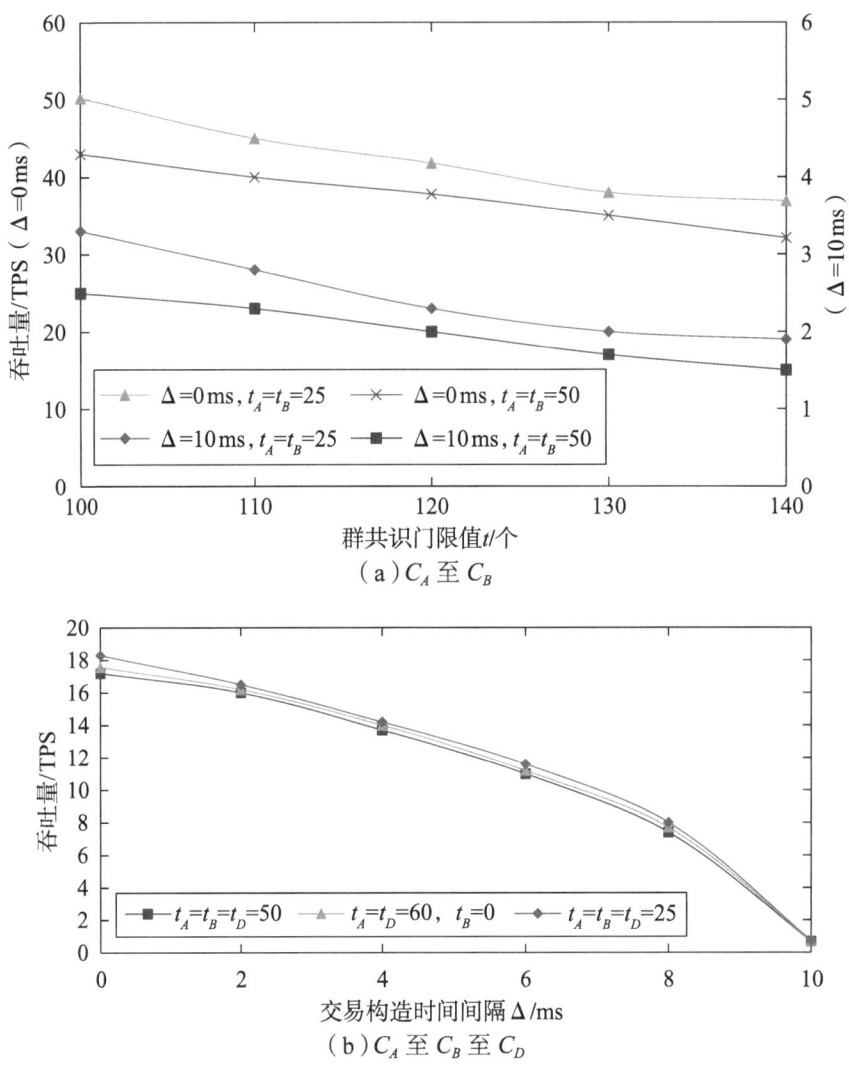

图2.32 跨链交易压力测试

综上,本部分方案在测试环境给定参数的情况下,处理低价值交易的系统吞吐量达到1108 TPS,约是比特币吞吐量的158倍,约是以太坊吞吐量的74倍,可以满足大部分物联网轻量级、低价值交易的效率需求。处理高价值交易的系统吞吐量达到69 TPS,约是比特币吞吐量的10倍,约是以太坊吞吐量的5倍,处理两联盟链跨链交易系统吞吐量约为50 TPS,约是比特币吞吐量的7倍,约是以太坊吞吐量的3倍,处理多联盟链跨链交易系统吞吐量为18 TPS,略高于比特币和以太坊吞吐量,相比处理低价值交易的系统吞吐量,处理高价值交易和跨链交易的系统吞吐量有所降低，但大大提升了系统安全性。此外，上述性能是在较强的安全约束条件下得到的，在实际物联网应用环境中，通过设置合理的共识门限值、单次共识交易数量等参数，本部分方案将可以获得更好的性能。

（3）可靠性测试

将联盟链 C_A 中结点 C_{A_i} 作为授权结点，联盟链 C_B 中结点 C_{B_j} 作为被授权结点，构造授权交易 TX，对无偿－主动跨链授权交易自适应路由的可靠性进行测试。

发送方 C_{A_i} 分别以 Δ =10 ms、5 ms、2 ms、1 ms 为时间间隔周期性发送交易 TX，发送方/接收方累计发送/接收交易数量随时间变化情况如图 2.33 所示。

可以看出，当交易发送时间间隔 Δ 值较大时，接收端一段时间内识别并接收到的交易数量等于或接近发送端发送的交易数量，如图 2.33（a）、图 2.33（b）所示，这证明无偿－主动跨链授权交易自适应路由机制具有高可靠性。

进一步降低交易发送时间间隔 Δ，对 Δ =2 ms、1 ms 分别进行测试，接收端一段时间内识别并接收到的交易数量略低于发送端发送的交易数量，如图 2.33（c）、图 2.33（d）所示，这是由于接收端计算并识别授权交易花费时间占比提升导致接收延迟。因此，当 Δ 取值较小时，应设置适度的接收时间窗，以确保自适应路由转发的高可靠性。

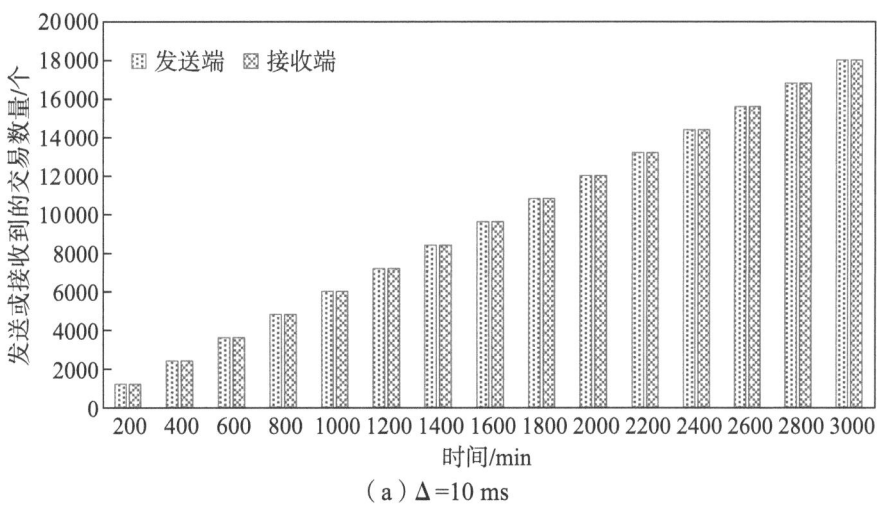

（a）Δ =10 ms

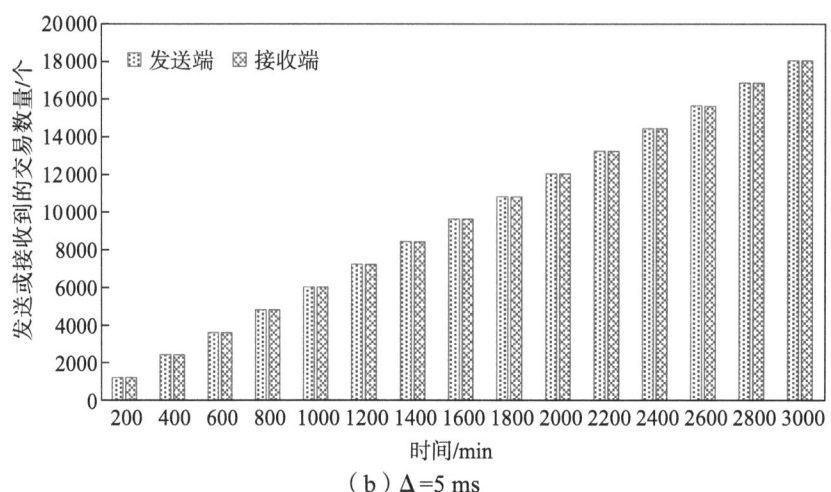

(b) $\Delta=5$ ms

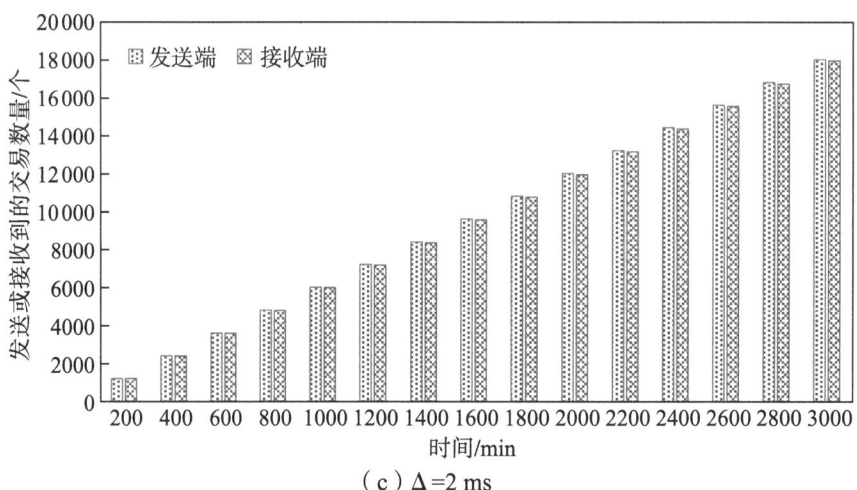

(c) $\Delta=2$ ms

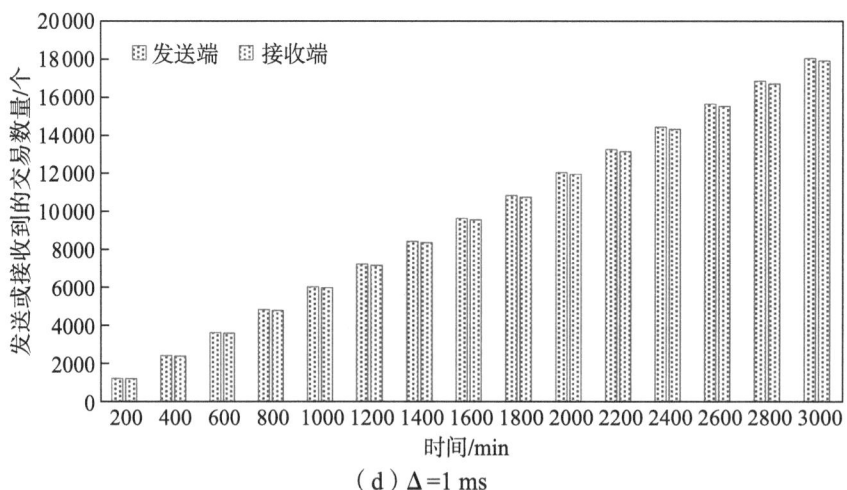

(d) $\Delta=1$ ms

图 2.33 授权交易自适应路由可靠性测试

2.4 智能合约的安全与防御

智能合约在区块链网络中部署后难以修改,该属性一方面大大增加了数据操纵的难度,甚至使其变为实际上不可能,有利于构建基于结点分布共识的可靠信任机制。然而,另一方面,多数智能合约安全问题是由自身代码设计缺陷或逻辑漏洞引起的,少数智能合约安全威胁涉及区块链交易所、用户数字钱包及矿池矿场等智能合约周边设施。因此,当发现规则漏洞或出现安全攻击时,上述属性也增加了在区块链系统中建立有效防御机制的难度,从而造成难以挽回的经济损失。

目前,对智能合约安全的研究主要聚焦于编码安全及其应用安全,主要安全防御手段包括安全漏洞检测和安全漏洞防御 2 个方面。智能合约安全漏洞方面,赵淦森等[163]对以太坊上已知的智能合约漏洞进行了介绍、分类和总结,并详细剖析了智能合约安全漏洞原理及场景代码复现。倪远东等[164]对以太坊智能合约的 15 类经典漏洞进行了详细介绍,并提出了智能合约安全威胁模型。Dingman 等[165]使用美国国家标准与技术研究院(National Institute of Standards and Technology,NIST)漏洞框架对智能合约安全漏洞首次进行了正式分类,并提出了分布式系统协议(distributed system protocol,DSP)和分布式系统资源管理(distributed system resource management,DRM)2 个新的类别。Kushwaha 等[166]对以太坊区块链智能合约安全漏洞相关研究展开了讨论,并对预防机制进行了分类总结。

在智能合约漏洞检测研究方面,SmartCheck、DefectChecker、contractWard 和 sFuzz 等工具覆盖漏洞类型较多,应用较广泛。ContractWard、MadMax、Osiris 和 Sereum 等工具可针对特定漏洞进行检测。ContractWard 通过从智能合约的简化操作代码中提取二元特征构建模型来识别漏洞,具有较高的准确性和较快的处理时间,能够处理大规模的合约检测任务,但只能检测特定的预定义漏洞。MadMax 结合智能合约反编译器和语义查询,将 EVM 字节码反编译成具有高语义信息的中间表示,基于 Vandal 实现控制流分析和反编译器的程序结构性检测,专门用于检测以太坊智能合约中的 Gas 相关漏洞,具有高效率、高精度和良好的可伸缩性。Osiris 将符号执行与污点分析相结合,主要针对由以太坊虚拟机 EVM 和 Solidity 编程语言特性导致的与整型错误相关的安全漏洞,使用启发式规则来提高检测的准确性和降低误报率。

Sereum 通过动态污点跟踪来监控智能合约的执行，能够自动检测和防止不一致状态，有效预防重入攻击。

如图 2.34 所示，对智能合约的安全问题进行分类，从智能合约的安全保障开启，不可变性、可扩展性及共识机制等方面进行介绍。

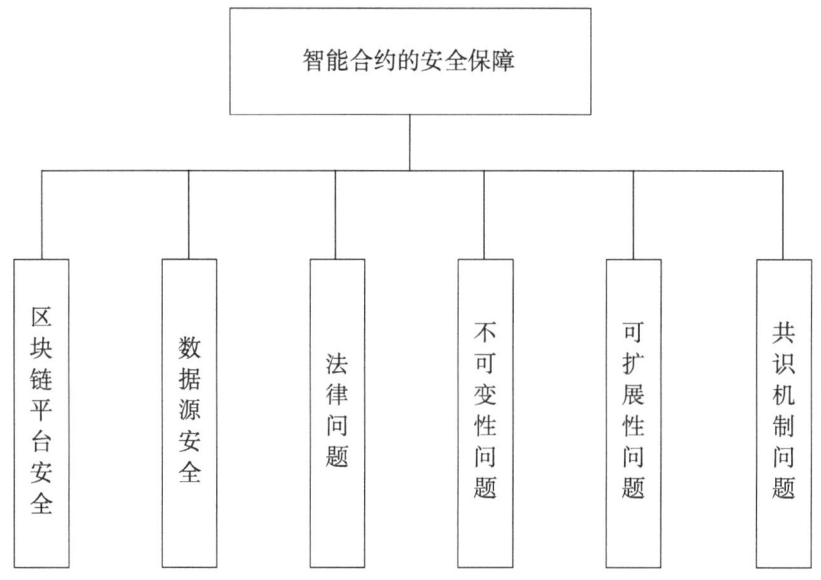

图 2.34　智能合约的安全保障问题

2.4.1　智能合约的安全保障

随着区块链技术的快速发展，多样化的智能合约应用正在不断被推陈出新。智能合约作为编程代码，不可避免地会存在潜在的代码漏洞，若这些漏洞被恶意用户利用，将导致用户的经济损失。如何维护智能合约的安全高效运行，已经成为多应用场景下需要共同解决的问题。在智能合约的设计和开发过程中，应采用一定的安全防护机制，如交易限制、异常处理等，以防止潜在的攻击；在智能合约部署执行过程中，通常通过代码审计、静态分析和动态分析等手段来发现和修复智能合约中的漏洞。此外，智能合约安全还受到区块链平台、数据源及法律等多方面的影响。

下面部分从区块链平台安全、数据源安全和法律影响等方面讨论如何维护智能合约的安全性。

2.4.1.1　区块链平台安全

区块链安全是智能合约安全的基础，区块链平台的安全性措施、隐私保护技术及合约的不可修改性等因素都对智能合约的安全产生重要影响。开发者在设计和部署智能合约时，必须考虑到这些因素，采取相应的安全措施来保障智能合约的安全性。不同的区块链平台为智能合约提供的运行环境和安全保障不同，导致智能合约在不同区块链平台上的安全性存在差异。开发者在选择区块链平台时，应充分考虑平台的安全性能，选择具有较高安全标准的平台进行智能合约的开发和部署。

部分研究分析了区块链平台面临的常见安全问题，描绘了构建安全可靠执行环境的宏观蓝图。Alharby 等[167]指出区块链平台的常见风险包括51%攻击、私钥保护、双重支出、重入攻击和交易信息泄露等，可能造成价值的非法转移，区块链平台需要提供相应的安全机制来防止上述攻击。Li 等[168]分析了区块链中智能合约的执行过程，提出了交易顺序依赖和时间戳依赖两个问题。其中时间戳问题是指当交易未按正确顺序执行或矿工恶意修改区块时间戳时，可能会影响智能合约的正确性，建议使用 OYENTE 工具来检测智能合约。

2.4.1.2 数据源安全

智能合约的外部数据源是指允许智能合约访问的现实世界数据，如医疗数据、股票价格等。智能合约对外部数据源的引用使智能合约更具灵活性、适用性和扩展性。同时，引用的外部数据源的可信度和安全性也对智能合约安全产生重要影响。例如，如果外部数据源被篡改，会产生安全漏洞，影响智能合约的执行结果。

智能合约链外数据源的安全性，目前主要通过 Oracle 服务来解决。Oracle 作为提供身份认证信息管理服务的第三方，能够安全存储 API 密钥，管理数据源的账户登录信息，通过使用不同的 Oracle 组合实现多方共识，为智能合约提供来自其他区块链或万维网的数据，以保障数据的可信性和安全性。此外，为解决外部数据源的可信性带来的智能合约应用制约问题，Zhang 等[169]引入了 TC（town crier）机制将 HTTPS 数据源与智能合约连接起来，解决了智能合约无法通过 HTTPS 与外部数据源交互获取外部数据的问题。Liu 等[170]提出一种经济、高效且具有可扩展性的数据载体架构，该架构包含任务管理器、任务发布者和 Worker 3 个组件，用于合约开发者、智能合约、以太坊结点和链下数据源进行交互，一定程度上保证了数据源的安全。

综上所述，智能合约的安全在很大程度上依赖于外部数据源的安全性和 Oracle

的可靠性。确保外部数据源的安全和 Oracle 的去中心化是智能合约安全领域的一个重要研究方向。

2.4.1.3 法律问题

法律法规是保障智能合约安全的关键。法律对智能合约安全的影响是多方面的，包括法律风险的识别、责任认定的难度、纠纷解决机制的不健全等。

智能合约的自动执行模式及编码漏洞等问题，在现实交互及语言转化等方面都存在一定的风险和挑战，可能导致违反法律规定，或者因侵犯他人权利而导致侵权责任认定难，从而产生损害赔偿责任和侵权责任认定难的问题。例如，欧盟《通用数据保护条例》（General data protection regulation，GDPR）规定每个公民都有"被遗忘权"，这与区块链智能合约的不可变性相悖。

此外，还存在以下法律问题。

- 每个国家都有法律法规，因此确保遵守所有法律法规极为困难。
- 法律条款或条件不可量化，因此在智能合约中对现有条款或条件进行建模并执行它们仍很复杂。
- 政府希望对区块链技术的多方应用领域和过程进行监管。然而，实现上述目标会使中心化区块链网络退化至第三方可信的网络并失去其部分本质。

针对现有问题，相关部门也提出了一些法律保护措施，如信息保护制度、政府监管机制的引入等，以确保智能合约的安全性和合法性。建议采取的法律保护措施包括以下几种。

- 建立健全信息保护制度，保护智能合约用户的合法权益，涉及密钥存储方式、效力及密钥技术知识产权等层面。
- 引入政府监管机制，对智能合约执行过程中出现的法律风险进行监督管理，包括对代码开发人员资质的规定、代码测试标准和流程的制定、考核机制的设置等。
- 智能合约不应脱离现行法律框架，需要完善相关立法，将智能合约纳入合同法领域，对智能合约的概念、效力、交易范围、责任主体、救济路径等进行立法考量，出台相关的司法解释来弥补立法层面存在的空缺，夯实智能合约的法律依据及法律适用，结合《中华人民共和国电子商务法》《中华人民共和国电子签名法》等进行综合解释，认可智能合约作为电子合同的升级版，并通过改善民事诉讼和仲裁等证据规则，协调有关法律的冲突与适用。

● 构建保障智能合约法律风险防控的技术规范体系，规范智能合约行业应用的参考技术架构与功能视图，明确区块链结点间网络通信安全要求、应用安全需求和物理部署需求，提升智能合约应用的兼容性。

● 引入监管沙盒制度，允许区块链创新产品在监管沙盒内不受监管规则的约束，分批次、分领域、分地点初步探索到逐步展开、广泛实施的策略。

2.4.2 不可变性问题

不可变性是指智能合约一旦部署后，各参与方均无法在分布式环境下修改合约代码的特性。不可变性是智能合约的一个核心特性，它确保了合约的执行不受外部干预，增强了合约的安全性和信任度。然而，不可变性也带来了一些挑战和问题。如果代码中出现错误或漏洞，甚至在部署合约的多方同意更改其业务交易参数或法律发生变化等情况下，智能合约的不可变性会成为修改合约代码的阻碍。此外，任何区块链结点都可能在被黑客攻击或控制时产生错误的数据，这些数据也将以不可变的方式记录在区块链上。在 Solidity 中，通常使用 require、assert 或自定义错误消息等方法来处理上述异常情况。require 用于检查条件是否为真，如果不满足则回退事务并抛出异常；assert 用于内部错误，即理论上不应该发生的错误；自定义错误消息允许设置特定的错误码，使得外部调用者可以更容易地理解和处理这些错误。

为最大限度地避免或减少智能合约不可变性带来的问题，在部署智能合约前，需要进行深入广泛地论证、代码审计和测试，使用形式化验证等方法来减少错误和漏洞，在合约设计时考虑灵活性，设计可升级的智能合约架构，允许在不改变合约地址的情况下升级合约逻辑，并确保在升级过程中正确处理数据的迁移或转移。在升级完成后，测试升级后的合约，以确保其按预期工作。

智能合约的不可变性是一把双刃剑，既提供了系统运行的安全性和确定性，也带来了灵活性的挑战。因此，智能合约的设计和部署需要综合考虑，以确保合约的长期有效性和适应性。

2.4.3 可扩展性问题

可扩展性是制约智能合约应用发展的关键因素。可扩展性问题会导致网络拥塞、交易手续费增加及确认交易所需时间增加等问题。智能合约的可扩展性是指智能合约在部署后能够适应业务变更和升级的能力，良好的可扩展性使得智能合约便于其他开发者更新和维护，允许开发者在不重新部署合约的情况下对合约进行更新和功能扩展。目前，通过在智能合约中使用 Layer-2 技术（如 StarkNet），进行链下处理计算来减少区块链负载，降低交易处理成本，提高交易处理效率，从而提高智能合约的可扩展性。

StarkNet 是由 StarkWare 公司开发的基于 ZK-Rollup 技术的智能合约扩展解决方案，使用 Cairo 语言编写智能合约，是一种为生成零知识证明（zero-knowledge proofs，ZK-Proofs）设计的编程语言。Cairo 语言支持智能合约的业务逻辑与状态数据分开存储，这种模型有利于代码复用、合约状态复用、存储分层，并为存储租赁制和交易并行化提供基础。StarkNet 支持原生级别的账户抽象，允许用户选择高度定制化的交易处理方案，通过将交易在链下处理，显著降低了用户的交易成本，提高了系统吞吐量，通过将压缩后的零知识证明提交到以太坊主链，提升了系统的安全性。

2.4.4 共识机制问题

智能合约的执行依赖于网络中结点对交易和区块的共识。共识机制通过确保区块链网络中的所有结点对交易和区块的一致性达成共识，建立了区块链网络的信任基础，为智能合约提供了基础的运行环境，在维护区块链和智能合约的安全性和可扩展性等方面发挥着重要作用。例如，PoW 共识机制下，结点为验证交易的有效性进行的大量计算工作，减少了对第三方的信任需求，同时也增加了恶意结点对智能合约篡改的难度，使得智能合约能够在不可信环境中安全运行，然而，PoW 共识机制因其计算密集型的特性受到可扩展性限制，而 PoS 等共识机制因无法提供更高的交易吞吐量，会影响智能合约的性能。

现有的共识机制包括工作量证明、权益证明、委托权益证明、链条证明、权益时间证明、工作时间证明、时空证明、复制证明、贡献证明等，已在本书 1.3 节进行了详细介绍，这里不再赘述。其中，作为比特币区块链底层共识的 PoW 机制，在确保区块链安全性、去中心化和完整性等方面性能优越，受到广泛认可，成为许多区块链和智能合约项目的核心机制。然而，该机制存在资源浪费问题。因此，现有很多区块链和智能合约项目正在不断探索从 PoW 等传统共识机制过渡到新型共识机制，以降低交易费用及区块生成过程的能源成本，提高效率和系统安全性。例如，近期有研究提出了基于 TEE 的新型共识机制，通过链下可信计算环境解决了智能合约和区块链无法应对的复杂计算场景问题，同时为区块链和智能合约提供了额外的数据隐私保护。

第三章
联盟链共识脆弱性及链生成机制研究

随着无许可区块链在电子加密货币领域应用上获得巨大成功,基于去中心化身份认证和群体共识的区块链网络应用技术越来越受到关注。但受限于分布式应用系统的规模、性能和部署成本等因素,无许可区块链技术难以得到广泛应用。联盟链在某种程度上继承了公有链的安全特性,又具有私有链所不具备的开放性,兼具了公有链和私有链的优点,因此越来越多的研究聚焦于联盟区块链(consortium blockchain,CBC)。CBC将提议者集合限制为n个已知结点,依赖可信服务或联盟机构对结点进行身份验证,基于链的权益证明或拜占庭容错的权益证明,以容错共识方式提议新区块,在不需要多次确认的情况下完成新交易验证,抑制潜在拜占庭结点对系统的影响,并通过在其上部署和运行智能合约实现去中心化价值流动,交易处理效率显著高于工作量证明机制驱动的无许可公有链。随着近年来联盟链应用场景的不断拓展,其所能够提供服务的多样性和持久性都得到了前所未有的提升,为网络环境下多方合作信息服务实体间身份认证和信任迁移提供了新的途径。

联盟链通过共识机制确保联盟网络各结点存储在分布式账本中的内容达成一致，并保护数据免受未经授权访问的风险，因此联盟链共识机制对于联盟链可扩展性、交易速度、交易确定性和安全性等性能实现起着重要作用。为与侧链、分片机制等具有良好效率及可扩展性的应用保持兼容，联盟链共识机制不断更新。联盟链用户可通过 API 创建互相平行的联盟单链，并设定初始共识机制，允许属于同一联盟机构的各异构平行单链采用不同的共识机制，同时，可在任意时刻通过投票表决机制实现各平行单链共识机制升级。通过在混合联盟链环境中部署智能合约协调系统在若干侧链或分片之间达成安全共识。

然而，在联盟链拜占庭网络分区环境下，不同联盟链网络管理域中信息服务实体之间交互频繁，缺少协同管理，数据所有者难以控制其他信任域实体对数据的访问，数据在跨域共享时存在被窃取、篡改和重放等风险。Chen 等[171]提出了一种基于区块链的物联网跨域数据共享的方法，使用门限代理重加密的方法对密文进行处理，避免恶意的代理机构与访问者合谋。Yu 等[172]提出了一种基于区块链和代理重加密的工业物联网数据共享方案，数据用户请求跨域数据时，通过云服务器验证用户属性是否满足访问策略，并生成解密参数发送给用户。现有共识机制可保证分布式系统的可扩展性或安全性，但最终确定区块冲突的共识机制不同，系统可扩展性对安全性的影响程度不同，不能两者兼得，基于异步消息传递的共识机制仍面临挑战。因此，对联盟链共识机制进行深入研究，提升异构联盟链网络中分区网络服务共识机制的安全性和可扩展性，提高不同信任域间基于隐私保护的信任迁移和数据共享效率，具有重要的学术意义和广泛的应用价值。

为了解决上述问题，本部分建立了一个新的联盟链生成模型，提取链生成规则，分析验证结点行为，基于结点行为对联盟链共识脆弱性进行深入剖析，提出一种新颖的基于异步二元拜占庭共识（asynchronous binary Byzantine consensus algorithm，ABBCA）的联盟链生成机制，本部分的主要贡献包括以下几点。

①建立了一个新的联盟链生成模型，从链生成过程视角分析联盟链网络逻辑拓扑与物理拓扑结构对其性能的影响，并给出防止单联盟链出现链分叉的单链生成规则。

②分析验证结点行为，基于结点行为对联盟链共识脆弱性进行深入剖析，得出

用以表征联盟机构共识能力的归一化验证结点聚合指数。

③提出一种新颖的基于异步二元拜占庭共识的联盟链生成机制ABBCA，扩展了拜占庭共识的通用定义，允许一个确定的共识值集组合多个提议。对上述机制进行实验验证，结果表明在本部分限定的4种经典拜占庭结点攻击行为BA1~BA4下，ABBCA获得了优于经典随机拜占庭共识算法Coin的时延，可满足大部分物联网应用场景的吞吐量需求。

本章3.1节介绍本机制涉及的联盟链、共识算法等领域的相关工作。3.2节从链生成视角分析联盟链网络逻辑拓扑与物理拓扑结构对其性能的影响，并给出防止联盟链出现分叉的单链生成规则。3.3节基于结点行为对联盟链共识脆弱性进行分析。3.4节介绍一种新颖的基于异步二元拜占庭共识的联盟链生成机制。3.5节对所提出的机制进行了仿真实验，并对结果进行了讨论。最后，在3.6节对本部分研究进行了总结。

3.1 联盟链概述

基于联盟链的去中心化应用已涉及数据治理、云存储、物联网、供应链等领域，为利益相关者建立可信环境，以实现可信且持久的服务。然而，其有限的可扩展性和交易吞吐量限制了所承载的去中心化应用的性能。下面介绍近年来致力于联盟链性能提升的各种工作，包括主流联盟链平台及基于联盟链的共识机制。基于联盟链跨域共识的各种相关工作也根据研究描述、技术和局限性进行了比较。

3.1.1 主流联盟链平台

目前主流联盟链平台有HyperLedger、Corda、Quorum、FISCO BCOS等联盟链平台。2015年，由Linux基金会牵头，IBM、Intel、Cisco等共同宣布了HyperLedger项目成立。HyperLedger项目为透明、公开、去中心化的企业级分布式账本技术提供开源参考实现，首次将区块链技术引入分布式联盟账本的应用场景中，为未来基于区块链技术打造高效率的商业网络打下基础。与Hyperledger类似，Corda采用分布式公证人机制以满足不断增长的业务需求。分布式结点间一致性共识算法的性能将对结点账本同步及系统性能产生重大影响，该项目提供了不同业务场景下的共识机制选择策略。例如，在结点间信任度较高的应用场景下，选择 Raft，Paxos 等故障容错（crash fault tolerance，CFT）类算法，以获得较高系统性能；反之，选择 BFT 类算法，以获得较高的系统安全性和可靠性。随后，JPMorgan 在以太坊基础上，基于 Raft 共识机制推出了联盟链分布式账本协议 Quorum，通过引入具有事务隔离和特定加密功能的飞地（enclave）模块实现并行操作，大大提高了系统性能。与国外布局联盟链的时间基本相同，中国互联网巨头微众银行、腾讯等也在 2015 年成立了联盟链研发团队，推出了以 FISCO BCOS、TrustSQL 为代表的联盟链。上述主流联盟链平台的实现方案虽然有所不同，但其目标均是在保障性能的前提下追求易用性和可扩展性，以适应不同的行业场景需求。

3.1.2 基于联盟链的共识机制

在现有主流联盟链平台基础之上，出现了许多提高联盟链性能的研究。部分性能驱动的联盟链共识协议通过委托机制保证账本一致性和分区容错性，但减少了参与共识的核心结点数量，降低了系统去中心化带来的安全性。Sun 等[173]提出了一个基于区块链的车载社交网络数据共享系统，该方案能够实现一对多的数据共享，但需要提前确定共享实体身份，难以实现大范围、细粒度的数据安全共享。Su 等[174]提出了一种基于结点信誉值的授权拜占庭容错算法，并将其作为区块链网络的共识算法，该算法可以在区块链网络中的各个授权分区之间达成共识。Yang 等[175]为物联网辅助智能家居构建了一种基于区块链的新型交易式能源管理架构，使智能家居能够与能源互联网系统中的电网和其他用户进行交互。Abishu 等[176]在此基础上提出了新的共识机制，利用了实用拜占庭容错和信誉共识的优势，保证了能源交易的高可靠性。Zhang 等[177]提出一种基于信誉风险评估的共识机制，实现对分布式能源交易的交易方信誉管理。但上述对共识算法的改进仍然不能同时满足拜占庭跨域共识场景下高并发、低延时、强安全性的要求。

也有研究如 Tezos[178]，采用链上治理模型方式，动态产生区块，通过建立数字联邦实现链生态自治管理，从而简化交易和智能合约验证过程，这种方法在结点计算能力受限的物联网环境下具有实用性。Allouche 等[179]提出了一种基于 Tezos 区块链技术实现的联盟链时间分段解决方案，允许具有低存储容量的计算设备仅保留最新分段账本而不是整个联盟链账本,支持 5G 网络下异构车联网移动自组织联盟链构建和链间交易,并进行部分交易和智能合约的内置形式验证。Qasse 等[180]基于联盟链尝试解决相互独立的跨区块链通信(inter-blockchain communication,IBC)系统间的跨域认证和信任传递问题,实现用户身份多域共识一致性的安全保证。PBFT 等类 BFT 共识协议不需要验证结点解决加密难题或提供权益证明来决定记账权归属,通常仅需全部参与结点的一个子集运行类 BFT 协议,通过多轮消息的交换来达成共识,从而可以使结点在下一轮次开始之前达成当前轮次的一致共识,因此具有较好的抗分叉性,在联盟链系统中具有广阔的应用前景。

BFT 协议通常具有可验证的数学特性,可以在数学上证明只要 2/3 参与者诚实地遵循协议,那么无论网络延迟是否存在上限,BFT 协议都能确保不出现区块冲突。还有研究进一步探索对低延迟和高网络带宽 BFT 共识需求的解决方案[51],提出使用云和数据中心可用的可编程硬件来提高 BFT 共识速度,使联盟链具备提供更高吞吐量、更低延迟,以及在更高网络带宽和更强大硬件环境下进行扩展的能力。然而,目前类 BFT 共识协议仍面临通信复杂性高、系统可扩展性弱等挑战。

下面从技术方案、研究描述和局限性 3 个方面,对现有联盟链相关研究工作进行梳理和比较(表 3.1)。

表 3.1 现有联盟链研究工作比较

技术方案	研究描述	局限性
基于区块链的物联网数据安全共享阈值代理重加密方案[171]	基于区块链的物联网跨域数据共享方法	使用阈值代理对密文进行重加密,复杂度较高
基于区块链的数据共享机制[172]	基于区块链和代理重加密的工业物联网数据共享机制	用户属性是否满足跨域数据访问策略由云服务器进行验证,降低了系统的可信度
基于区块链的车载社交网络数据共享系统[173]	该方案可以实现车载社交网络中一对多的数据共享	共享实体的身份需要提前确定,难以实现大规模、细粒度的安全数据共享
基于结点信用的授权拜占庭容错机制[174]	能源领域智能社区电动汽车安全充电方案	不能确保应用程序的可伸缩性

续表

技术方案	研究描述	局限性
基于区块链的能源管理机制[175]	通过区块链实现物联网辅助智能家居的隐私保护交互能源管理	不能满足高可靠性的要求
基于实际拜占庭容错的声誉证明[176]	基于区块链的车对车能源交易共识机制	不能确保应用程序的可伸缩性
基于区块链的分布式能源智能交易模型[177]	实现分布式能源交易实体的信用管理	无法满足高并发性的要求
基于区块链智能合约的医疗监控系统访问控制机制[181]	为患者提供安全的访问控制机制，实现系统实体之间的安全数据共享	拜占庭环境中访问控制机制的安全性没有明确讨论
基于区块链的智慧城市应用认证授权机制[182]	利用区块链技术保障系统安全	拜占庭环境中身份验证和授权机制的安全性没有明确讨论
联盟链生成机制 ABBCM	有效地提高了基于异步消息传递的一致性和效率	在特殊物联网应用中仍面临性能和可扩展性问题

然而，这些解决方案通常需要部分结点作为协调器，若协调器为非拜占庭结点，且消息在异步轮次中传递及时，则协调器将其提议广播给联盟链网络内所有结点；若协调器为拜占庭结点，则可通过利用它在共识轮次内拥有的力量来阻碍算法性能的提升。本部分提出一种新的联盟链生成机制，在不降低系统安全性的基础上，可以实现多联盟链间的跨域异步消息传递。

3.2　链生成模型

联盟链通常由机构背书确定验证者集合和出块机制，从现有的块中投票生成子块，从而构建一个不断生长的区块树，树的根部被称为"创世区块"。正常情况下，出块机制使各区块以单链的形式生成，即一个父块只有一个子块。然而由于网络延迟或恶意攻击，一个父块会不可避免产生多个待确认子块。联盟链共识要做的工作就是在异步结点集（asynchronous node set，ANS）异步顺序执行条件下，从每个父块的若干待确认子块中只选择一个子块，即从区块树中选择一条最权威的链。

下面建立更具通用性的基于 ANS 的联盟链生成模型（ANS based consortium

chain generation model，ACCGM），从链生成视角分析联盟链网络逻辑拓扑与物理拓扑结构对其性能的影响，并给出防止联盟链出现分叉的单链生成规则。

定义 3.1 ANS。ANS是指联盟链系统由 k 个异步顺序执行的结点及其公钥构成的集合，记作 $\varGamma=\{n_1, n_{1_{PK}}, n_2, n_{2_{PK}}, \cdots, n_k, n_{k_{PK}}\}$。"异步"是指每个结点都以随时间变化的特定速度工作，且该结点的工作状态对其他结点透明。"顺序"是指各结点在工作向前推进过程中，一次仅执行一个原子步骤。

ANS通过异步可靠的联盟链点对点网络交换数据进行通信，任何一对结点都可以通过双向通信信道建立连接，在网络传输过程中，交易不会丢失、被复制或被篡改，但存在交易传输延迟。$n_i \in \varGamma$ 表示联盟链结点，B 表示区块，$t \geqslant 0$ 时，假设各结点 n_i 已获得部分或全部链上区块账本 B，即 $B_{n_i}^t = \{B, t \geqslant 0\}$。创世区块 g 是所有结点在初始时刻唯一知道的块，即 $B_{n_i}^0 = \{g\}$。各结点公、私钥由椭圆曲线加密算法生成，并使用结点私钥对新生区块进行验证确认。

ACCGM链生成模型具有以下重要性质。

性质 3.1 递归性。各新生区块 B 通过映射函数 P 链接至当前链尾区块 $P(B)$，块间关系可递归地表示为：

$$P^0(B) := B, \tag{3.1}$$

$$P^2(B) := P(P(B)), \tag{3.2}$$

$$P^i(g) := \varnothing, i \in \mathbf{N}, \tag{3.3}$$

$$\forall B \to P^i(B) \neq B, i \in \mathbf{N}。 \tag{3.4}$$

式（3.1）、式（3.2）是对区块链的递归表示，式（3.3）中 g 为创世区块，不存在父区块，式（3.4）限定块间关系不存在循环。根据性质3.1可知，将生成和包含区块 B 的链 $C(B)$ 定义为从 B 到 g 的路径，即

$$C_B := (B, P(B), \cdots, P^{i-1}(B), g) 。 \tag{3.5}$$

性质 3.2 局部性。由于网络延迟、eclipse攻击等，在链生成模型中，允许不同的联盟链结点感知不同的块集，即

$$B_{n_i}^t \neq B_{n_j}^t, n_i, n_j \in \mathbf{N}, t>0 。 \tag{3.6}$$

性质 3.3 继承性。联盟链生成过程中，块链共识具有继承性，即

$$\forall (s,t>0),\ (s>t) \to B_{n_i}^t \subseteq B_{n_j}^s,$$
$$h(B)=k \Leftrightarrow P^k(B)=g_{\circ} \tag{3.7}$$

若 $B'\neq B$，且 $B'\in C_B$，则称 B' 为 B 的祖先区块，相应地，称 B 为 B' 的子孙区块，若 $B'=P(B)$，则称 B 为 B' 的直接子孙结点。性质 3.3 表明，块 B 所在的区块链状态可以通过执行从创世区块 g 开始的 C_B 中的所有交易获得。

假设在由 k 个结点构成的联盟链系统中，最多允许存在 K（$3K+1<k$）个拜占庭结点，它们可能做出任意行为，如崩溃、无法发送或接收消息、发送任意消息、以任意状态启动、执行任意状态转换等，还可以利用诚实结点"污染"计算。例如，通过发送与部分诚实结点错误估计值具有相同内容的消息，影响系统共识。拜占庭结点不能无限制推迟接收消息，但可以通过修改接收消息的顺序来控制网络。特别是，在完全异步的消息传递系统中，没有共识算法可以同时确保系统安全性和可扩展性。为确保系统达成最终共识，本部分假设在某个特定时间之后，消息传输和结点计算延迟存在时间上限 δ。

定义 3.2 时间上限 δ。若联盟链任意结点 v 在 t 时刻收到某个消息，则链上其他结点能够保证在时间窗口 $[t, t+\delta]$ 内收到该消息。

定义 3.2 中，联盟链上各结点的本地时间偏差都被纳入 δ。假设结点 n_a 当前处理区块的时间戳为 t_{a_Stamp}，当某个区块的时间戳是 t_{b_Stamp}，且 $t_{b\_Stamp}>t_{a\_Stamp}$ 时，意味着时间戳为 t_{b_Stamp} 的区块发生在将来，那么结点 n_a 就会拒绝该区块；若 $t_{b\_Stamp}<t_{a\_Stamp}-\delta$，表示时间戳为 t_{b_Stamp} 的区块已经被确认，则结点 n_a 也会拒绝该区块。

定义 3.3 δ-验证。延迟时间上限 δ 条件下，系统将包含 t_{s_Stamp} 时刻的区块头 s、最高块块高 $l(s)$、块哈希 $H(s)$、新提议区块 u 的哈希 $h(s|u)$ 及由验证者 v 的私钥创建的有效签名 V，且满足式（3.8）的合法验证视为正确验证，记作 $\langle s, l(s), H(s), H(s|u), t_{s\_Stamp}, V\rangle_\delta$。

$$\begin{cases} s=P^i(u), i\geq 1, \\ V_{PK} \in \Gamma_{\circ} \end{cases} \tag{3.8}$$

可以看出，结点投票的正确性取决于该结点进行投票的链。通常情况下，验证者 v 广播一条六元组投票消息：当前链尾结点区块头 s，高度 $l(s)$，对 s 区块头的哈希 $H(s)$、新提议区块 u 的哈希 $h(s|u)$、时间戳及验证者 v 的签名。当前链尾结点

s 必须是新提议区块 u 的祖先,否则就认为这个投票是非法的。如果验证者 v 的公钥不在验证者集合中,那么这个投票也是非法的。

定义 3.4 如果联盟链上一个区块 s 存在子孙区块 u,且 u 获得了超过门限值的正确投票,那么称区块 s 被确定。即:

$$\begin{cases} justified(g) \text{ and } finalised(g) == 1, \\ s = P^i(u), i \geq 1, \\ u = P^j(u'), j \geq 1, \\ IsValidated \langle s, l(s), H(s), H(s|u), t_{s\_Stamp}, \mathcal{V} \rangle_{\delta, s_{threshold}} == 1, \\ IsValidated \langle u, l(u), H(u), H(u|u'), t_{u\_Stamp}, \mathcal{V} \rangle_{\delta, u_{threshold}} == 1。 \end{cases} \quad (3.9)$$

作为递归定义的基础,通常认为创世区块 g 既获得了超过门限值的正确投票,也是最终确定的。定义 3.4 中,区块 u' 为区块 u 的子孙区块,若区块 s 及其子孙区块 u 都获得了超过门限值的正确投票,那么称为区块 s 被确定。$s_{threshold}$,$u_{threshold}$ 为在延迟上限为 δ 时的共识门限值。

定义 3.5 绝对多数链接。绝对多数链接是指对有序区块 (s, u),记作 $s \to u$,至少有超过门限值的验证者已经发布了对当前链尾区块 s 的确认投票和对新打包区块 u 的 δ- 验证。

定义 3.6 区块冲突。当且仅当拥有共同创世区块 g 的两区块 s、u 位于不同分支时,称两区块 s 和 u 发生了区块冲突。即:

$$\begin{cases} justified(g) \text{ and } finalised(g) == 1, \\ s \neq P^i(u), \ i \geq 1, \\ u \neq P^j(s), \ j \geq 1, \\ IsValidated \langle s, l(s), H(s), H(s|u), t_{s\_Stamp}, V \rangle_{\delta, s_{threshold}} == 0。 \end{cases} \quad (3.10)$$

由定义 3.2 至定义 3.6 可知,如果链上两个区块 s、u 都不是对方的祖先或后代,那么这两个最终确定的区块是相互冲突的。因此,链尾区块 s 是最终确定的,要么它是创世区块,要么当且仅当:

① 链尾区块 s 已获得超过阈值的验证结点投票;

②存在绝对多数链接 $s \rightarrow u$；

③区块 s、u 不冲突；

④区块高度 $h(u)=h(s)+1$。

由此得出防止链分叉，且保障单个联盟链上最多存在一个合理区块高度 $n(n>0)$ 的单链生成规则：

规则 3.1 不等高规则。如果 $\exists g$，使得 $P^i(s_1)=P^j(s_2)=g(i>0, j>0)$，且 $s_1 \rightarrow u_1$ 和 $s_2 \rightarrow u_2$ 是不同的绝对多数联结，那么 $h(u_1) \neq h(u_2)$。

规则 3.2 不包含规则。如果 $\exists g$，使得 $P^i(s_1)=P^j(s_2)=g(i>0, j>0)$，且 $s_1 \rightarrow u_1$ 和 $s_2 \rightarrow u_2$ 是不同的绝对多数联结，那么 $h(s_1)<h(s_2)<h(u_2)<h(u_1)$ 是不成立的。

规则 3.3 不叠加规则。对于任何高度 $n(n>0)$，最多存在一个绝对多数联结 $s \rightarrow u$ 使得 $h(u)=n$。

3.3 脆弱性分析

现有联盟链准入机制有助于提高基于 ACCGM 的联盟链系统抵御外部攻击的能力，然而无法甄别和阻止拜占庭结点对系统的威胁，下面对 ACCGM 共识过程中拜占庭结点行为对系统产生的影响进行分析。

3.3.1 验证结点行为

ACCGM 共识过程中，拜占庭结点可在不违反规则的情况下发起异常投票，得到某个最终结果，或者保留计算过程中的中间数据，对其他参与者的数据进行推断并窥探。一方面，当验证结点发起不投票行为，导致验证者正确投票比例低于共识门限值时，将无法产生共识区块。另一方面，若验证者的恶意投票或错误行为导致同一轮次产生两个或两个以上的冲突确认区块，要么产生链分叉，要么使用链外治理机制以牺牲一个分支为代价支持另一个分支。因此，分析验证结点行为对于构建系统激励机制，保障联盟链正确形成具有重要作用。

验证结点的投票行为将作为交易写入区块，分为正确投票、恶意投票、错误投票、不投票 4 种。

（1）正确投票

若某轮次内，仅产生满足定义 3.3 且超过门限阈值验证结点正确投票的单一区块，则将该区块写入联盟链，各结点同步账本数据。

（2）恶意投票

恶意投票是指验证者在同一时间轮次内为两个新生区块投票，满足定义 3.6，从而造成冲突。

（3）错误投票

错误投票是指由于某些错误行为导致验证者不能在同一共识轮次内产生正确投票的情况。典型的错误投票情况有以下几种。

①验证者发出投票时间较迟，导致该投票未在共识轮次内到达联盟链。

②部分结点不传播某验证结点投票，导致该投票未在共识轮次内到达联盟链。

③网络延迟导致该投票未在共识轮次内到达联盟链。

④验证者投票签名无效。

⑤投票区块未在当前最高区块生成。

（4）不投票

不投票包含验证结点未参与投票和投票丢失两种情况。

非拜占庭结点可能产生投票（1）和（3），拜占庭结点可能产生投票（2）、（3）、（4）。基于 ABBCA 的联盟链系统在处理投票交易时，只处理上面定义的正确投票（1）和恶意投票（2），错误投票和不投票为无效投票，将被忽略不计。若仅存在正确投票，系统将在规定时间轮次内选出单一合法区块，并将其记入联盟链。否则，系统可能因无法在特定时间轮次获得超过门限值数量的验证签名而无法获得共识，这种情况称为活性故障；或者由于两个冲突区块同时被最终确定而产生链分叉，这种情况称为安全性故障。

对于投票（2）、（3）、（4）3 种情况，联盟机构将启用惩罚机制。该机制受到以下几方面影响。

①恶意投票、错误投票或不投票结点占比越大，惩罚越严重。

②导致无法达成共识或链分叉情况将加重惩罚。

下面进行形式化分析。假设在联盟链某块 s 上写入 m 个区块后（m 为常数）块 s 被概率确认，则第 i 轮块 s 的区块确定因子（block finalisation factor，BFF）为：

$$BFF_{i,r_{s,i}} = \begin{cases} 0, r_{s,i} = 0, \\ r_{s,i}, r_{s,i} < m, \\ m, r_{s,i} \geq m, \text{且} h(s_i) - h(s) \geq m, \\ h(s_i) - h(s), r_{s,i} \geq m, \text{且} h(s_i) - h(s) < m。 \end{cases} \quad (3.11)$$

其中，$r_{s,i} \in N$ 为从区块 s 写入联盟链至当前轮次 i 经历的共识轮次。$r_{s,i} \geq m$，$h(s_i)-h(s)<m$ 时，意味着区块 s 之后的 $r_{s,i}$ 个轮次中存在未共识轮次。例如，由于恶意投票、错误投票或不投票结点占比较大，正确投票达不到预设共识门限值，无法获得共识。

$v_j \in V$，$0<j \leq M_i$，M_i 为第 i 轮验证结点总数，验证结点 v_j 在第 i 轮的投票记为 $Y_{v_j,i}$

$$Y_{v_j,i} = \begin{cases} 1, \text{验证结点} v_j \text{在第} i \text{轮正确投票}, \\ 0, \text{其他} 。 \end{cases} \quad (3.12)$$

通过分析验证结点行为，得出用以表征联盟机构共识能力的验证结点聚合指数。机构在第 i 轮的归一化验证结点聚合指数 C_i 可表示为：

$$C_i = \begin{cases} \dfrac{\sum_{v_j \in V} Y_{v_j,i} g(1-a)}{M_i g |BFF_i - N|}, & BFF_i < N, \\ \sum_{v_j \in V} Y_{v_j,i} g(1-a) / M_i, & BFF_i = N 。 \end{cases} \quad (3.13)$$

由拜占庭结点占比 $a \in (0, 1/3)$ 可知，$2/3 < (1-a) < 1$，且当 $BFF_i < N$ 时，$|BFF_i - N| \geq 1$，因此 $C_i \in (0, 1)$。

3.3.2 联盟链共识脆弱性

链生成模型 ACCGM 中，联盟链网络是部分同步的，结点间交易传递存在上界有限延迟，验证结点可自主选择在各共识轮次内发出投票交易的时机，然而无法确保各轮次验证结点投票交易在该轮次结束前在联盟链网络各结点间同步。投票交易发出过早，将导致验证结点无法在共识轮次内对其他更具竞争力的区块进行投票；投票交易发出过迟，可能导致共识活性故障。此外，仅在各共识轮次产生共识区块后准许发送验证结点更新交易，对验证结点集进行动态管理。因此，在单一共识轮次内，需考虑网络分区、网络时延、拜占庭结点占比、验证结点状态等对共识过程的影响。前文已对网络分区和网络时延进行了说明,下面重点分析拜占庭结点占比和验证结点状态对共识过程产生的影响。

3.3.2.1 基于拜占庭结点占比的共识脆弱性

联盟链系统结点分为在底层链上将交易排序并打包区块的普通结点和为新生区块投票的验证结点。普通结点和验证结点之间存在某种相互依赖关系,普通结点收集和分类交易,确定交易在联盟区块中的排序,并将全局计算机状态信息(合约变量等)和相关数据作为交易的一部分写入区块,验证结点发送的投票交易与普通交易一样,需要由普通结点将其打包记账。拜占庭普通结点可以拒绝将某些验证结点的投票交易包含在他们提议的块中,还可以通过提高工作态拜占庭结点占比或在共识轮次提早发出投票交易,来提升成功执行上述攻击的概率,甚至通过网络攻击胁迫其他结点执行相同的操作。

当有足够多的非拜占庭结点在某段时间处于离线状态,将增加拜占庭结点占比,大大提升系统产生分叉链的可能性。假定基于 ACCGM 的联盟链网络中拜占庭结点占比为 a,且在该单一联盟链上协同工作的诚实结点占多数,在实际工作场景下,结点离线、网络延迟、日蚀攻击、女巫攻击等将会对 a 产生影响。在基于 ACCGM 的联盟链网络中,存在拜占庭结点在当前链尾区块 s 创建比当前链更长链的可能性,发生上述事件的概率对分叉块 s 和新链尾区块 s' 的块高差 m 呈现指数递减($s \neq s'$)。当拜占庭结点发起攻击时,若原始链块 s 后有 m 个子孙区块,则从块 s 处产生更长的分叉链 s' 的概率为 $(a/(1-a))^m$,当 m 足够大时,上述恶意攻击将变为实际不可行。拜占庭结点占比与系统安全性的关系如图 3.1 所示。

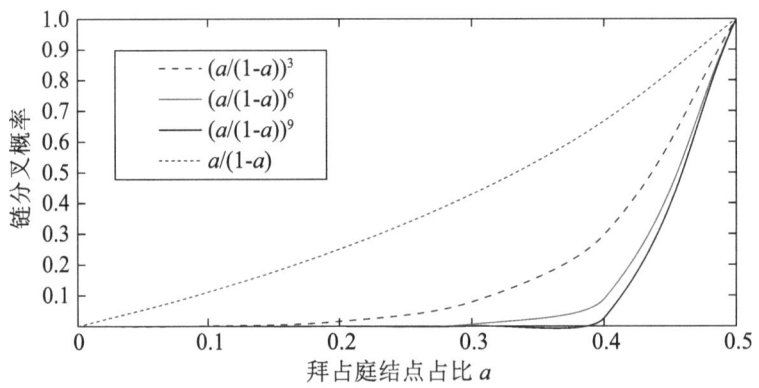

图 3.1 拜占庭结点占比与系统安全性的关系

可以看出，当 a 不变时，随着 m 值的增加，产生拜占庭分叉链的概率显著降低，当 $a=1/3$，$m=9$ 时，产生拜占庭分叉链的概率约为 5×10^{-4}，几乎可以忽略不计。然而，随着 a 值的增大，特别是当 a 值接近 0.5 时，在任何 m 取值下，产生拜占庭分叉链的概率都接近 1。

3.3.2.2 基于结点信誉的共识脆弱性

在基于 ACCGM 的联盟链分布式网络环境下，由机构作背书为结点提供初始信誉，这是一种基于认证和授权的静态信任管理机制。然而，在各结点自主参与计算过程中，使用初始信誉评估结点行为往往呈现出一定程度的滞后性。例如，联盟链网络中结点具有交易或区块路由转发能力，受到恶意劫持的高初始信誉结点可自主更改转发路由，甚至丢弃部分交易或区块。若高初始信誉结点提供欺诈服务或不提供服务，将严重威胁系统共识。为提高结点信誉评价的准确性和动态适应能力，本部分建立了基于共识轮次信息反馈的联盟链结点信任模型，给出依赖来自结点间加权信任反馈的结点信誉动态维持机制，并对上述模型进行定性和定量评估，进一步分析结点信誉与联盟链网络共识的关系。

定义 3.7 结点可信度评价函数。第 i 共识轮次结点 p 对结点 q 的可信度评价定义为函数 $f(p,q)^i$：

$$f(p,q)^i = \begin{cases} f(p,q)^{i-1} + \partial(1-f(p,q)^{i-1}), & i>0 \\ 1/2, & i=0 \end{cases} \quad (3.14)$$

式（3.14）中，∂ 为联盟机构对联盟结点集信任度的标准差。

定义 3.8 结点集信任度评价函数。假设各共识轮次联盟链结点个数均为 k，用 $\eta\in(0,1]$ 表示一段时间内正常工作的验证结点占比，$(1-\eta)$ 表示非正常工作的验证结点占比，机构信誉值随 η 值动态变化，则第 i 共识轮次联盟机构结点集信任度可表示为：

$$D_{G,i} = \begin{cases} \eta g \dfrac{\sum\limits_{k=0}^{i}\sum\limits_{p,q\in S} f(p,q)}{ik^2}, & i>0 \\ \eta, & i=0 \end{cases} \quad (3.15)$$

式（3.15）中，$i=0$ 表示在初始轮次结点间没有交互历史，将初始轮次的直接信任度设定为 η。

系统在每轮开始共识之前,当验证结点集信任度评价函数 $D_{r,i}$ 值低于门限值时,对验证结点集合进行动态调整。

①保持每个轮次结点可信度评价函数值高于预设值的验证结点的信誉值不变。

②减少结点可信度评价函数值低于预设值或不投票验证结点的信誉值。

③将信誉值低于信誉阈值的验证结点移出验证结点集。这将导致正常工作的验证结点在联盟机构的影响力增加,显著降低系统共识风险。

3.4 基于异步二元拜占庭共识的链生成机制

通过上述对网络分区、网络时延、拜占庭结点占比、验证结点状态等对共识过程影响的分析发现,存在 $K<k/3$ 个拜占庭结点的联盟链系统中,可以使用结点的本地随机策略或共享公共随机策略来概率性地解决 k 个结点之间的共识问题,然而,这些解决方案通常需要一个独特的协调进程,有时称为领导者,才能无故障。优点是,如果协调器没有故障,并且消息在异步轮次中及时传递,那么协调器将其提议广播给所有进程,并且该值是在恒定数量的消息延迟后决定的。缺点是一个有缺陷的协调器可以通过利用它在一轮中拥有的力量并将其价值强加给所有人来显著影响算法性能。非故障进程别无选择,只能在这一轮中什么决定都不做。因此,现有研究不能有效解决异步消息传递系统中的共识问题。为解决上述问题,下面进一步分析拜占庭结点对联盟链共识的影响,给出一种新颖的基于 ABBCA 的联盟链生成机制。该机制是时间最优、弹性最优且不需要签名的。与经典(强)协调器相反,该机制中的弱协调器不会强加其价值。一方面,这允许非故障进程在没有协调器帮助的情况下快速确定一个值。另一方面,如果非故障进程知道它们提出了可能全部决定的不同值,则协调器会帮助算法终止。

基于 ABBCA 的联盟链生成机制依赖于结点二元取值的多对多通信,扩展了拜占庭共识的通用定义,允许一个确定的共识值集组合多个提议。一方面,假设仅由拜占庭结点提议的值不能被共识,非拜占庭结点可以在无协调结点帮助的情况下快速确定共识结果。另一方面,如果非拜占庭结点提议的共识值不一致,将提前终止该轮共识。令 $\Re$ 是由结点提议的一组共识值集,在多元共识中 $\Re$ 可以包含任意数量的值,为简化问题,在二元共识中取 $\Re=\{0,1\}$。假设每个非拜占庭结点都提议一个共识值,二元拜占庭共识问题可转换为让每个结点以满足以下属性的方式决定一个值。

- 确定性。每个非拜占庭结点最终都会提议一个用于共识的值。
- 一致性。没有两个非拜占庭结点决定不同的值。
- 有效性。如果所有非拜占庭结点都提议用于共识的相同的值,则共识结果不会是其他值。

ABBCA 算法依赖于结点二元取值的多对多通信(binary value broadcast,BiVa-B)。在 BiVa-B 实例中,每个非拜占庭结点 n_i 广播当前轮次用于共识的二元值,并通过网络获得一组其他结点提议的用于共识的二元值,存储在本地只读变量集 ξ_i 中,ξ_i 初始化为 $\varnothing$,当接收到新值时集合 ξ_i 元素增加。

BiVa-B 由以下 4 个规则定义。

规则 3.4 增量规则。如果至少 $(\kappa+1)$ 个非拜占庭结点 n_i 广播相同的值 $\Re$,则各非拜占庭结点 n_i 将 $\Re$ 添加到其本地只读变量集 ξ_i 中。

规则 3.5 反向规则。如果 n_i 是非拜占庭结点,且 $\Re \in \xi_i$,则 $\Re$ 已由非拜占庭结点进行广播。

规则 3.6 扩散规则。如果非拜占庭结点 n_i 将 $\Re$ 添加到其本地只读变量集 ξ_i,则最终对每个非拜占庭结点 n_j,有 $\Re \in \xi_i$。

规则 3.7 均衡规则。最终,每个非拜占庭结点 n_i 的本地只读变量集 ξ_i 不为空。

基于上述规则,每个非拜占庭结点 n_i 的本地只读变量集 ξ_i(i)变为非空,(ii)变为相等,(iii)包含非拜占庭结点广播的所有值,并且(iv)不包含仅通过拜占庭结点广播的值。

下面建立系统模型 $ABBCA_{\delta}^{k,\kappa}[K<k/3]$,该模型可以在异步消息传递系统中提供较强的系统有效性和一致性,以及满足联盟链应用需求的确定性,结点 n_i 涉及的局部变量如表 3.2 所示,主要流程如算法 3.1 所示。结点 n_i 在异步轮次中通过调用 bin-propose($\Re_i$)提议共识初始值 $\Re_i$,把 $\Re_i$ 赋值给二元提议共识值的本地当前估计 $estimate_i$ 之后,各非拜占庭结点进入一系列异步轮次。在任意轮次 r 中,非拜占庭结点 n_i 分 3 个阶段进行。

表 3.2 结点局部变量

符号	意义
$estimate_i$	结点 n_i 提议共识值的本地当前估计,被初始化为 n_i 提议的共识值
r_i	本地异步轮数,初始化为 0
$\xi_i[r_i]$	表示第 r 轮由 BiVa-B 构造的本地共识值集,初始化为 $\varnothing$
β_i	辅助二元数值
α_i	辅助值集
Estimate[r]( )	用于存储 n_i 在第 r 轮广播的当前决策估计 $estimate_i$
Auxiliary[r]( )	用于广播 $\xi_i[r]$ 的当前值

算法 3.1 $ABBCA_\delta^{k,K}[K<k/3]$ 算法

输入:联盟链 C,结点 n_i 在第 r 轮提议的共识值估计 $\Re_i$;
输出:第 r 轮的共识值。

Function bin_propose($\Re_i$)
 $estimate_i \leftarrow \Re_i; r_i \leftarrow 0;$// 把共识初始值 $\Re_i$ 赋值给二元提议共识值的本地当前估计 //$estimate_i$
 While(true) do
  BiVa-broadcast Estimate[r_i]($estimate_i$);// 广播结点当前二元共识估计值
  Wait_until($\xi_i[r_i] \neq \varnothing$);
  Broadcast Auxiliary[r_i]($\xi_i[r_i]$);// 结点 n_i 广播消息 $\xi_i[r]$
  Wait_until(messages Auxiliary[r_i]($\beta\_val_{n(1)}$), ..., Auxiliary[r_i]($\beta\_val_{n(k-K)}$))
   //n_i waits until has been received from ($k-K$) different nodes $n(x)$,
   //$1 \leq x \leq (k-K)$, and their contents are such that $\exists \alpha_i \neq \varnothing$ where(i)
   //$\alpha_i = \bigcup_{1 \leq x \leq (k-K)} \beta\_val_{n(x)}$ and(ii)$\alpha_i \subseteq \xi_i[r_i]$;
  $\beta_i \leftarrow r_i \bmod 2;$// 结点 n_i 确定共识值的候选者
  If($values_i = \{\Re\}$)
   $estimate_i \leftarrow \Re;$// 如果 α_i 包含单个元素 $\Re$,则 $\Re$ 成为 n_i 的新估计值
  Else
   // 如果 $\alpha_i = \{0, 1\}$,那么结点 n_i 无法决定。为了收敛到一致,n_i
    $estimate_i \leftarrow \beta_i$// 选择其中一个值作为它的新估计值
  End If
 End while
 When b_val[r]($\Re$) is BiVa-delivered by BiVa_broadcast[r] do

$\xi_i[r] \leftarrow \xi_i[r] \cup \{\Re\}$ // 当共识提议值通过 BiVa-deliver 转发并广播时，将其添加 $\xi_i[r_i]$

Return $\xi_i[r_i]$;

End function

阶段1：共识值清洗。过滤掉拜占庭结点提议的共识值。结点 n_i 进入下一轮，广播其当前二元共识值估计。在 BiVa-broadcast( ) 算法中，结点 n_i 从 $K+1$ 个结点接收到相同的共识提议值后，重新广播该值。当从 $2K+1$ 个不同进程接收到 $\Re$ 时，各结点 n_i 才将其添加到 $\xi_i[r]$ 并转发该值。此外，当一个共识提议值通过 BiVa-deliver 转发时，它也会被添加到 $\xi_i[r]$ 中。最终，所有非拜占庭结点的集合 ξ 变为非空、相等，并且仅包含非拜占庭结点广播的所有共识提议值。

阶段2：共识值估计交换，达成共识。在这个阶段，结点 n_i 广播消息 Auxiliary[r]( )，其内容是 $\xi_i[r_i]$。然后，结点 n_i 一直等待，直到它收到一组满足以下两个属性的 α_i 值。

- α_i 值来自至少 ($k-K$) 个不同结点的 Auxiliary[r]( ) 集合。
- $\alpha_i \subseteq \xi_i[r_i]$，由于第一阶段可以过滤掉拜占庭结点的 BiVa-broadcast( ) 返回值，即使拜占庭结点发送包含仅由拜占庭结点提议值的虚假消息集 Auxiliary[r]( )，α_i 也将仅包含由非拜占庭结点广播的共识值估计。

因此，在任何一轮 r 中，$\alpha_i \subseteq \{0, 1\}$ 仅包含由非拜占庭结点使用 BiVa-broadcast( ) 算法广播的值。

阶段3：共识确定值收敛。此阶段是确定结点 n_i 共识值候选者的本地计算阶段，共识确定值收敛过程取决于 α_i 的内容。

- 如果 α_i 包含单个元素 $\Re$，则 $\Re$ 成为结点 n_i 的新共识值估计，同时也是共识确定值的候选者。
- 如果 $\alpha_i = \{0, 1\}$，那么结点 n_i 无法决定新共识值估计。由于这两个值都是由非拜占庭结点提出的，为了收敛一致，n_i 可以依据共享策略选择其中一个值作为它的新共识值估计。例如，选择 $b = r \bmod 2$，因为该值在同一轮的所有非拜占庭结点中都是相同的。

上述基于 ABBCA 的联盟链生成机制中，结点 n_i 通过调用 decide($\Re$) 获得当前轮次的共识值 $\Re$，然而调用 decide($\Re$) 并没有终止其对算法的参与，即调用返回后

结点 n_i 继续循环执行下去，这是因为结点决策过程中可能需要帮助其他结点在随后的两轮中收敛到确定的共识值。

3.5 实验验证

为对本部分提出的基于异步二元拜占庭共识的链生成机制性能进行测试，我们在 5 台服务器上构建了由 100 个虚拟验证结点组成的 Ethereum 仿真测试环境，并将其性能与 Mostéfaoui 等[183]已在 HoneyBadger 区块链中应用的随机算法"Coin"进行比较，实验表明在现有工作负载下，我们的算法优于在 $o(1)$ 轮中终止的"Coin"算法。这是由于实施代币的开销会减慢各轮的速度，以及通过增加决策所需的轮数来增加投掷代币的风险。即使存在拜占庭行为，我们的算法也总是优于后者。

实验平台如下：CPU 为 Xeon-E5、内存大小为 64 GB、操作系统为 Ubuntu-64bit。构造联盟链 C_A，验证结点总数 $n=100$，拜占庭结点占比记为 a，联盟链构造交易时间间隔记为 Δ，单次共识的交易数量记为 τ。

鉴于拜占庭结点行为会极大地影响基于二元拜占庭共识的链生成过程，构造以下 4 种典型拜占庭攻击行为（Byzantine attack，BA）进行系统性能测试。

- BA1：拜占庭结点发送比特翻转值，即在协议规范期望发送比特 $\tilde{b}$ 时，拜占庭结点发送比特 b；
- BA2：拜占庭结点发送比特随机值和翻转值的组合。
- BA3：拜占庭结点不响应任何事务。
- BA4：拜占庭结点形成联盟，通过发送消息来阻碍非拜占庭结点在各轮次的共识进度。

3.5.1 时延测试

为消除构造交易时间间隔对时延的影响，参考之前的工作[184]，取 $\Delta=1$ ms，在本部分限定的 4 种经典拜占庭结点攻击行为 BA1~BA4 下，与 Mostéfaoui 等的经典拜占庭共识算法 Coin[183] 的时延对比情况如图 3.2 所示。

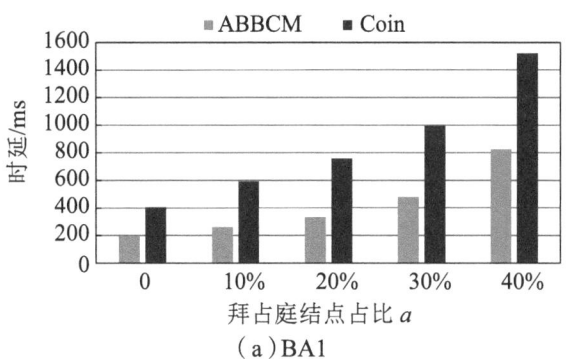
（a）BA1

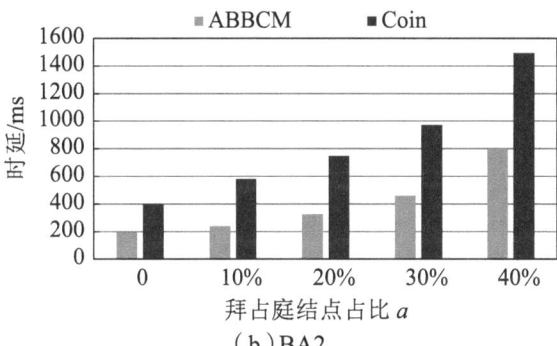
（b）BA2

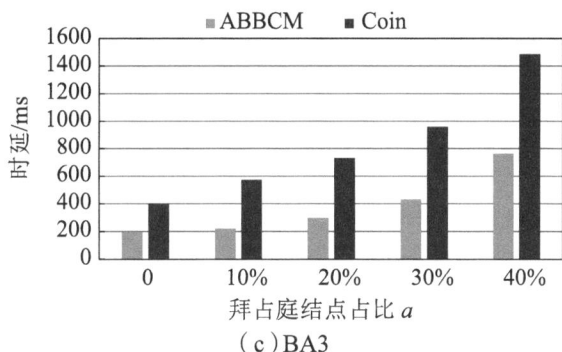
（c）BA3

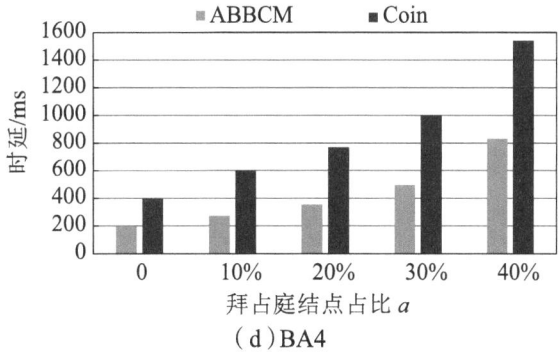
（d）BA4

图 3.2 ABBCA 与 Coin 的时延对比

由图 3.2 可以看出，随着拜占庭结点占比 a 逐渐增大，ABBCA 与 Coin 两种算法的时延均有所增加，且 a 值越大，两种算法的时延增量越显著，这表明交易处理时延与拜占庭结点占比呈正相关。在特定的 a 取值及本部分限定的 4 种经典拜占庭结点攻击行为 BA1~BA4 下，ABBCA 时延均优于 Coin 时延，4 种攻击行为下，ABBCA 总时延相较 Coin 降低了 52%。当 $a \rightarrow 0^+$ 时，ABBCA 与 Coin 算法下交易时延趋于稳定，随着 a 值增大，在 4 种经典拜占庭结点攻击行为 BA1~BA4 下交易时延呈现出一定弱鲁棒性。在图 3.2（c）中，BA3 攻击行为下，ABBCA 算法取得时延均值最小值 382 ms，在图 3.2（d）中，BA4 攻击行为下，ABBCA 算法取得时延均值最大值 331 ms。

3.5.2 吞吐量测试

（1）共识轮次时间 r 不受限

共识轮次时间 r 不受限是指将 r 置为足够大，使得区块交易可以在小于 r 的时间内达成共识，此时共识轮次时间将不会对共识时间及吞吐量产生影响。根据时延测试结果，将 r 设置为 1 s，拜占庭结点占比 a=33%，联盟链构造交易时间间隔 Δ=1 ms，单次共识的交易数量 τ=10，20，30，40，在本部分限定的 4 种经典拜占庭结点攻击行为 BA1~BA4 下进行吞吐量测试，测试结果如图 3.3 所示。

由图 3.3 可以看出，在共识轮次时间 r 不受限条件下，4 种拜占庭攻击场景中吞吐量均随着单次共识交易数量的增加而增加。在特定的拜占庭攻击场景下，当单次共识交易数量从 1 缓慢增加时，系统吞吐量显著提升，如图 3.3 中由 τ=10 至 τ=20 阶段；当单次共识的交易数量增加到一定程度时，系统吞吐量增量放缓，如图中由 τ=30 至 τ=40 阶段。4 种攻击场景下，拜占庭攻击 BA3 对系统吞吐量影响最弱，最大吞吐量均值为 243 TPS，这是由于不做任何响应的拜占庭结点攻击方式增大了非拜占庭结点占比，从而在某种程度上减少了共识时间；拜占庭攻击 BA4 对系统吞吐量影响最强，最大吞吐量均值为 232 TPS。

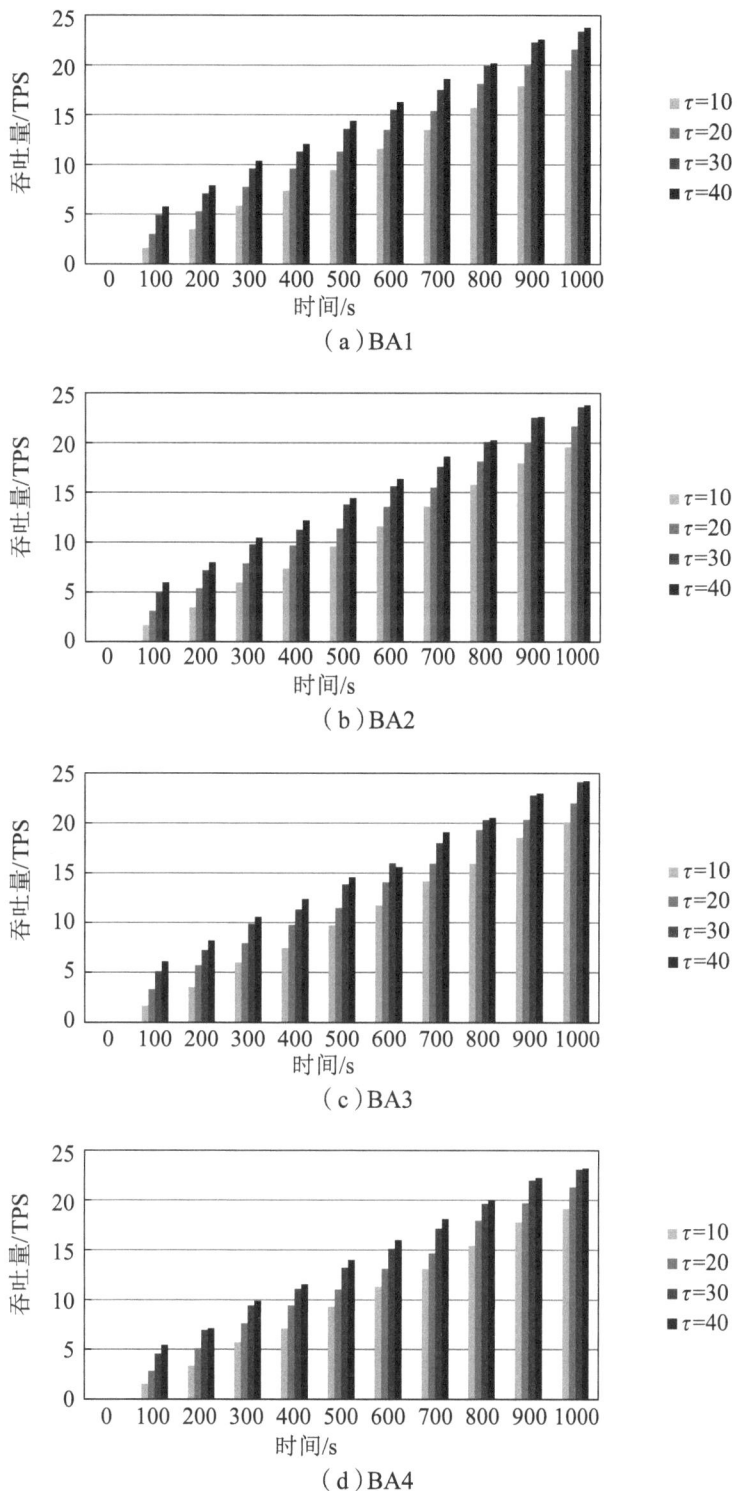

图3.3 不受限条件下的吞吐量测试

（2）共识轮次时间 r 受限

共识轮次时间 r 受限是指将 r 设置为能够对共识时间及吞吐量产生影响的合理值。根据时延测试结果，将 r 设置为 500 ms，拜占庭结点占比 $a=33\%$，联盟链构造交易时间间隔 $\Delta=1$ ms，单次共识的交易数量 $\tau=10, 20, 30, 40$，在本部分限定的 4 种经典拜占庭结点攻击行为 BA1~BA4 下进行吞吐量测试，测试结果如图 3.4 所示。

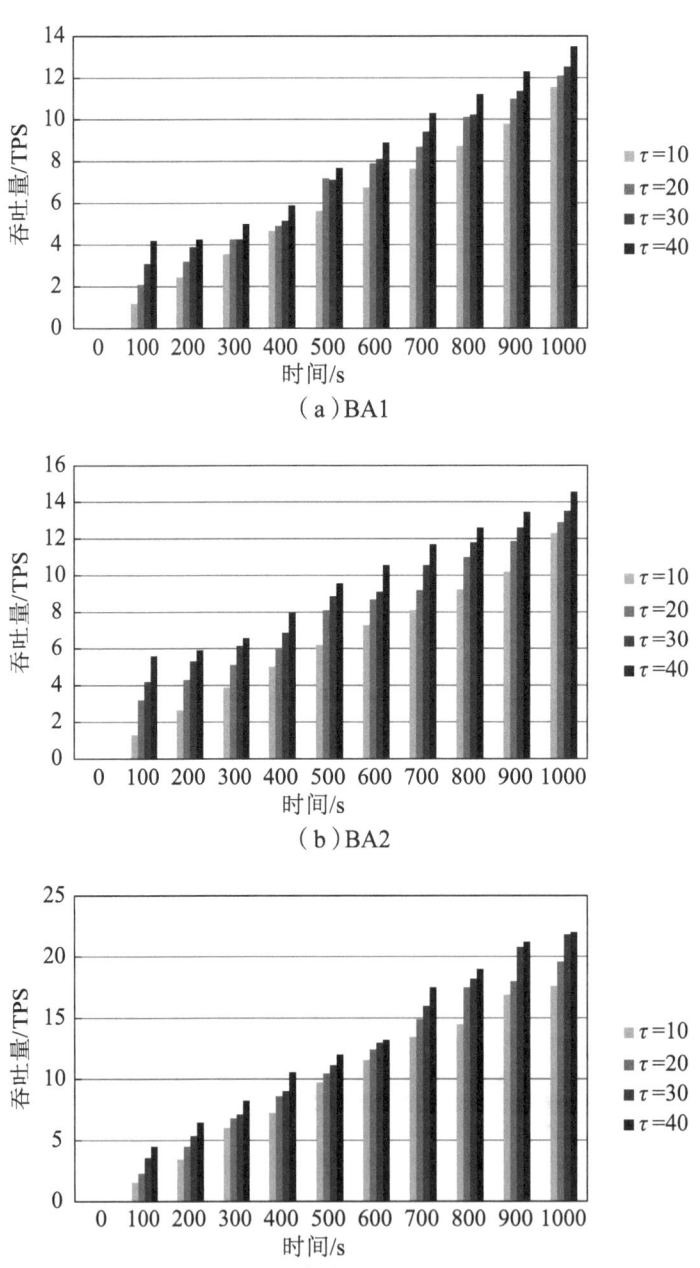

（a）BA1

（b）BA2

（c）BA3

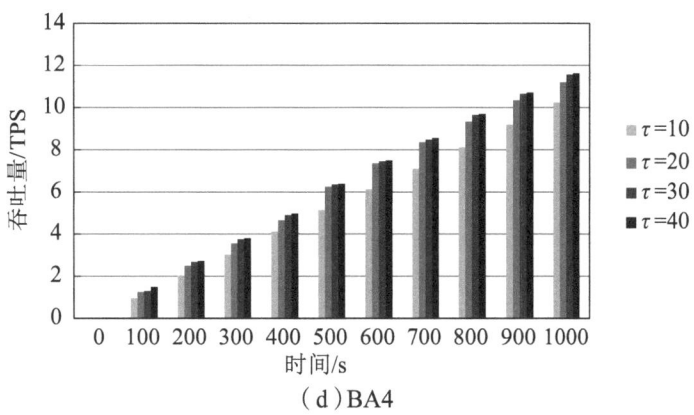

（d）BA4

图 3.4　受限条件下的吞吐量测试

相比不受限条件下的吞吐量测试结果，图 3.4 中将共识轮次时间 r 设置为 500 ms 时，系统吞吐量在 4 种攻击方式下均有所下降，同等条件下获得的最高吞吐量均值下降 9.2%，最低吞吐量均值下降约 50%。图 3.4（c）中，BA3 攻击方式下，系统吞吐量下降幅度较小，这是由于拜占庭结点不响应任何事务从某种程度上增大了非拜占庭结点的影响力，因此，削弱了共识轮次时间对共识效率的影响。图 3.4（a）和图 3.4（d）中，BA1 和 BA4 攻击方式下，系统吞吐量下降幅度较大，这是由于拜占庭结点的影响降低了共识效率，导致部分共识无法在一个共识轮次时间内完成，尤其是单次共识交易数量较多时，上述影响更加显著。此外，在 BA4 攻击方式下，拜占庭结点形成联盟后，无法控制来自非拜占庭结点消息的速度或顺序，但可以观察并根据非拜占庭结点接收或转发消息的时机，来决定他们发送消息的时间，从而更加显著地阻碍轮次内的共识进度。

3.6　结论

目前，在完全异步的消息传递系统中，还没有一种有效的共识算法可以同时确保安全性和活跃性，即使只有单个进程也可能会导致联盟链系统崩溃。然而，在实际应用场景中，崩溃失败模型没有拜占庭式失败模型导致的影响严重，因为如果进程提交拜占庭式失败，那么系统就不可能达成共识。为了规避这种不可能性，并确保共识终止属性，本部分通过建立拜占庭环境下基于 ANS 的联盟链生成模型，进一步分析链结构对其性能的影响，给出避免链分叉的单链生成规则。在此基础上，对网络分区、网络时延、拜占庭结点占比、验证结点状态等对共识过程的影响进一步分析，给出一种新颖的基于异步二元拜占庭共识的联盟链生成机制。该机制不使用经典（强）协调器，也不依赖于随机化或签名，这意味着它不等待特定消息。在构造的 4 种经典拜占庭攻击行为下，上述机制表现出较好的异步环境共识效能。未来将在基于异步二元拜占庭共识机制研究的基础上，研究多元拜占庭共识机制效能与链生成过程中结点行为的关系，来满足更多实际应用场景的需要。

第二部分
区块链应用

在当今的数字化时代，区块链技术作为一种创新的信息技术，以其独特的去中心化、数据不可篡改、透明度高等优势，引起了全球范围内的广泛关注。区块链的概念源于比特币，仅用于电子加密货币的发行和价值流动，电子加密货币被认为是一种投机性投资，然而，近年来越来越多的商业行为允许客户使用电子加密货币进行支付，其应用潜力远远超出了数字货币领域。coinmap.org 网站提供了接受比特币作为支付方式的企业的汇总视图，如图 4.1 所示。

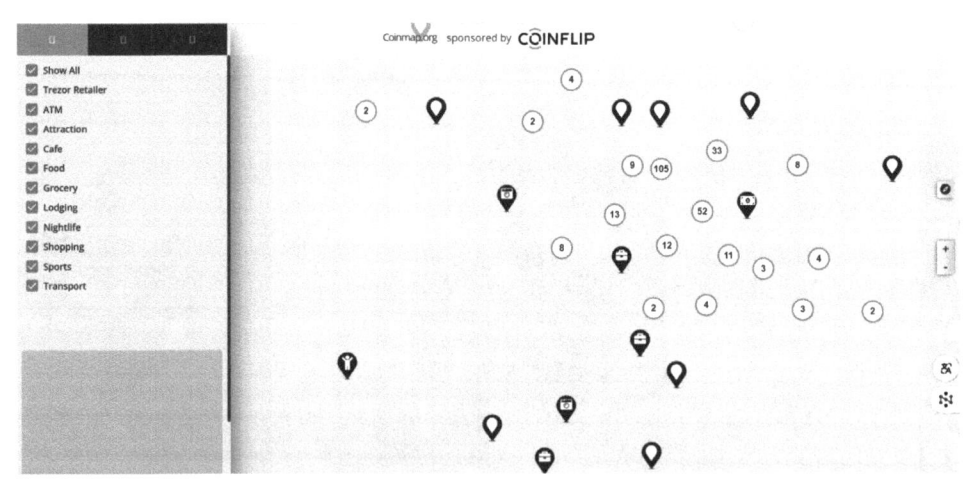

图 4.1 接受比特币作为支付方式的企业汇总

随着比特币的成功，近年来涌现出许多其他加密货币，被业内统称为"atlcoins"，意为"比特币的替代品"，比较有影响力的有 Tether、Tezos、Litecoin、

Monero 和 Maker 等。近十余年来，区块链已从单一的仅支持电子加密货币交易的底层技术发展到能够支持更多复杂交易和相关领域应用的可编程技术平台。其中，以太坊是首个允许开发和部署智能合约和去中心化应用程序，拓展区块链应用的可编程平台。这种新的演变增加了区块链技术被应用的机会，为解决长期以来困扰供应链管理、能源交易、金融服务、身份验证、版权保护等多个领域的信任和安全问题提供了一种新的解决方案。特别是，在分布式能源交易领域，区块链技术的研究和应用发展迅速，在国外，已经有多个项目和实验室尝试区块链技术在智能电网、分布式光伏发电及交易系统等场景中的实际应用。在美国、欧洲等地的科研机构和企业已经陆续开展了一系列关于确保数据安全、提高能源交易效率、增强交易透明度的项目。这些项目都已经取得了初步成果，不仅使区块链技术在能源领域的应用展现了广阔前景，同时也不断推动着相关理论和技术的创新与发展。

对于区块链技术的研究和应用，国内起步相对较晚，但发展势头迅猛。特别是在国家政策的推动和企业的积极参与下，国内高校和研究机构积极参与区块链技术的理论研究，开展了一系列的研究和探索，研究内容覆盖了区块链的基础理论、共识机制、智能合约和安全性分析等多个方面，区块链技术的研究和应用正逐渐在各个领域迅速发展。近年来，国内研究者根据我国特有的社会和技术环境，提出了一些适合我国国情的创新机制，比如将共识机制与生物识别技术相结合，这有利于提高区块链系统的安全性和隐私保护能力。与此同时，智能合约的安全性问题也是国内研究者研究的重点，研究者通过对智能合约中可能存在的安全性问题进行分析，提出了多种优化和提高安全性的方法。在分布式能源领域，国内的科研机构和企业正在积极利用区块链技术应在能源交易中存在的诸多问题，包括交易效率低下、数据安全性与隐私性保护不足、系统可信性有待提高等。

我国作为一个高度重视科技创新的国家，对区块链技术的研究和应用具有浓厚的兴趣，并将其作为新一代信息技术的重要组成部分，高度重视区块链技术的发展，同时也在"十四五"规划中明确提出要加快区块链技术的创新与应用。在此背景下，区块链技术的研究与应用在我国得到了迅速发展，特别是在分布式存储、分布式能源交易等领域展现了广阔的应用前景。但是，区块链技术在这些领域的应用也面临着很多挑战。例如，如何将区块链技术与分布式光伏发电应用场景深度融合，确保分布式光伏发电发挥最大作用；如何平衡隐私保护与数据共享之间的关系，既要确保数据的安全和隐私，又要实现数据的共享和流通；如何实现高效可靠的共识机制，保证整个分布式光伏发电系统的稳定性和可靠性，从而促进分布式光伏发电行业的可持续发展等。

本书第二部分将针对区块链技术在具体应用场景下的效率、可扩展性、安全性等问题及相关研究现状进行介绍。

第四章
基于区块链的分布式存储应用

数据不断增长,在单个服务器上存储和处理大量数据变得非常困难,迫切需要探索一种更经济、更安全、更高效的数据存储方式。分布式存储技术使用多台机器以复制方式分发数据,将数据存储在物理上或地理上相距较远的一组机器上,这些机器可以在共享状态下同时运行,且彼此独立。分布式存储技术改进了在多个结点上处理和服务数据的过程,极大地推动了存储技术的发展,使得基于分布式存储的系统具有高可用性、高可靠性和强容错性等特点。然而,此类系统也存在一些共性的问题。例如,缺少内置的激励机制以确保结点提供服务的时间,对等结点间无法建立信任等。与此同时,区块链技术作为解决上述问题的一种方法应运而生。区块链被定义为比特币的底层框架,其去中心化特性提供了对等结点间完全的独立性,此外,该技术内嵌激励机制,允许使用智能合约和证明机制构建数据存储基础架构。因此,区块链技术能够在去信任的系统中建立信任,在分布式对等结点之间达成共识,并强制成为系统的一部分,这是传统分布式存储系统所缺少的特性。本部分介绍几种应用成熟度较高的基于区块链技术的分布式存储平台。

4.1 SiaCoin

Siacoin 是由美国程序员 David Vorick 等于 2013 年提出的一种基于区块链技术的去中心化存储解决方案，采用 PoSt（Proof of Storage）共识机制，由全网结点提供存储资源，并对数据进行加密，确保数据在传输和存储过程中的安全性，旨在解决中心化存储服务中存在的问题，如隐私泄露、数据丢失、成本高昂等，确保数据的安全性和透明性。支持智能合约，用户可以自定义存储和支付规则，实现自动化交易，相较于传统中心化存储服务，具有更低的使用成本。

2015 年，Siacoin 完成众筹，并发布了白皮书。2016 年，Siacoin 发布了 Sia 1.0 版本，实现了基本的存储和检索功能。2017 年，Siacoin 网络结点数量迅速增长，市值一度进入全球加密货币前 50 名。2018 年，Siacoin 团队推出 Sia 1.3.3 版本，引入了智能合约和去中心化交易所等功能。随着互联网数据存储需求的不断增长，Siacoin 在数据存储市场中发挥着重要作用，主要用于个人云存储、企业级存储、内容分发等领域。

下面从系统成熟度、区块链结构、共识机制、容错机制、安全性和去中心化程度等几方面对 Siacoin 平台的存储特性进行分析。

（1）系统成熟度

SiaCoin 采用比特币脚本机制的扩展版本，为用户提供简单的存储界面，并向用户屏蔽存储细节，是去中心化且支持在对等结点间运行智能合约的开源技术存储平台。SiaCoin 不需要向中心化存储资源提供商租用存储空间，允许在对等结点之间租用存储空间。在第三方软件的帮助下，SiaCoin 还与商业云提供商使用的对象存储 API 兼容。因此，SiaCoin 具有较高的系统成熟度。

（2）区块链结构

SiaCoin 项目的扩展脚本支持存储合约的创建和实施，提供在区块链上保留存储合约的机制，以支持在区块链中存储所有必要的合约数据，使其可公开审计。SiaCoin 使用合约、存储证明及合约更新 3 种类型的脚本来实现上述功能。合约脚本用于开发实现在主机端和客户端之间存储文件的协议。存储证明脚本用于提供证明服务器保存数据的证明。合约更新脚本允许根据请求进行合约更改。

在存储提供商同意存储客户机数据后，将创建存储合约。存储合约创建后，客户向托管提供商支付费用。该费用由系统锁定，直到满足所有协议条件。所有合约都与合约条件相关，在解锁托管数据之前必须满足这些条件。锁定操作通过签署必要的交易属性来完成。合约条件包括时间锁、一组公钥和签名。满足这些要求时，即可完成存储流程。同时，主机会定期提交提供存储服务的证明，直到合约到期。

（3）共识机制

SiaCoin 使用存储证明作为共识机制。在运行该机制时，每个合约都由系统定期验证。在系统请求到达后，主机通过请求文件的 Merkle 树和哈希列表来证明其存储服务的完备性。每个证明都使用一个随机数，该随机数由系统确定并由主机提交到区块链，并且主机需要在预先指定的时间间隔内提供存储证明。每一份合约都规定了允许丢失或遗漏的证明数量的门限值。如果丢失或遗漏的证明数量超过预先指定的阈值，则合约无效。

（4）容错机制

客户端通过重新生成访问代码，增强了主机端访问控制的容错性。分布式主机和主机端文件数量可根据特定的预设代码和冗余因子进行设置，这确保了客户端进行文件访问的高可靠性。同时，支持客户端以并发方式下载数据，提高了系统的整体效率。此外，SiaCoin 平台允许客户端根据价格、数量或信誉等指标选择主机，并进行主机端冗余级别设定。

（5）安全性

在分布式存储系统中，文件都被分成若干部分存储在分布式主机上，为了保障文件内容的完整性和可靠性，在文件各分块存储到分布式主机之前对每一块进行加密，仅文件所有者能够解密所有分块并读取相关文件内容。

尽管上述安全存储机制为 SiaCoin 平台提供了基本的安全支持，但该平台仍存在一些潜在的安全威胁。例如，矿工将数据记入区块链后，主机存储数据的证明将生效，攻击者可以通过操纵用于证明主机持有文件的随机数发起区块拦截攻击，从而对系统造成威胁。然而，操纵随机数可能会导致矿工失去区块奖励，因此，出于经济动机的攻击者不会尝试进行此类攻击。恶意矿工可以通过忽略区块中的证据，导致受害主机面临一定数额的罚款，从而降低系统的可靠性和安全性。针对上述攻击，客户可以通过指定高质询频率和对丢失证据的高额处罚进行安全防御。另外，在对新文件进行分布式存储之前，主机也可以通过拒绝他们认为容易受到此类攻击的任何已签署合约进行安全防御。

（6）去中心化程度

SiaCoin 致力于构建完全去中心化的基础设施，这意味着任何外部组织或第三方都无法访问、控制系统数据或影响基础设施的可访问性。例如，SiaCoin 索引服务或由权威机构控制的 DNS 均采用去中心化方式。

4.2 Storj

Storj 是由 Wilkinson 等于 2014 年提出的一种基于区块链技术的去中心化对等云存储平台[185]。Storj 的去中心化存储网络框架包括存储结点、点对点通信和发现、冗余、元数据、加密、审计和声誉、数据修复和支付等组件。与 SiaCoin 类似，Storj 通过将数据分片并加密后存储在全网结点上，只有数据拥有者才能解密访问，确保数据的安全性和隐私性，避免单点故障和数据泄露的风险，降低了数据存储成本，通过并行处理，提供高速的数据传输和访问，已作为开源项目发布。2016 年，Wilkinson 等提出 Storj 2.0[186]。

Storj 拥有丰富的生态系统，包括众多第三方应用和工具，应用场景广泛，包括个人数据备份、企业级应用、IoT 设备等。例如，Storj 引入了存储协议 Tardigrade，该协议被用作去中心化存储的开放标准，允许开发者轻松地将去中心化存储集成到他们的应用中。Storj 支持 S3 协议，还可以作为 S3 兼容的后端，与支持 S3 协议的各种现有工具和服务无缝对接。此外，Storj 还支持不同编程语言的绑定库，方便开发人员集成到应用程序中。Storj 以其前沿的技术和广阔的应用前景，为云存储领域带来了新的可能性，无论是个人备份还是企业级服务，Storj 都提供了一种安全、高效、低成本的存储解决方案。

下面从系统成熟度、区块链结构、共识机制、容错机制、安全性和去中心化程度等几方面对 Storj 平台的存储特性进行分析。

（1）系统成熟度

Storj 使用以太坊公共链存储数据，使用 Metadisk 作为测试环境，没有单独的链，允许用户在不依赖第三方组织的情况下共享和传输数据，内置了与商业云提供商使用的对象存储 API 兼容的服务。因此，Storj 也具有较高的系统成熟度。

（2）区块链结构

鉴于区块链的不可篡改特性，为避免区块数据的快速增长，Storj 区块链上只保留元数据信息，而不是全部数据信息。链上元数据具体包括文件哈希、文件分区副本的网络位置及 Merkle 根。上述存储机制下，Storj 区块链中可以保存大量文件。然而，如果文件数量增加过多，区块链的大小也会快速增长。

（3）共识机制

Storj 不依赖于传统的区块链共识机制，而是通过一系列去中心化存储网络框架和激励机制来确保网络的稳定性和数据的安全性。Storj 假设网络中的大多数存储结点是理性的，而少数是拜占庭结点，通过激励机制鼓励网络中的理性结点表现得尽可能接近其他结点的预期行为，同时最小化或消除拜占庭行为的影响。Storj 使用 ERC-20 的 Token 来标识其存储结点的贡献，并不是一个公链项目，而是基于以太坊的应用。为了确保存储在网络上的数据分块的完整性和可用性，Storj 在 Merkle 树上提供了存储数据分块的证明，支持结点以加密的方式向用户证明其拥有该数据分块，且未以任何方式对该数据分块进行修改。

（4）容错机制

Storj 上的所有文件都被拆分为标准大小的数据分块。拆分过程如图 4.2 所示。

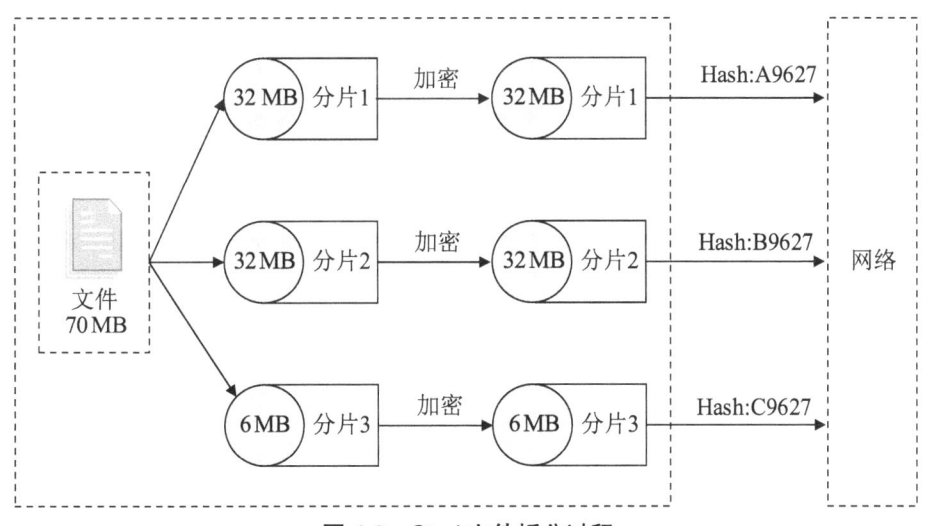

图 4.2　Storj 文件拆分过程

Storj 使用 M-K 擦除编码方案来确保数据分块可用。在上述存储机制下，可以由客户端选择网络中目标存储结点，根据文件重要性级别，调整系统冗余度，从而提高文件的读取速度。

（5）安全性

Storj 使用元磁盘模型保护链上数据。在元磁盘模型中，使用哈希函数对文件加密后安全地存储数据内容，只要哈希值未发生改动，就可以保证其对应的文件内容没有被改动。在上述存储机制下，只有文件所有者拥有文件解密密钥，可以有效抵抗中间人攻击。此外，为了加强安全机制和数据管理，文件被分成标准大小的分区，这使得解析文件变得困难。该系统还使用随机分布和唯一加密冗余副本，可以有效抵抗女巫攻击和不良行为攻击，使用擦除编码和结点分组验证方法，可以防止恶意攻击者滥用系统，并将这些攻击者从系统中移除。

（6）去中心化程度

Storj 采用去中心化存储基础架构和中心化索引服务器，因此，Storj 是部分去中心化的，其中心化索引基础设施完全由中央机构管理。因此，如果 Storj 平台的索引服务被关闭，整个基础设施都将受到影响。

4.3 FileCoin

FileCoin 是由 Benet 等于 2018 年提出的一种基于区块链和 IPFS 技术的去中心化数据存储平台[187]，通过内置的经济激励和密码学证明，激励存储提供者为用户提供存储服务，实现可靠、去中心化的文件存储。IPFS 采用分布式存储网络，使用内容寻址来提供永久的数据引用，不依赖于特定的设备或云服务提供商。Filecoin 允许用户通过向存储提供者（即存储矿工）支付费用，来安全地存储他们的文件，并持续证明文件的完整性。Filecoin 平台以其独特的技术优势和经济模型，正在成为未来数据存储的重要基石，为全球用户提供高效、可靠的去中心化数据存储市场。

下面从系统成熟度、区块链结构、共识机制、容错机制、安全性和去中心化程度等几方面对 FileCoin 平台的存储特性进行分析。

（1）系统成熟度

FileCoin 平台作为开源项目，发行了同样称为 FileCoin 的代币，客户端使用 FileCoin 代币来存储和检索数据。FileCoin 代币由提供数据存储（存储矿工）或数据检索（检索矿工）的矿工挖掘。存储矿工存储数据，检索矿工为客户端检索数据。相应地，FileCoin 平台有两种类型的代币挖掘方法。存储矿工必须提交提供存储服务的承诺，才能够接受存储系统的订单，并将从客户处获取的数据存储在其存储空间中。除了存储系统之外，FileCoin 平台还有检索系统，为客户提供数据检索服务。检索挖掘已被证明能够更有效地满足日益增长的带宽需求。除了上述功能之外，FileCoin 还有效提升了数据的完整性、可检索性、可验证性、可审计性、激励兼容性和保密性。与 Storj 和 SiaCoin 不同，FileCoin 与存储对象 API 不兼容，因此，其系统成熟度有待进一步提升。

（2）区块链结构

FileCoin 将元数据保存在区块链上，以便管理存储操作，所有管理操作都在区块链网络上进行。在主机结点上存储数据的客户，必须提交显示客户拟支付价格的订单。由存储矿工发起质押交易并提交质押，当提交的质押交易出现在区块链系统分配表后，由存储矿工向存储系统提供存储空间。矿工提交的订单中包含矿工希望接受的价格。如果出价订单和要价订单匹配，客户会将拟存储数据发送给矿工。此外，交易订单由客户签署后，由矿工提交至区块链。为了检索数据，采用了类似的过程，然而，为了防止客户和检索矿工可以直接交换数据，FileCoin 中，存储订单必须在区块链网络中处理，并且必须由去中心化网络进行检查，而检索是在脱离区块链网络见证的情况下完成的。

（3）共识机制

FileCoin 使用复制证明和时空证明共识机制，来验证存储提供者是否在承诺的时间内保持数据可用，确保数据的完整性和持续性，防止用户受到女巫攻击、外包攻击或生成攻击等恶意攻击。复制证明共识机制确保矿工将数据的任何副本存储在物理独立的存储设备中。时空证明共识机制用来证明矿工在一段时间内存储了数据，存储服务提供商定期将存储证明上传到区块链网络。这两种共识机制都为实现基于区块链的数据存储提供了特殊的工作量证明。存储矿工必须证明他们正在存储数据，并将这些证明存储在区块链中，以供其他结点在区块链网络中进行验证。

此外，Filecoin 还采用了预期共识（expected consensus），这是一种公平、不可预知且可验证的共识机制，它根据矿工的存储能力来赋予区块生成权重。

（4）容错机制

在 FileCoin 平台中，使用擦除编码（erasure coding，EC）和信息分散算法（information dispersal algorithm，IDA）来存储数据。EC 算法用于实现冗余，IDA 算法用于数据解析。FileCoin 通过这两种算法提供了可检索性。在请求提交过程中，客户端可以指定复制因子和容忍值（f, m），假设有 m 个存储矿工存储数据时，故障结点最大值为 f，且 $3f+1<m$，则故障数是可容忍的。如果增加存储矿工的数量，可以实现更高的可访问性。客户可以根据其数据的关键程度调整成本，以实现访问平衡。由网络将数据分配给矿工并更新分配表，公开存储分配过程，如果存在故障，则通过网络进行修复。

（5）安全性

在 FileCoin 平台中，客户端可以在将数据提交到网络之前对其进行加密，由存储矿工生成证明以确保其诚实特性，从而实现安全存储数据。矿工通过为系统提供存储空间而获得奖励，然而，如果矿工未对证明进行审查，则矿工将受到惩罚，且不会获得奖励。系统中的任何用户可以通过访问存储在区块链上的证明对数据的安全性进行验证。

为了确保存储安全，FileCoin 采用复制证明和时空证明共识机制，以抵御常见的几种攻击，如女巫攻击、外包攻击和生成攻击等。在女巫攻击中，恶意矿工创建多个恶意结点身份，并为物理数据存储支付多次费用。在外包攻击中，恶意矿工承诺存储的数据远远超过他们可以存储的最大容量，而实际上从其他存储提供商快速检索数据。在生成攻击中，恶意矿工使用相关工具生成存储请求，请求存储大量数据。

（6）去中心化程度

与 SiaCoin 类似，FileCoin 也适用于完全去中心化的基础设施。任何外部机构或第三方都不能访问、控制或更改基础设施的可访问性。FileCoin 中没有类似索引或 DNS 这样的由中心化管理机构控制的服务。

4.4 PPIO

PPIO是一种基于P2P的可编程去中心化存储和交付网络平台,是比现有基于云的存储平台更健壮、更安全、更高效、更经济的解决方案。PPIO项目的一些子组件是开源的,但许多项目组件是不开源的,因此,PPIO不是完全开源的项目。该项目特别关注流媒体领域文件的存储和共享,尤其是产生的流量占互联网总流量的大部分的音视频应用。通过共享经济的方式,PPIO在全国范围内部署算力服务器,针对边缘资源匹配问题和多级结点的安全可靠数据传输问题,基于大数据分析和机器学习技术,开发了数据驱动的智能匹配调度算法、分布式哈希算法、P2P网络优化算法及基于P2P的数据内容分发算法等先进的算法模块。PPIO通过其独特的技术优势和商业模式,致力于构建一个高效、低成本、安全的去中心化存储和分发网络,以满足新一代IT发展的需求。

下面从系统成熟度、区块链结构、共识机制、容错机制、安全性和去中心化程度等几方面对PPIO平台的存储特性进行分析。

(1)系统成熟度

PPIO拥有先进的存储机制,与对象存储API兼容,然而其技术架构在实现上非常复杂,需要解决多样性任务下端到端双重加密后的数据切片存储问题、边缘资源匹配问题、多级结点安全可靠数据传输问题等。这些技术挑战增加了系统成熟度提升的难度。此外,PPIO项目的发展分为"强中心""弱中心"和"去中心"3个阶段,这是一个逐步实现去中心化的过程。在初期阶段,为了实现更好的场景落地和可扩展性,PPIO暂时牺牲了一定的去中心化。这种阶段性的发展意味着系统需要在不同阶段逐步完善,也在一定程度上影响了系统成熟度的快速提升。因此,由于PPIO技术架构的复杂性、去中心化存储的特殊要求、阶段性发展策略及技术成熟度评估等的局限性,该项目目前整体成熟度较低。随着技术的不断发展和实际应用的深入,PPIO的系统成熟度有望逐步提升。

(2)区块链结构

PPIO存储系统中,将结点分为不同的角色,如用户结点、源结点、矿工结点、索引结点、验证结点和币池结点等。用户结点是系统的消费者,源结点是向其他用户提供下载服务的用户，矿工结点提供存储和带宽资源，索引结点提供索引和调度服务，验证结点验证存储证明，币池结点为用户提供支付服务，上述所有结点都可以参与 PPIO 共识。PPIO 网络发行的加密货币称为 PPIO Coin，可以作为对结点工作的奖励。PPIO 根据结点的网络行为，对结点实施激励或惩罚。

PPIO 将客户端文件的元数据保存在区块链上，通过部署和运行智能合约实现数据文件的自主授权访问。常见的智能合约有存储合约和下载合约。存储合约是当用户将对象存储在网络上时由用户创建的合约。下载合约是当用户从网络下载对象时由用户创建的合约。用户可以更新、续签或终止存储合约。在存储合约创建后，用户通过向系统支付一定数量代币触发合约执行，实现数据存储。根据结点贡献，系统将用户支付的代币按一定比例分配给矿工、验证结点和索引结点。

（3）共识机制

在任何去中心化的区块链网络中，都需要通过运行共识机制来添加和验证交易，并提供系统安全性。PPIO 存储系统也依赖共识机制来保障系统的一致性。

PPIO 项目提供 4 种不同的工作量证明方法：下载证明（proof of download，PoD）、复制证明（PoRep）、时空证明（PoSaT）和轻量级容量空间证明（light proof of capacity，LPoC）。除了前文已经介绍过的 PoRep 和 PoSaT 之外，为了确保从矿工结点正确下载数据，PPIO 项目还使用了 PoD 和 LPoC，用于验证矿工结点的存储容量。

在 PPIO 项目中，单独使用 PoSaT 无法衡量每个结点的贡献，因为即使结点没有足够的存储容量，仍然可以利用其高带宽做出贡献。因此，与提供存储服务一样，PPIO 也将提供带宽作为贡献，因此需要一种新的共识机制：首先，基于矿工提供存储和带宽服务的能力，创建候选矿工结点池；其次，使用 VRF，随机选择矿工来构建新块，在选择矿工建造一个新区块后，使用 BFT 共识对区块进行验证。

（4）容错机制

为了能够拥有可靠的存储性能，PPIO 的存储系统使用两种不同的方法来实现数据冗余。其中一种方法是复制数据，使用该方法存储数据附加的完整副本。另一种方法被称为冗余编码，即擦除编码。对数据进行分布式存储时，数据被分割成多块，当部分数据丢失时，可借助擦除编码恢复数据。

（5）安全性

PPIO 对内提供了多层次的数据安全机制，包括数据加密、多重数据备份、访问控制和审计日志等，支持无缝数据迁移和备份，开发者可以轻松地将数据从一个存储结点迁移到另一个结点，或者进行数据备份，确保数据的完整性和可用性。PPIO 对外可以防御下列 5 种不同类型的攻击：女巫攻击、外包攻击、生成攻击、分布式拒绝服务（DDoS）攻击和 Eclipse 攻击。

女巫攻击是指攻击者在网络中创建并控制多个虚假身份，以达到控制网络的多个结点的目的。PPIO 通过提高进入 P2P 网络的门槛来有效避免女巫攻击。例如，采用身份验证机制，要求网络中的每个结点都是合法的实体，以及使用下载证明、复制证明、时空证明和轻量级容量空间证明等共识机制来增强网络的安全性。

外包攻击涉及攻击者将某些任务外包给第三方，以绕过安全措施。PPIO 通过确保网络中的每个结点都执行其任务，并利用区块链技术记录数据交易和行为，以提高透明度和可信度，从而防御外包攻击。

生成攻击通常指攻击者生成大量垃圾信息或请求以淹没系统。PPIO 通过监测与检测系统及时发现并阻止此类攻击的发生，以及通过限制结点数量来降低攻击风险。

在 DDoS 攻击中，大量结点同时攻击目标结点，将在目标结点上产生巨大流量，导致目标结点无法响应正常交易。PPIO 防御 DDoS 攻击的措施包括增加带宽、使用防火墙和入侵检测系统来过滤可疑流量，以及部署流量清洗设备或服务来识别并清除恶意流量。

在 Eclipse 攻击中，受攻击目标结点的所有连接都由恶意结点控制，导致该结点与网络隔离，无法从网络的其他部分获取正确的信息，最终目标结点将完全被恶意矿工操纵。PPIO 通过构建健壮的网络拓扑和使用去中心化的加密原语来防御 Eclipse 攻击，确保结点之间的通信不被单一攻击者控制。

（6）去中心化程度

PPIO 选择逐步实现去中心化并逐步开源，以确保证明机制经过长时间的检验之后达到安全且高效的要求。其去中心化设计实现规划为 3 个阶段：在第一阶段，索引结点和验证结点将被中心化，用户结点、源结点和矿工结点采取分布式结构。在第二阶段，索引结点和验证结点将由联盟机构进行管理。在第三阶段，所有结点都采取去中心化结构。

4.5 性能比较

尽管基于区块链的存储基础设施服务于类似的目的，但它们使用的技术和机制不同，性能也不尽相同。下面对基于区块链的主流数据存储解决方案的性能差异进行对比分析。

通常，项目解决方案的技术细节会在白皮书中提供，因此是否发布了项目白皮书在一定程度上表明了一个项目的成熟度级别。项目 SiaCoin、Storj、FileCoin、PPIO 都发布了白皮书，并在这些文件中提供了详细的项目信息。

成熟度的第二个参数是当前的量产水平。前文介绍的 4 个项目中，SiaCoin 主网已经运行了很长一段时间，该项目完全处于量产阶段，用户可以通过下载和使用客户端应用程序使用 SiaCoin 基础网络存储设施。尽管 Storj 已经宣布开始量产，但尚未提供可供终端用户访问的环境。目前，另外两个解决方案 FileCoin 和 PPIO 尚未进入项目量产阶段，其解决方案尚未在主网发布，因此，其技术的工作逻辑或建议架构可能会发生变化。可以看出，本书介绍的 4 个基于区块链的存储基础设施项目中，SiaCoin 在量产阶段的工作更全面、更先进。

在源代码开放程度方面，上述项目都选择了开源。与其他三个项目不同，PPIO 为终端用户提供了演示和 SDK 应用程序，但尚未将其核心项目进行开源发布。尽管如此，所有项目都宣布了他们的开源观点。

对象存储兼容性是所有提供存储服务的项目最重要的特性之一。传统方式下，许多公司使用云服务。因此，对象存储兼容性对于新兴存储技术非常重要。有了兼容能力，传统使用云存储服务的项目可以方便地移植到基于区块链的基础设施上。Storj 和 PPIO 支持对象存储，并为用户提供与 Amazon S3 兼容的 API。SiaCoin 不提供内部兼容的 API，但它支持与 S3 兼容的 Minio 集成，允许 S3 兼容基础设施，并能够与 SiaCon 基础设施之间进行通信。FileCoin 不提供兼容的对象存储 API，因此从云存储中移动数据的 FileCoin 用户必须使用其他特殊机制。

在现有基于区块链的存储项目中，由于没有项目能够满足所有标准，如发布白皮书、量产化生产、开源开发和云兼容等，因此这些项目都没有被归类为高度成熟项目。SiaCoin 是这些项目中成熟度最高的一个，因为它是唯一一个正在量产的项目。

Storj 的成熟度仅次于 SiaCoin，它尚未投入生产，但该项目已经开源，且和云存储兼容。Filecoin、PPIO 尚未投入生产，但项目已经开源，且和云存储兼容。此外，PPIO 项目还未开源，因此成熟度较低。

当基于区块链的技术进行比较时，区块链结构也很重要。所有比较的项目都将其文件元数据存储在区块链上，从这个角度看，所有项目的区块链结构都具有相似性，然而，主要的区块链元素构成彼此不同。例如，SiaCoin 专注于脚本机制，包括合约证明和合约更新，用以实现在对等用户结点之间共享本地存储。Storj 专注于元数据内容，包括文件哈希、位置信息和 Merkle 根等。FileCoin 专注于用于服务不同业务的存储平台设计和市场的运营。PPIO 包含多种不同类型的结点，专注于区块链网络上对这些专用结点的管理。

为了在安全性方面对上述 4 个项目进行比较，应共享项目的量产级服务和架构细节。然而，上述 4 个项目没有在公开的文献中给出任何细节，仅客户端使用的加密算法是已知的，可以进行比较。SiaCoin 使用 Twofish 加密管理，而其他项目使用 AES 加密算法。这两种加密算法都支持 128 位、192 位和 256 位密钥。这些加密算法的安全强度与所选密钥大小有关。由于这两种方法具有相似的安全级别，因此上述 4 种项目中，客户端使用的加密算法拥有近似的安全级别。

上述 4 个基于区块链的存储项目都使用基于证明的共识机制。SiaCoin 和 Storj 使用 PoS 共识机制。FileCoin 采用 PoSt 和 PoRep 共识机制，为共识方法带来了新的视角。此外，PPIO 还提供 PoD 和 LPoC 共识机制，进一步拓展了共识方法。

冗余是存储服务的另一项重要技术，通过复制系统的关键组件来提高可靠性。冗余机制提高了数据的可用性。上述 4 个项目都支持擦除编码机制，基于擦除编码机制，数据可以存储在多个不同位置，从而不会使网络过载。此外，PPIO 除了使用擦除编码的方法外，还使用完整拷贝方法来更有效地支持数据分发。

比较基于区块链的分布式存储应用的另一个重要指标是去中心化水平。在存储用户结点数据方面，SiaCoin 和 FileCoin 使用基于完全去中心化的存储技术基础设施，即使创建存储基础设施的公司关闭了所有服务，SiaCoin 和 FileCoin 也能够继续生存并提供存储服务。Storj 采取了与上述项目不同的方式。Storj 以中心化方式管理所有文件存储在元数据上的索引系统，对其余的数据存储采用去中心化管理方式。PPIO

更倾向于逐步降低中心化程度的方法，其实施过程分为中心化、半中心化和去中心化 3 个阶段。就链结构而言，SiaCoin 和 Storj 有自己的主网，FileCoin 在以太坊主链上实现，PPIO 在主链和侧链上实现，以便提供高度去中心化的结构。

综上所述，自从区块链技术问世以来，已经服务于众多领域。分布式存储应用是区块链重塑传统数据存储解决方案的应用领域之一。截至 2023 年底，我国分布式存储市场规模达到 137.9 亿元，呈现出快速的市场增长态势，文件存储、全闪存、金融、科教等产品及行业规模均有较快增长。本书对基于区块链技术的主流分布式存储解决方案进行了介绍。从系统成熟度来看，SiaCoin 和 Storj 拥有较高的成熟度。在有效使用区块链方面，拥有更多专用结点的 PPIO 优于其他项目。从安全角度来看，上述 4 个项目之间没有显著差异。在共识机制的多样性方面，PPIO 比其他项目更丰富。在系统容错方面，PPIO 支持擦除编码和完整拷贝，拥有较强的容错性能。在基于数据的去中心化方面，SiaCoin 和 FileCoin 优于其他项目，因为它们是完全去中心化的。预计在未来几年，随着区块链技术的不断进步，以及企业和开发者对去中心化存储解决方案需求的增加，分布式存储的性能将得到进一步提升，分布式存储市场将迎来爆发式增长。

第五章
基于区块链的分布式光伏能源交易机制

为了应对日益增长的能源需求,分布式光伏发电作为一种清洁能源技术,因其可再生性、低碳环保特性,在能源产业中占据越来越重要的地位。分布式光伏发电的普及和发展不仅有助于缓解能源危机,还能有效减少温室气体排放,促进能源结构的优化升级。然而,传统的能源交易和管理模式难以适应分布式光伏发电实时性、去中心化等特点,这就需要一种新型的机制来优化能源的分配和管理。区块链因其去中心化、不可篡改、透明可追溯等特性,为分布式光伏发电交易和管理提供了一种新的可能性。目前,国家电网、地方政府和一些创新型企业已经开始尝试基于区块链技术建立安全、高效、透明的分布式光伏交易平台,通过智能合约来实现能源交易流程的自动化,实现光伏发电的去中心化交易,以此来提高能源分配的透明度和效率,推动区块链技术与光伏发电交易和管理系统深度融合,为光伏电力的生产、消费和交易提供一个完整的解决方案。

本部分旨在深入探究区块链技术的基本原理、核心技术及其在分布式光伏交易系统中的应用。通过对区块链技术的全面分析,旨在解决当前分布式光伏领域面临的一系列挑战，如交易效率低、数据安全性差、系统可靠性低等问题。具体目标包括以下几点。

● 剖析区块链技术的基本架构、类型、共识机制、智能合约及隐私保护机制等核心技术。

● 基于区块链技术，设计一套适用于分布式光伏交易的智能合约框架，旨在提高交易的自动化程度和效率。

● 探索区块链技术在提高分布式光伏交易系统透明度、安全性及信任度等方面的应用潜力，从而为分布式光伏能源交易提供一种新的解决方案。

5.1 分布式光伏交易与需求侧响应现状分析

在当前能源转型的背景下，分布式光伏发电作为可再生能源的重要组成部分，越来越受到全球各国的重视。近年来，随着金刚线切割技术、PERC 电池技术、大尺寸硅片等创新成果在光伏发电领域的广泛应用，光伏发电成本持续下降，甚至低于传统能源成本，分布式光伏能源交易逐步融入市场。分布式光伏项目不再依赖传统的电网公司收购模式，而是通过电力市场交易直接将所发电力售予市场，其电价机制从固定电价转变为受市场供需关系驱动的市场化电价，分布式光伏发电项目直接参与市场竞争，使得分布式光伏发电在能源供应中的占比逐年上升。

需求侧参与分布式光伏能源交易，需要上报辅助服务的可调节容量范围、时段、市场等关键信息，涉及用户需求信息采集、行为监控、调度策略、控制信息等多个方面。建立需求侧响应（demand side response，DSR）机制有助于平衡分布式光伏市场供需，实现多时间尺度负荷调节，降低分布式光伏电网不稳定风险，减少对昂贵的峰值电力的依赖，降低消费者的电力成本。然而，需求侧资源参与优化调度需要的条件众多，因此，分布式光伏市场和需求侧响应机制还有待进一步研究和优化。

5.1.1 分布式光伏交易现状

分布式光伏交易是指光伏发电用户之间的电力交易，光伏发电用户具体又分为普通居民用户、商业用户和工业用户 3 类。分布式光伏装机容量的增加，使得用户之间的电力交易逐渐活跃，但也面临着诸多挑战。首先，传统的电力市场设计并未充分考虑到分布式光伏的特性，比如电力产生的间歇性和不确定性，这限制了分布式光伏发电在电力市场中的参与进度。其次，由于缺乏有效的计价机制和激励政策，分布式光伏交易的效率难以进一步提高，规模难以进一步扩大。最后，分布式光伏交易对先进的测量、通信和信息技术依赖较大，但目前这些技术的应用普及程度不高，影响了交易的实时性和效率。

5.1.2 需求侧响应现状

需求侧响应是通过调整电力需求来参与电力市场服务的一种机制，在提高电力系统的灵活性和稳定性方面发挥着重要作用。在分布式光伏领域，通过采取需求侧响应措施，不仅可以有效缓解光伏发电的间歇性和不确定性带来的影响，还可以提高系统运行的效率和灵活性。但是，需求侧响应在实际应用中同样面临一些挑战。一个重要问题是用户参与意愿的缺乏，很多用户对于参与需求侧响应的项目没有足够的动力和意识。同时，由于需求侧响应的激励机制和政策支持还不够完善，无法充分激活市场主体的积极性。此外，需求侧响应需要庞大的用电数据和快捷的通信技术作为基础支撑，这对于大部分地区来说也是一个挑战。

5.1.3 分布式光伏交易与需求侧响应分析

如图 5.1 所示，分布式光伏交易和需求侧响应之间存在着天然的互动关系。通过需求侧响应机制，可以调整用户的用电模式，增加光伏发电的消纳空间，从而促进分布式光伏交易的发展。同时，活跃的分布式光伏交易市场能够为需求侧响应提供更多的机会和空间，通过价格信号激励用户调整用电行为，实现电力系统的优化运行。

为了充分挖掘分布式光伏交易与需求侧响应的潜力，需要从技术、政策和市场机制等多个方面入手。技术上，推广先进的信息通信技术（information and communications technology，ICT）、智能电表和家庭能源管理系统（home energy management systems，HEMS）等，提高分布式光伏交易的实时性和可靠性，同时支持需求侧响应的有效实施。通过这些技术，用户可以更精确地监控和控制电力消费，响应市场价格变化，实现用电的灵活调整。

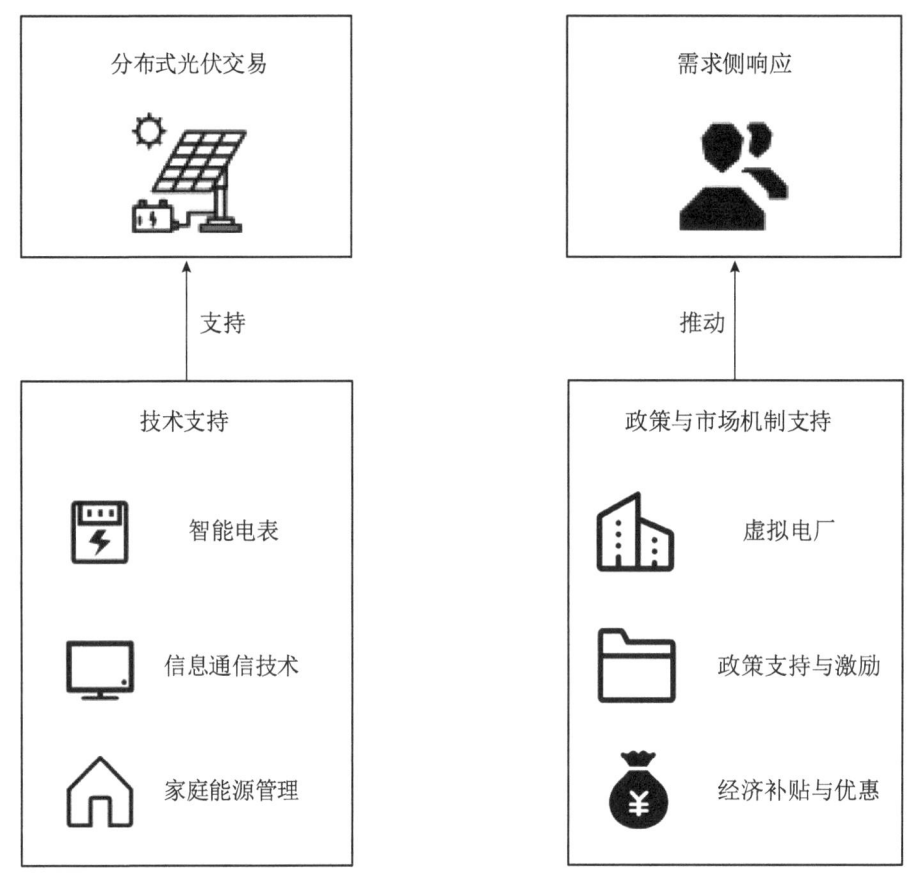

图 5.1　分布式光伏交易与需求侧响应的关系

在政策方面，重点放在鼓励分布式光伏发展和需求侧响应政策的制定与实施上，不仅包括为分布式光伏发电提供合理的补偿和激励，还包括建立健全电力市场机制，确保分布式光伏能源可以在市场中平等竞争。与此同时，需求侧响应相关项目也应得到国家政策和财政上的支持，比如通过直接的经济补偿或简化参与流程，来提高用户的积极性和参与意愿。

市场机制的创新也是推动分布式光伏交易和需求侧响应发展的重要方面。例如，通过发展虚拟电厂（virtual power plant，VPP），为分布式光伏发电和需求侧响应提供高效、透明和安全的交易平台，有效地组织和激励用户参与需求侧响应，促进分布式光伏电力交易效率的提高，优化电力系统的整体运行。

5.2 分布式光伏智能合约框架

5.2.1 智能合约主体设计

为了应对分布式光伏交易中遇到的挑战，引入区块链技术成为了一个革命性的解决方案。这种方法摒弃了传统的中心化管理体系，引入扁平化结点到区块链网络中，以支撑交易量激增时业务的安全性、稳定性和高效性，同时也解决了结算问题。在基于区块链技术构建的分布式光伏交易架构中，交易参与方主要涉及 3 类结点：售电结点、购电结点和中介结点，各承担不同的职责。

智能合约主体设计如图 5.2 所示，售电结点的功能是将要售的电力资源信息录入系统，允许需要的购电结点浏览并选择，同时购电结点也可以查看与自己需求相关的所有交易的订单信息。购电结点从自身需求出发，从在售的电力资源中购买电力，确定购买后，将订单信息提交给中介结点并由智能合约保存至区块链上，等待中介结点的验证。中介结点是整个体系结构的核心结点，负责验证售电结点和购电结点之间形成的交易订单。一旦验证通过，中介结点便会自动完成交易款项的转移，并确保数据经过验证后加入区块链，从而实现整笔交易过程。与此同时，售电结点和购电结点可以通过追溯码来追踪自己之前的订单，中介结点拥有追踪所有订单的权限，便于监督和管理订单信息。

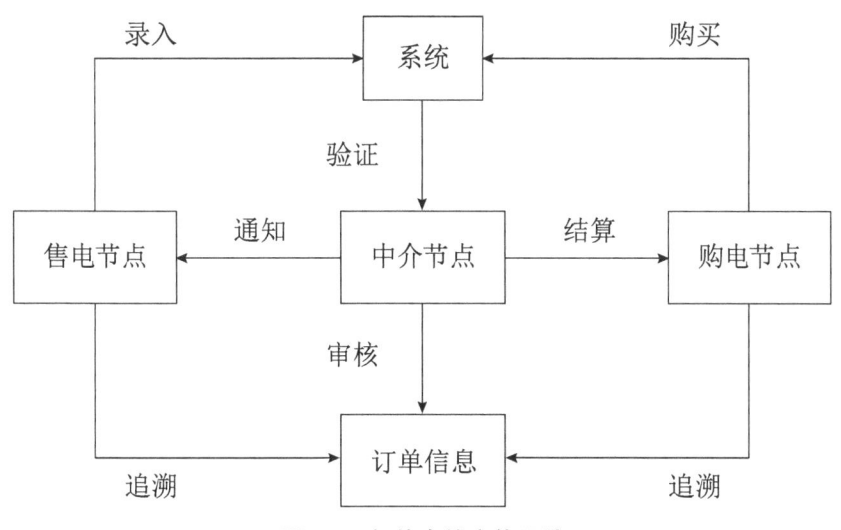

图 5.2 智能合约主体设计

图 5.2 展示了根据以上 3 种交易主体构建的完整交易流程，在此基础上，开发相应的基于区块链技术的分布式光伏交易智能合约。智能合约的开发部署不仅提高了整个系统的效率和安全性，还促进了交易的自动化和透明化，为分布式光伏交易提供了一个创新的解决方案。

5.2.2 区块链的类型选择

区块链的类型大体上分为公有链、私有链和联盟链，每种类型都有其独特的特点和应用场景。由于要适应分布式光伏交易系统中的特殊需求，具有结点许可准入特性的联盟链是最合适的选择。联盟链结合了公有链和私有链的优点，既可以提供较高的交易效率和较低的成本，又能在一定程度上保证去中心化和安全性，还具有较好的保护用户隐私的特性。在联盟链系统中，交易验证通常由预先选定的验证结点来完成，这不仅降低了运行成本，还加快了交易速度。最核心的是，联盟链可以设定不同级别的访问控制权限，既可以保护用户的隐私，又满足了分布式光伏交易的安全和效率需求。

5.2.3 智能合约流程设计

在分布式光伏交易系统中，智能合约扮演着核心角色，它自动化执行合同条款，确保交易的准确性和效率。智能合约的设计首先是需要定义合约的触发条件，这些条件通常由交易量、电力价格、时间等参数构成，一旦满足了这些预设条件，智能合约便自动执行相关的合约内容。例如，当购电结点选择购买特定数量的电力时，与售电结点达成一致时，智能合约便会自动计算交易金额，记录交易详情，实现双方账户中电力和资金的价值流动。与此同时，还需要在智能合约中设计异常处理机制，以应对交易失败等在合约执行中可能出现的各种意外情况，确保用户资产的安全和系统的稳定运行。

智能合约流程设计还包括合约更新和终止机制两方面。随着参与者需求的变动和市场环境的日益变化，智能合约需要不断地更新以适应新的交易规则。于是，设计智能合约时需要预留修改和更新合约的接口，允许有控制权限的结点在保障数据不可篡改和系统安全的前提下，根据需求更新合约内容。合约终止机制涉及的是合约执行完毕后的处理过程，包括数据存储、资产结算和合约状态更新等，确保交易的完整性和安全性。

5.2.4 DSR 流程设计

DSR 是指通过特定的电力市场激励，使消费者调整其电力消费模式，以响应电力供需变化的机制。在分布式光伏交易系统中，通过引导和激励用户根据电力市场的实时价格及供需状况进行 DSR 流程设计，以主动调节用电量，优化电力资源的配置。首先，建立相关实体之间的实时通信机制，确保用户可以实时接收到电力市场的供需状况和价格信息，然后，用户根据这些信息主动调整自己的电力消费或生产行为，如降低非必要的电力消费或增加光伏发电的利用率，以此调节电力市场的供需平衡。

需求侧响应流程还应该包括激励机制的设计，通过经济或其他形式的激励来鼓励用户主动参与 DSR 项目。这需要系统能够准确识别和分析用户的响应行为。例如，根据电力供需平衡调节电力生产的增加或者用电量的减少，然后根据事先约定的激励机制计算奖励金额，通过智能合约自动发放给用户。此外，确保 DSR 机制的有效实施，还需要建立用户参与反馈机制，通过收集用户的反馈信息，持续优化 DSR 流程，以此来提高用户的参与度和满意度，有效调节电力市场的供需平衡，进一步提升系统的整体效率。

5.3 基于区块链的分布式光伏交易智能合约设计

面向分布式光伏交易系统的需求，本部分提出基于区块链技术构建的智能合约架构，针对用户主动参与的交易活动和系统自动化执行的需求响应操作分别进行了合约逻辑设计，旨在有效管理、追踪和验证交易双方的价值流动。智能合约架构的核心是交易管理合约，它负责整笔交易流程的调度、监控及交易过程的追溯。为了便于理解，本部分采用应用较广泛的 Solidity 语言进行智能合约描述，通过 web3.js 实现智能合约间的接口互动，以及传统的链码调用和处理逻辑，简化开发流程。

在光伏能源交易中，用户参与型智能合约起桥梁的作用，可以促进买卖双方的交易行为。一方面，这类智能合约通过收集、验证交易双方的信息，确保交易的透明和公正，同时为交易的后期审计和验证提供便利。另一方面，需求侧响应智能合约侧重于自动化执行，无须人工干预，根据电网需求和市场动态自动调整光伏发电量，响应电力市场的变化，提高电网的稳定性和效率。

5.3.1 身份认证智能合约

在设计基于区块链的分布式光伏交易系统时，要确保系统参与者身份的真实性和交易的安全性。根据这一需求，设计了系统的用户访问控制认证机制，具体包括角色注册智能合约和角色认证智能合约两个关键的合约模块，从而保障了交易的真实性和安全性。

5.3.1.1 角色注册智能合约模块

角色注册智能合约模块的主要功能是为系统中新用户提供注册入口，记录用户基本信息的同时，由智能合约为用户自动生成一个唯一的身份标识，并记录在区块链上。该模块定义了一个标准的注册流程，主要包括信息提交、信息验证和身份创建3个步骤。用户在提交注册信息时，智能合约会根据预设的规则对信息进行校验，检查格式的正确性和信息的完整性，以确保提交的数据符合系统要求。信息验证通过后，将用户信息及其身份标识记录在区块链上，完成对用户身份的创建。此外，智能合约设计还包括隐私保护机制和数据加密机制设计，确保用户的隐私和数据信息不被泄露。创建钱包对象来实现角色注册功能的算法如算法5.1所示。

算法 5.1 角色注册算法

输入：角色提交的信息 information；
输出：私钥 privateKey，钱包地址 address，钱包对象 wallet。

　　this.walletInfo = JSON.parse（information） || [];// 获取 information。如果解析成功，将解析 // 后的对象交给 this.walletInfo；如果解析失败（information 不存在或者格式错误），那么 //this.walletInfo 会被赋值为一个空数组。
　　　　const mnemonic = information
　　　　? JSON.parse（information）[0].mnemonic
　　　　: bip39.generateMnemonic（）;// 如果 information 的值存在，在 this.walletInfo 解析后的数组 // 的第一个元素中获取 mnemonic；如果不存在，就使用 bip39.generateMnemonic（）自动生成 // 一个新的助记词给 mnemonic。

```
        const index = information
            ? JSON.parse（information）[JSON.parse（information）.length - 1].id + 1 : 0;// 如果 information
// 的值存在，将 this.walletInfo 数组的最后一个元素的 id，加 1 作为新的索引值；否则，索引值为
// 0。
        const seed = await bip39.mnemonicToSeed（this.mnemonic）; // 让 bip39 库根据助记词生成
                                                                 // 一个随机数种子。
        const hdWallet = hdkey.fromMasterSeed（seed）;// 根据种子的结果在 hdkey 库中创建一个
// HD 钱包。
        const keypair = hdWallet.derivePath（`m/44'/60'/0'/0/${index}`）; // 从 HD 钱包中根据特定的
                                                                         // 路径来生成一对密钥
        const wallet = keypair.getWallet（）;
        const lowerCaseAdress = wallet.getAddressString（）;
        this.address = lowerCaseAdress;
        this.privateKey = "0x" + wallet.getPrivateKey（）.toString（"hex"）;
// 根据密钥来获取钱包对象、获取钱包地址（小写）和私钥。
```

5.3.1.2 角色认证智能合约模块

角色认证智能合约模块的主要功能是在用户访问系统资源或每次进行交易时，验证用户身份的合法性。在验证过程中，用户需要提供唯一身份标识和相关的认证信息，智能合约负责将用户提供的信息与区块链所保存的记录进行匹配。如果认证信息与区块链上的记录一致，则验证成功，系统授权用户进行后续操作；否则认证失败，智能合约会自动阻止用户请求，拒绝用户访问，从而保护系统资源。为了提高用户认证效率和安全性，智能合约常常与密码、数字证书、生物识别等认证方式相结合，进一步加强认证过程的安全性。

角色注册和角色认证智能合约模块的设计与实现，使得分布式光伏交易平台能够有效地管理用户身份，确保平台内的交易和操作都基于经过验证的可信身份进行，从而大大降低了系统遭受欺诈和恶意攻击的风险，不仅提升了系统的整体安全性，也为用户提供了一个透明、可信的交易环境，有利于促进分布式光伏能源交易的健康发展。

5.3.2 光伏交易智能合约

光伏交易智能合约模块是分布式光伏交易平台的重要组成部分，其设计关系到

交易的自动化执行程度、安全性及执行效率。该模块通过智能合约实现从交易发起、执行到完成的整个周期的自动化处理，使得交易端自主完成光伏电力的产销过程，确保交易的公正性、透明性和不可篡改性。以下是光伏交易智能合约模块的具体设计方案。

5.3.2.1 光伏交易智能合约的核心逻辑

光伏交易智能合约的核心逻辑设计包括定义交易双方角色、交易条件、交易执行和最终结算4个方面。智能合约通过提取用户提交的信息与区块链的记录进行匹配来验证交易双方的身份，确认交易双方的合法性。在此基础上，智能合约会将售电结点发布的电力销售信息和购电结点的购买需求进行匹配，一旦找到满足双方需求的交易信息，智能合约就自动为交易双方建立联系，执行交易条款。在交易执行过程中，智能合约根据之前定义的规则计算交易价格、交易量及其他相关费用，计算出最终的交易金额，在双方账户之间自动实现电力、资金价值流动，确保交易实时高效完成。在交易完成后，智能合约会生成详细的交易执行摘要，包括交易双方的身份、交易量、交易时间等，并将这些信息永久存储在区块链上，作为双方可追溯的交易凭证，任何授权用户都可以随时访问，确保交易的透明度和可信度。光伏交易智能合约算法如算法 5.2 所示。

算法 5.2　光伏交易智能合约算法

输入：项目索引值 projectIndex 和记录索引值 recordIndex；
输出：项目信息 Project。

```
    function getProjectCount（） public view returns （uint） {
          return projects.length;
      }// 返回的结果是数组中所存储的 project 结构体实例的数量。
    function getProjectInfo（uint projectIndex） public view returns （address, string, uint, uint） {
          Project storage project = projects[projectIndex];
return （project.owner, project.desc, project.requiredElectricity, project.totalElectricity）;
      }// 函数的返回是项目的标识账户、项目的描述、所需要的电力资源、全部电力资源。
    function getRecordCount（uint projectIndex） public view returns （uint） {
          return projects[projectIndex].Counts;
      }// 该函数的返回结果是指定项目的 Counts 值。
    function getRecordInfo（uint projectIndex, uint recordIndex） public view returns （address, uint, uint） {
```

```
            Record storage record = projects[projectIndex].records[recordIndex];
            return（record.member，record.electricity，record.time）;
    }// projectIndex 是项目的索引，recordIndex 是项目内部记录的索引。通过对某个项目
// 的某个记录进行索引
    function sendEther（uint projectIndex） public payable {
            Project storage project = projects[projectIndex];
            project.owner.transfer（msg. Ether）;
            project.totalElectricity -= msg.value;
    }// 该函数的主要功能是向一个特定的用户发送以太币。
```

5.3.2.2　交易异常处理机制

为确保交易过程的可靠性和稳定性，需要为光伏交易智能合约设计一套完善的交易异常处理机制，对交易过程中可能出现的各种异常情况进行预判和处理，比如交易账户余额不足、信息不一致、网络故障等。智能合约通过内置的状态回滚机制和逻辑判断，确保系统在遇到异常情况时能够及时响应，进而采取相应的措施，比如通知参与方、恢复交易状态到异常发生前、暂停交易等，保护用户的资产不受损失。

5.3.2.3　交易审核与确认机制

为了进一步提高交易的可信度和安全性，在光伏交易智能合约中需要建立交易审核与确认机制。在交易执行前，由交易双方或第三方对智能合约中设置的交易条件进行审核和验证。例如，交易通过验证后，要求交易双方或第三方采用数字签名技术对交易进行签名，只有收集到的签名数量大于预设的门限值时，智能合约才会执行交易，从而确保了双方的真实意愿和交易的真实性。

通过上述设计，光伏交易智能合约模块不仅可以有效支持分布式光伏交易的自动化执行，降低交易成本，减少人工干预，还可以提高交易的可靠性和安全性。这不仅有助于促进分布式光伏能源的发展和应用，也为构建可持续的绿色能源生态系统提供了技术支持。

5.3.3　需求侧响应智能合约

在分布式光伏交易系统中，系统依据需求侧响应模块上报的电力可调控容量范

围、供需时段、市场现状等电网实时供需关键信息，自动调整电力供应策略，以提高能源利用效率和电网稳定性。为了实现上述功能，本部分设计了需求侧响应智能合约模块，具体包括身份认证和审查合约、自动响应合约和自动结算合约。

5.3.3.1 身份认证和审查合约

身份认证和审查合约的主要任务是验证参与需求侧响应活动的用户身份，确保只有合法和信誉良好的用户才能参与到系统中。该合约利用区块链的不可篡改性，存储每个用户的身份信息和历史交易记录。在用户申请参与DSR活动时，合约自动审查用户的身份信息和信誉，只有通过审查的用户才能被授权参与后续的DSR活动。这一过程增强了系统的安全性，防止了恶意用户的参与。

5.3.3.2 自动响应合约

自动响应合约是需求侧响应智能合约模块的核心，它根据电网的实时需求和预设策略自动调节电力消费及生产。该合约可以自主获取电网需求和市场价格的实时数据，当电网需求高峰或价格波动达到预设条件时，自动触发DSR活动，发送信号给参与用户，指导他们增加电力输出或减少电力消耗。通过智能合约自动记录和验证用户的响应行为，确保了响应活动的有效性和可靠性。

5.3.3.3 自动结算合约

自动响应合约执行后，自动结算合约依据用户实际响应情况进行结算。例如，增加的电力利用率或减少的电力消耗量，计算应得的奖励或补偿。奖励的计算标准和结算规则必须提前在合约中定义，以此来确保结算过程的公正和透明。在完成计算后，合约自动向用户账户发放奖励，简化了结算流程，提高了效率。

5.3.4 隐私机制设计

在构建基于联盟链的分布式光伏交易系统时，为保护交易参与各方的数据隐私，隐私机制设计尤为重要。系统内的组织，如光伏电站、售电方、购电方及中介结点，各自持有敏感的交易信息，包括但不限于电力交易订单、电价等。因此，隐私机制的设计，一方面需要确保实体信息的安全性，另一方面需要实现对实体信息有目的的共享，即仅在需要知情的最小组织集合间共享数据，以此来达到隐私保护的目标。

以分布式光伏实际场景为例，如图 5.3 所示，假设有一个由光伏电站和电力用户构成的通道，在这个通道中，电站 a 和用户 a 属于组织一，他们之间的交易价格信息被安全地存储在组织一的私有数据集合中，只有该通道内部的电站 a 和用户 a 才有权访问这些数据集合。这意味着，处于组织二中的电站 b 和用户 b 无法直接查看或访问组织一内的任何敏感信息。但是存储在不同组织的公共数据部分，可以由不同组织相互访问。通过上述对私有数据的访问方式，系统实现了对隐私数据的保护，避免了敏感信息的泄露，保障了交易的安全性和参与者的隐私权。

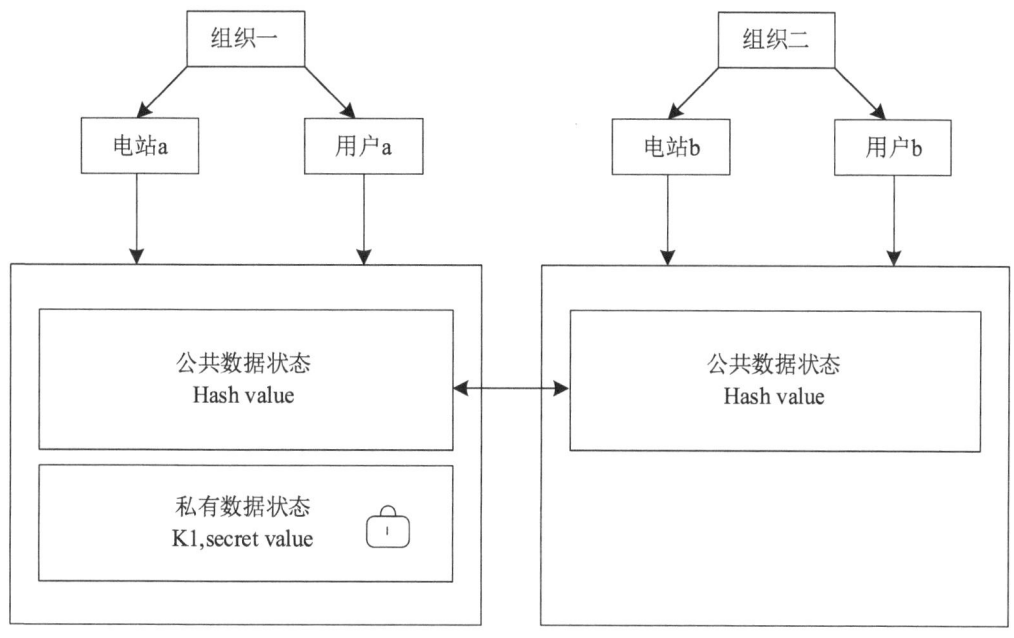

图 5.3　分布式光伏私有数据场景

隐私保护机制不仅保障了数据的安全性，还提升了系统的灵活性和可靠性，使得参与交易的各方能够在一个加密且受控的环境中自主地进行交易和价值流动。通过这种设计，分布式光伏交易平台能够在保护用户隐私的同时，促进光伏能源的有效分配和利用，为建立可持续的能源生态系统提供坚实的技术基础。

5.4　系统性能测试

为了对系统的吞吐量、并发性、可靠性等性能进行测试，构建了一个由 130 个虚拟验证结点组成的仿真测试环境，环境配置如下：CPU 为 Intel Core i7 处理器，主频为 3.8 GHz、内存大小为 32 GB、操作系统为 Ubuntu 20.04。

5.4.1 吞吐量和响应时间测试

当并发用户数不断增加时，系统的性能随之减弱，系统处理能力随并发用户数的变化情况如图 5.4 所示。系统在承受较多用户请求的同时，每个请求在处理过程中所耗费的时间相应增加，使系统整体的处理能力出现了减弱。实验环境下，吞吐量在并发用户数增加到 30 个时达到峰值。当并发用户数继续增加时，吞吐量呈现出下降趋势，意味着系统在高并发的情况下处理能力受限，同时也影响系统的处理性能。当并发用户数为 100 个时，系统的吞吐量为 0 TPS，表明系统未能成功处理任何交易。因此，对系统性能进行持续监测和优化，对于提高系统的处理效率、降低平均响应时间是十分重要的。

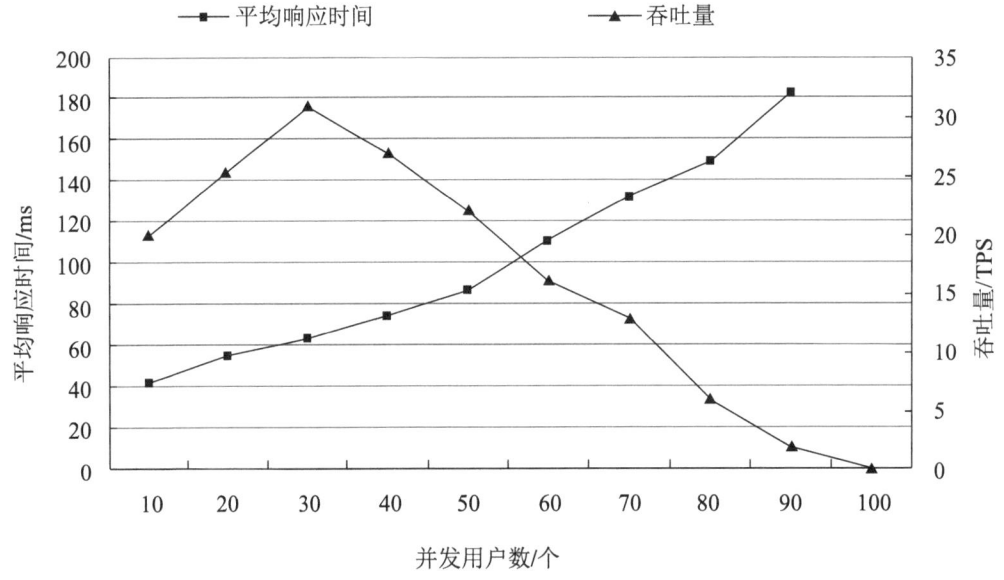

图 5.4　吞吐量和响应时间测试

5.4.2 并发用户数测试

随着并发用户数的不断增加，系统的负载增加至一定程度时，将影响整个系统的性能表现，系统性能随并发用户数的变化情况如表 5.1 所示。测试结果表明，在并发用户数量较少的情况下，系统可以正常处理所有用户的交易请求。然而，随着系统并发用户数量的增加，系统出现性能瓶颈，不加干预将会导致系统死锁。因此，需要合理设置并发执行的用户数量。

表 5.1 并发用户数测试

并发用户数/个	系统响应情况
10	所有用户交易正常完成
30	所有用户交易正常完成
40	部分用户交易超时
50	大部分用户交易超时
70	大部分用户交易失败

5.4.3 稳定性和可靠性测试

基于 5.4.2 小节对用户并发执行情况的测试结果，在本小节测试中将系统并发用户数设定为 30。当系统运行时间及用户之间的交互不断增加时，内存占用和 CPU 利用率也呈现不断上升的趋势，系统内存占用和 CPU 利用率随运行时间的变化情况如图 5.5 所示。这一上升趋势可能是系统运行过程中产生的数据量的不断增加或是运行时间的延长导致的。但是，即便在资源占用增加的情况下，系统仍然能够保持稳定，表明系统具有良好的稳定性和可靠性。

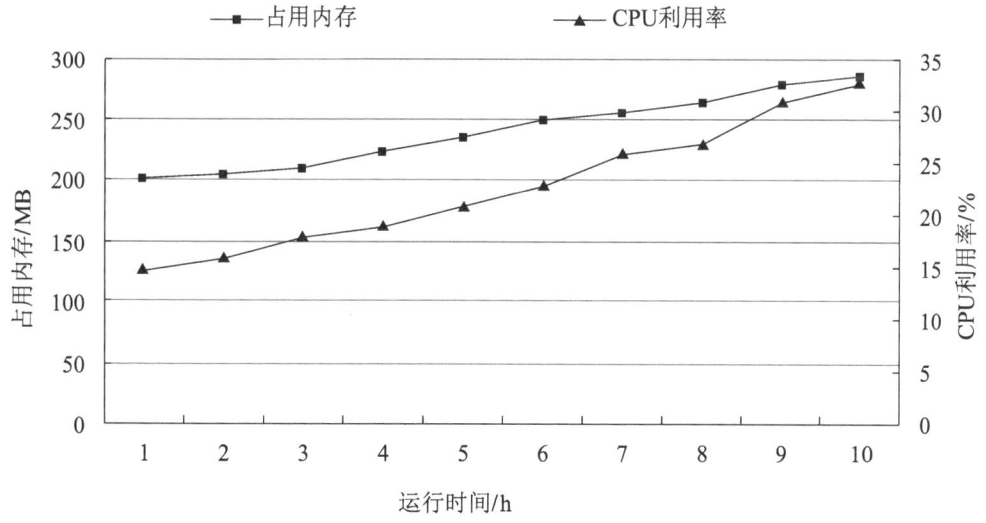

图 5.5 稳定性和可靠性测试

5.5 结论与展望

本部分深入探讨了区块链技术在分布式光伏交易系统中的应用，设计并实现了基于区块链的智能合约框架。通过对区块链核心技术的分析，确定了适用于分布式光伏交易的区块链架构、类型、共识机制、智能合约及隐私保护机制。在此基础上，针对分布式光伏交易与需求侧响应的现状进行了深入分析，提出了基于区块链技术优化分布式光伏交易系统的可行性方案，设计并开发了针对身份认证、光伏交易和需求侧响应的智能合约模块。实验表明，本方案不仅提高了分布式光伏交易的效率和安全性，还实现了对交易数据的隐私保护，有效地促进了能源的有效利用和电网的稳定运行。

本部分针对当前分布式光伏交易中存在的效率低下、数据安全性差等问题提供了有效对策，通过实现交易的自动化提高了系统的透明度和信任度，为分布式光伏交易提供了一种新的解决方案，对于深化区块链技术在分布式光伏交易系统中的应用具有重要意义。一方面，通过系统地分析区块链技术的核心原理和应用机制，探索区块链技术在分布式光伏交易中的应用，可以丰富现有区块链技术研究，有助于推动区块链技术与新能源领域的跨界融合，促进区块链技术的理论创新和应用拓展，为后续的技术改进和发展提供理论支持和参考框架。另一方面，该研究成果的实施不仅能够降低交易成本，还能够促进分布式光伏市场的健康发展，还有助于推动可再生能源的利用，对促进能源结构的优化升级、实现社会的低碳发展起到了积极作用。在更广泛的层面上，本部分通过探索区块链技术在能源领域的应用，还可能为其他行业提供示范，为区块链技术在其他领域的应用和发展贡献更多力量。

区块链技术在分布式光伏交易领域的应用不仅解决了传统能源交易中存在的问题，验证了区块链技术在能源交易领域中的有效性和可行性，也为后续的研究和应用提供了宝贵的经验和技术支持，同时还可以推动新能源产业的健康发展，促进能源结构优化升级，对实现绿色低碳发展具有重要意义。目前，本研究已经取得了阶段性的成果，但仍存在一定的局限性。随着区块链技术的不断进步，探索更高效、更安全的区块链类型和共识机制，是未来研究的一个重要方向。如何进一步降低交易成本和提高智能合约的执行效率,也是在未来研究中需要重点关注的问题。如何在保障用户隐私的同时,实现更开放和灵活的交易过程,也将会是未来研究的一个重要内容。未来,随着区块链技术研究的不断深入和应用范围的进一步拓展,其在国内外的影响力和贡献度将进一步提升。

第六章
其他典型应用

6.1 基于区块链的人工智能应用

区块链技术在人工智能领域的应用是一个新兴主题,最近吸引了大量研究。区块链和人工智能的融合将导致去中心化人工智能的兴起。一方面,到目前为止,从模型训练到算法部署和优化的所有人工智能过程都是完全中心化的。人工智能的中心化性质使其在唯一权威的明确信任边界下运行,将增加数据被篡改和模型或结果被操纵的可能性。这意味着无法保证收集的数据源的真实性和完整性,从而提高了中心化人工智能决策结果的不可靠性。另一方面,去中心化人工智能能够确保数据收集、分析和决策过程,在基于区块链技术开发的去中心化、防篡改、加密签名和安全共享的数据区块链框架上可信地进行。人工智能和区块链的集成将促进去中心化人工智能操作,包括去中心化存储、数据管理、学习模型和模型部署等。此外,区块链可用于优化机器学习技术(如神经网络)的参数设置,在训练和测试机器学习模型时,区块链可以促进和保护数据共享,区块链的分布式特性将有助于在应用机器学习和深度学习技术的同时节省大量的计算能力。目前，比较具有影响力的基于区块链技术和人工智能的数据平台有 The Graph（GRT）、Numerai（NMR）、Fetch.AI（FET）、SingularityNET（AGIX）、Ocean Protocol（OCEAN）、Matrix AI 等。

6.1.1 The Graph

The Graph 是基于区块链和人工智能的去中心化数据索引和查询网络应用，围绕 Web3 数据服务已建立了超过 100 个数据索引，超过 50 个区块链的数据，已成为目前全球规模最大、数据种类最丰富的去中心化开源智能计算网络之一。The Graph 使用先进的索引算法快速有效地搜索和检索区块链数据，因其强大的数据索引能力被称为"区块链的谷歌"。

The Graph 提供了可访问开源 AI 模型的权限，如 Stable Code 3B、Llama 3 和图像生成等，确保用户在保证安全性和可靠性的前提下使用这些模型来完成多样化的任务；帮助用户通过使用 GraphQL 语言从 Ethereum 和 IPFS 等网络中高效检索数据，通过将数据组织成子图来简化数据访问；帮助开发人员快速构建由 AI 智能代理驱动的去中心化应用程序。The Graph 的现有基础设施为区块链和人工智能的发展提供了可靠的数据、强大的数据索引、AI 服务集成及可扩展的计算支持，在区块链和人工智能领域具有重要的应用价值，成为构建下一代去中心化人工智能应用的重要基础设施。

6.1.2 Numerai

Numerai 是基于人工智能和区块链技术构建的股市趋势预测项目，目前已通过 ICO 完成了融资，发行了电子加密货币 Numeraire（NMR）。2024 年 4 月正式启动运营 AI 区块链量化产品，结合区块链和交易双方的优点，帮助投资者解决风险大、波动大等一系列交易难题。

在 Numerai 平台中，通过建立分布式数据科学家网络，使用电子加密货币 NMR 激励全球数据科学家贡献他们基于加密数据构建的机器学习模型，创建了一个独特的生态系统，改变了金融领域的预测建模机制。Numerai 结合机器学习模型预测股市趋势，并将它们整合成一个元模型用于实际交易，通过区块链和加密算法对预测过程进行匿名化，对数据进行加密，在保留数据特征的同时，确保使用者无法推知数据的来源，不断增强预测模型精度的同时，还解决了"对冲基金+众包"面临的数据隐私保护问题。

Numerai 的竞争优势在于其完善的生态系统，这使得参与者能够获得透明而公平的奖励。例如，Numerai 采用"锦标赛式竞赛"的方式来评估提交的模型，识别最有效的算法并将其聚合到集成模型中，随后为现实世界的交易决策提供信息。如果预测准确，贡献者将会获得 NMR 代币奖励；如果预测错误，他们的代币将被烧毁。

6.1.3 Fetch.AI

Fetch.AI 是基于人工智能和区块链技术的去中心化智能经济体平台，由 Humayun Sheikh、Thomas Hain 和 Toby Simpson 于 2017 年创立。该平台专注于构建开放访问、代币化、去中心化的机器学习和自主智能代理网络基础设施，旨在使智能基础设施成为去中心化数字经济的基础，通过智能合约的执行实现自主经济交易，从而构建更高效、更公平的经济系统，促进数字经济的增长。

Fetch.AI 的技术架构主要包括 Fetch.AI 主链和 Fetch.AI 智能代理。Fetch.AI 主链是一个基于区块链技术的分布式账本，用于记录交易和智能合约，并确保交易的安全性和可靠性。Fetch.AI 智能代理是该项目的核心组成部分，可以通过自适应学习独立运行，自主执行各种具有复杂业务逻辑的任务和指令，并与其他智能代理进行通信，代表人类、组织或机器主体进行自主行动。基于 Fetch.AI 智能代理的架构称为自治经济代理架构（autonomous economic agent，AEA），用于构建自主协作的智能代理网络，实现智能化、自主化和去中心化的经济交互。AEA 架构下，每个智能代理的自主学习模块都包括至少一个智能合约和一个 Python 包，用于实现不同类型的学习任务，代理可以根据学习结果自主调整行为和策略，实现更智能、更高效和更可持续的经济交互。此外，AEA 架构支持创建复杂的多代理系统，用于与 AI 模型或物联网设备进行通信。Fetch.AI 的应用场景非常广泛，包括物流、供应链、金融、能源、医疗等多个领域。

6.1.4 SingularityNET

SingularityNET 是基于区块链技术的去中心化人工智能服务平台，允许用户创建、共享和货币化 AI 服务，旨在提供一个全球可访问的 AI 市场，赋能开发者快速高效地创建下一代 AI 应用。SingularityNET 平台发行的原生代币称作 AGIX，用于平台上的交易管理、去中心化社区治理、跨链操作等。

SingularityNET 通过一套标准的软硬件服务 API 简化交易过程，包括图像和视频处理服务 API、语言处理服务 API 等，允许数据提供者通过智能合约对 AI 网络进行训练并收取费用，指定数据隐私保护级别，实现对数据的细粒度隐私保护。SingularityNET 的区块链底层架构支持用户匿名访问并评估服务质量，确保了 AI 开发过程的透明度和公平性。开发人员可以通过该平台分享和货币化他们的 AI 模型，企业用户可以通过该平台获得尖端 AI 技术进行产品研发，而无须从头开始构建。SingularityNET 还能够通过支持多个 AI 服务组合实现 AI 网络自治，从而满足更高层次的需求，如控制人形机器人等。

SingularityNET 通过结合 AI 和区块链技术，提供了一个去中心化的平台，使得 AI 服务更加易于访问和货币化，同时也推动了 AI 技术的民主化和去中心化。目前，SingularityNET 已经与 Fetch.ai 和 Ocean Protocol 合作，建立了超级智能联盟（superintelligence alliance，SA），旨在加速去中心化和未来人工超智能（artificial super intelligence，ASI）的发展，创建一个公平分配权力、价值和技术的全球共享平台。

6.1.5 Ocean Protocol

Ocean Protocol 是由 Bruce Pon 和 Trent McConaghly 等在 2017 年提出的基于以太坊的去中心化数据交易平台。该平台允许数据提供者设置对数据的访问权限，支持"计算到数据"模式，允许在不公开原始数据且不把数据下载到本地的情况下，直接在数据提供者的环境中对数据进行处理和分析，确保数据提供者可以在不泄露隐私的情况下分享其数据，旨在人工智能和大数据分析迅速发展的背景下，解决现代数据经济中隐私与可用性的矛盾，实现用户数据的安全共享和货币化。Ocean Protocol 平台通过创建 DataTokens 实现数据代币化，其原生电子加密货币称作 OCEAN 代币，用作数据服务和数据集访问权的购买媒介，同时也是治理和质押的工具，支撑着整个生态系统的运作。

Ocean Protocol 通过其创新的数据市场和隐私保护机制，为数据提供者和消费者提供了一个安全、高效、开放且可扩展的数据共享和交易生态系统，支持各种类型的数据服务和应用程序的开发。Ocean Protocol 的应用场景非常广泛，包括医疗数据共享、物联网数据交易和金融数据分析等。例如，医疗公司可以访问匿名化的医疗数据来训练其 AI 系统，确保数据隐私和合规性。尽管 Ocean Protocol 在诸多方面展现出一定的潜力，但其未来的发展仍旧面临着严峻挑战，包括市场竞争、规模化和监管合规等问题。因此，Ocean Protocol 未来发展将依赖于其能够持续推动技术创新，扩大生态系统，吸引更多用户和合作伙伴，以及适应监管环境和市场变化的能力。

上述项目展示了区块链技术和人工智能结合的多样性和创新性，正在改变数据管理、金融、医疗、供应链等多个行业，并为未来的技术发展提供了新的方向。

6.2 基于区块链的代码版权管理机制

在互联网发展的推动下，代码版权管理问题日益突出。首先，开源项目数量庞大，作者的版权难以登记。其次，缺乏统一的代码版权管理平台，导致版权资源分散，版权归属模糊。目前，数字版权领域处理代码版权问题的方法主要有两种：一是完善相关法律制度；二是采用基于数字水印的数字版权管理技术。尽管这些解决方案能够在一定程度上实现代码版权保护，但代码版权管理和保护仍然面临以下挑战。

● 代码项目容易复制和传播，在获取侵权证据、裁定侵权行为和依法维权方面具有挑战性。因此，立法并不能从根本上解决代码版权保护中存在的问题。

● 数字水印的主要功能是创建防拷贝、防盗窃版本，然而，并没有解决版权归属问题，反而在实际实施后导致了行业垄断和技术壁垒。

● 大多数版权管理解决方案都是基于可信的第三方，无法实现版权信息的绝对可靠性。

● 现有代码版权保护解决方案的实施成本较高，推广应用受限。

区块链作为由分布式结点共同维护的去中心化账本，因其去中心化、匿名性、私密性、可追溯性和抗篡改性等特性，被广泛用于分布式共享和存储数据，受到了

第二部分　区块链应用

金融、物联网和医疗等领域学者和从业者的极大关注，为解决上述代码版权保护面临的挑战提供了新的思路，有望成为代码版权管理的创新解决方案。区块链在提高代码版权管理和保护方面的优势如下。

● 去中心化和集体验证。区块链实现了数据的分布式记录、存储和更新，去中心化是其本质特征。具有去中心化特性的版权管理系统可以有效抵御 DoS 攻击，保证版权数据的存储安全。此外，在去中心化机制下，代码版权项目的原创性需要经过所有验证结点的验证，该代码的版权信息才会被记录到区块链中，有效避免了单一结点决策带来的权限集中问题。

● 透明度和公开性。区块链网络中的数据记录和更新对所有结点透明，是区块链系统具有可信性的基础，可用于实现对原始代码文档的版权信息进行审查和追溯。此外，区块链系统是开放的。区块链结点可以自由加入或退出区块链网络。因此，基于区块链的代码版权管理系统可以方便地吸收外部结点加入系统。

● 防篡改性和可追溯性。一旦数据通过验证并被写入区块链，将被永久存储，且不能更改。因此，若把区块链技术用于代码版权保护，通过网络结点验证的原始代码文档的版权信息将被区块链永久存储和保护，区块链中的每个结点也可以随时查询到版权信息。这样可以显著提高系统中版权信息的稳定性和可靠性。

区块链技术在代码版权保护方面应用的经典案例包括 IP 版权区块链、区块链版权存证平台、百度图腾内容版权链、Sourcegraph 等。

贵阳天德信链科技有限公司开发的 IP 版权区块链平台，利用大数据区块链平台记录相关成果的完整数据信息，实现版权确权、交易、维权、商业化开发等所有信息的数字化存储，为相关成果提供存在性和版权归属证明，提高系统的扩展性。同时，采用双链并发技术（交易链、账户链），实现对资金和账户的监控，维护版权拥有者和使用者的权利，解决版权拥有者和使用者面临的诸多困难，如侵权形式多样化、难以追溯作品起源、取证难度大、维权成本高等。司法实践中已经出现利用区块链技术进行电子证据存证的案例，未来这一做法将在全国范围内得到更广泛的应用。贵阳天德信链科技有限公司的 IP 版权区块链平台为版权保护提供了一个高效、透明、安全的解决方案，有助于保护版权拥有者和使用者的合法权益。

西安纸贵互联网科技有限公司开发的纸贵区块链版权存证平台，基于区块链数据存证透明、不可篡改的技术特点，提供版权登记流程，支持用户将版权、合同、赛事记录等信息存储在区块链的分布式网络中，实现版权信息的永久有效和不可篡改存证，同时支持版权登记信息的公开查询和验证，增强版权的可信度。该平台采用联盟链+公链跨链通信架构，引入公证处、版权局、知名高校等具有公信力的相关机构作为版权存证联盟链的存证和监督结点，配合链上链下的一站式维权方案，可出具国家认证的具有司法效力的公证证明，帮助原创者在遭遇侵权时进行有效维权，保障原创者权益。通过这些服务和功能，纸贵区块链版权存证平台为原创者提供了一个全面、可靠的版权保护解决方案。目前，在该区块链网络上登记的版权数据已超过百万，覆盖音、视、图、文等多种形式的存证类型。

百度在线网络技术有限公司基于百度超级链、人工智能及大数据构建的百度图腾内容版权链，覆盖全网千亿规模的数据，用于实现版权存证和版权检测，旨在解决原创作品的版权确权成本高、盗版猖獗、维权难、变现模式单一等痛点。百度图腾利用百度的网络资源和 AI 技术，将版权内容信息存储于百度分布式存储系统中，将登记确权、维权线索、交易信息等存储在版权链上，同时构建了覆盖全网的盗版追踪监测系统，可以第一时间锁定版权数据在互联网中的盗版使用，对侵权行为进行在线取证并记录至区块链中，为原创作品提供版权认证、分发传播、变现交易、监控维权及 IP 资产管理的全链路服务，降低版权确权的成本。百度图腾已经引入了包括视觉中国、高品图像等在内的生态合作伙伴，共同维护版权链的公信力。通过上述功能和服务，百度图腾内容版权链旨在为原创者和机构提供全方位的版权保护，推动版权存证、监控取证及司法维权全链条的发展。

为了提高软件开发和对大型代码库管理的效率，Quinn Slack 和 Beyang Liu 创立了开源项目 Sourcegraph。Sourcegraph 最初的愿景是通过代码搜索将软件开发和 IT 运营的各个环节联系起来，提供一个代码智能平台，帮助开发者更高效地阅读和编写代码，更快地发现和修复 bug，更流畅地进行协作。Sourcegraph 提供了代码导航功能，允许用户轻松浏览和理解代码结构；利用抽象语法树和类型信息，提供了高级搜索功能，使得 Sourcegraph 能够理解代码的逻辑结构与上下文关系，快速定位函数和变量定义；支持在任何代码主机、语言或代码库中快速查找代码，还可以跨越多个代码仓库进行搜索，帮助开发者快速定位到他们所需的代码片段。通过这些功能，Sourcegraph 能够帮助开发者保护他们的代码版权，确保代码的原创性和可追溯性。例如，将软件代码的哈希值作为版权信息存储在区块链上，一旦发现代码被盗用，可以根据哈希值进行比对验证，从而保护代码版权。

区块链平台除了广泛应用于代码版权保护，还可以将文学、音乐、影视、动漫、游戏等数字内容作品的"指纹"、作者、创作时间等信息快速打包上链，提供不可篡改、可追溯的版权确权和存证服务，实现数字内容作品低成本快速存证确权，同时存证信息同步到司法区块链，为后续维权提供便捷服务。例如，作家可以将自己创作的文章通过区块链版权存证平台进行存证，由存证平台为该作品生成唯一的数字指纹并记录在区块链上，同时记录作品的创作时间、作者信息等关键元数据，利用区块链的加密技术和时间维度，追溯和取证一篇文章从创作到发布、授权的全过程，实现版权保护。艺术家、摄影师和其他艺术工作者可以在区块链平台上注册作品版权，防止侵权行为。

这些案例展示了区块链技术在版权保护领域的广泛应用，通过分布式账本、去中心化、时间戳、哈希算法等技术，为不同类型的版权作品提供版权确权和存证服务，增强了版权的可信度和安全性，展示了区块链技术在版权保护领域的应用潜力，为版权保护提供了新的解决方案。

6.3 区块链在车联网中的应用

6.3.1 车联网概述

车联网（internet of vehicles，IoV）是一种典型的具有分布式自治域的自组织网络架构，是指通过无线通信技术，将车辆与互联网进行深度融合，包括车内、车与车、车与路、车与人、车与服务平台的全方位网络连接，实现车辆信息共享、智能管理和协同驾驶等功能的网络系统，在提高行车安全、降低交通拥堵和排放、提升交通效率、提升汽车智能化水平和自动驾驶能力、构建汽车和交通服务新业态等方面具有重要意义。近年来，由物联网、云计算、移动互联等技术构成的动态计算范式推动了车联网的快速发展。

基于区块链的车联网跨域数据共享系统模型如图 6.1 所示，系统实体包括受信机构（trusted authority，TA）、区块链、星际文件系统、路侧单元（road side unit，RSU）和车辆等。

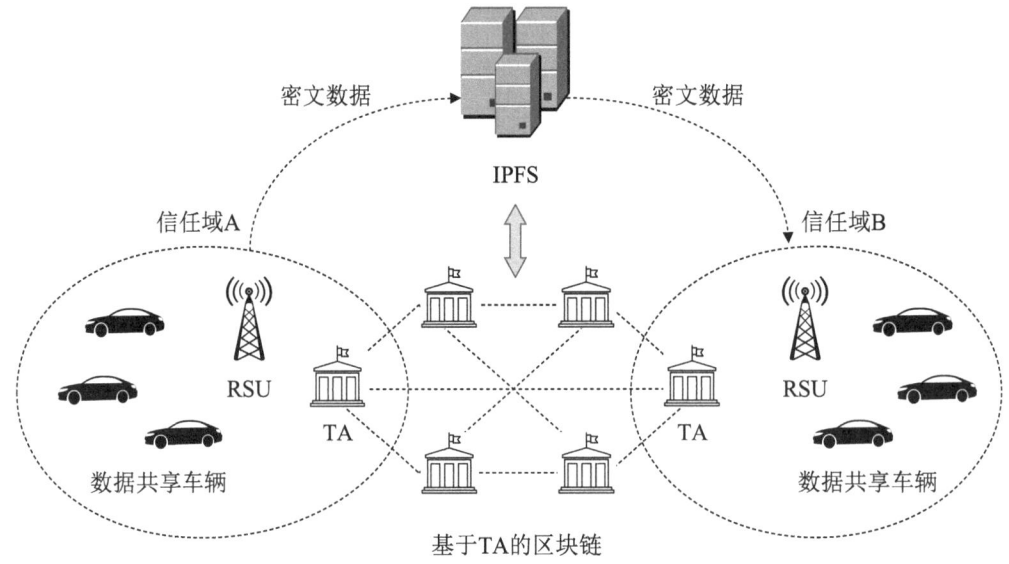

图 6.1 基于区块链的车联网跨域数据共享场景

● 受信机构。由各信任域的 TA 生成和存储系统公共参数，并为信任域内的车辆生成密钥，对收到的请求进行跨域密文转换。

● 区块链。通常采用联盟链，由所有 TA 共同维护，用于提供共享数据存储、跨域数据查询及访问验证等服务。

● 星际文件系统。为了减轻链上存储负担，提升系统效率，通常由 IPFS 分布式地存储加密后的车联网数据，仅将数据的哈希值记录到区块链上。

● 路侧单元。RSU 用于接收来自车辆的实时数据，如车速、位置、转向等，并通过对道路车流量进行数据分析和密度估算，在车辆或道路发生异常事故等情况时，捕捉信息并实时上传至边缘结点或区块链网络，同时将信息发送给即将行驶到异常路段的装有车载终端的车辆。由 TA 负责管理其所在信任域内的 RSU。RSU 使用安全传输协议与 TA 进行通信，使用专用短程通信（dedicated short range communication，DSRC）协议与车辆进行通信。

● 车辆。车辆是车联网中信息感知的核心对象，通过车载传感器、摄像头等设备收集车辆状态信息和周围环境信息,实现车与车、车与基础设施、车与行人等的互联互通。车辆密钥安全存储在车载单元(on board unit,OBU)的防篡改设备中。

车联网系统通常按照车辆地理位置进行区域划分,并由各受信机构进行管理,从而形成相互独立的信任域。车联网中车辆移动速度快、道路交通状况变化频繁,车辆常常在不同信任域间快速移动,产生大量的个人信息和隐私数据,如跨域交通事件、跨域道路状况等。通常基于数据共享来实现车载服务优化及驾驶体验改善。因此,车联网结点间动态数据共享的需求不断扩大,其共享过程的安全性和时效性对改善和提升车联网的性能至关重要。然而,鉴于以下几方面因素,数据共享安全成为制约车联网发展的严峻挑战。

①传统"中心化"访问控制机制下访问控制策略执行不透明、动态数据共享不灵活,且单点服务器安全性难以保证,使其难以满足动态、海量和移动分布的新型车联网计算模式的需求。

②不同信任域之间缺少协同管理,加之错综复杂的网络安全形势和不断增长的车联网跨信任域数据共享需求,在跨域共享数据时存在个人隐私泄露,共享数据被窃取、篡改或重放等风险。

③数据被共享后将脱离数据所有者所在域,使数据所有者难以控制其他信任域实体对数据的访问。

基于区块链技术的去中心化数据共享平台,消除了对数据存储和管理的云系统依赖,支持多个对等实体之间的自主数据共享和通信,通过执行智能合约来实现交易自动化和信任建立,实现低延迟的应用和服务,通过公钥加密和数字签名等技术确保数据的机密性和不可伪造性,因此,目前已有研究尝试将区块链技术用于车联网场景下车辆与车辆、车辆与路侧单元等结点间身份认证、数据共享及资源管理等过程。

此外,在基于区块链的车联网跨域数据共享架构下,可以通过运行智能合约进行公平仲裁,实现车辆信息的提交与验证、车辆间的数据交换、支付和指令控制等功能,保证信息提供端、路侧单元和请求端之间的公平支付,为车联网提供去中心化、自动化和透明的多结点自主协作解决方案。例如,在基于智能合约的车联网系统中,请求端将目标区域道路信息请求发送给路侧单元,并将需要支付的报酬锁定在智能合约中，路侧单元根据请求端的请求进行广播，收集各信息提供端为请求端提供的目标区域信息，由智能合约验证信息的正确性和完整性。如果目击端提供的信息通过验证，则目击端将获得一定奖励；否则，恶意目击端将因提供虚假消息而受到惩罚。

6.3.2 车联网跨域数据安全共享技术

面对车联网大量的跨域数据共享需求，如何激励用户广泛参与数据采集，并实现安全高效的跨域数据获取，是车联网数据共享中具有挑战性的研究工作。现有研究试图引入区块链技术解决车联网价值激励和数据共享问题，然而忽略了区块链固有的关键性能，如可扩展性、吞吐量等瓶颈问题。因此，要想利用区块链技术助力潜在的由不断增长的车联网用户构建的大规模数据共享市场，迫切需要在保留车联链去中心化和安全性的基础上提升其性能，同时探索并构建基于区块链的高效车联网价值激励与数据共享方案。

目前，车联网、移动群体感知等应用场景下激励用户参与数据共享行为的中心化激励机制相关研究已比较成熟。Gao 等[188]提出了一种适用于非确定性车载自组网的有效激励机制。Xiao 等[189]研究了基于博弈论的车联网数据共享问题，利用 Q-Learning 算法实现车辆报酬支付策略。Pu 等[190]研究了应用于大规模车辆移动群体感知的基于激励的混合边缘计算框架。然而，上述传统激励机制下的数据共享模型都具有中心化特征，在由拜占庭结点构成的车联网应用中面临着严峻的安全性挑战。例如，在车联网中，中心化数据服务器可能会遭受恶意用户或服务提供商的攻击，服务器中存储的数据会被篡改；拜占庭车联网结点考虑自身利益或因非法目的而提供虚假甚至恶意数据等，将会进一步加剧数据共享信任危机。此外，传统访问控制技术通常使用静态访问控制方式管理用户及分配访问权限，随着车联网数据的海量增长，访问控制列表规模随之不断增长，大大增加了系统开销，降低了访问效率。

区块链具有去中心化、匿名化、不可篡改等固有安全属性，近年来，基于区块链的车联网数据共享研究工作引起广泛关注。基于区块链的车联网跨域数据安全共享技术主要分为会话密钥协商技术和跨域密文转换技术两类，基于会话密钥协商的方法能够保证跨域数据的安全性。然而，车联网作为物联网的一个分支，存在车辆移动速度快、网络拓扑变化快、消息时效性强等特点，协商密钥需要车辆之间进行多次交互，且会话密钥在使用的过程中需要频繁更换，很难在车联网数据拥有者和数据访问者之间建立相对稳定的通信关系，因此基于会话密钥协商的方法难以适用于车联网大量跨域数据共享的场景。

常见的跨域密文转换技术有代理重加密技术和基于 CP-ABE 的加密技术。代理重加密技术允许代理机构在不透露数据相关信息的前提下对密文进行转换，因此能够避免共享数据在跨域存储和访问的过程中被泄露或恶意篡改，成为跨信任域的数据安全共享研究重点。然而，代理重加密方法在重加密阶段需要的计算开销较大，难以满足车联网大量数据跨域共享的高效性需求。在提升车联网性能方面，Kang 等[191]通过优化共识管理机制，提出了一种基于区块链的车联网数据共享方案。Ni 等[192]提出了一种基于区块链的车联网资源管理机制，通过优化路侧单元和车辆的计算资源来提升系统吞吐量。Anish 等[193]提出一种对车联网数据进行加权加密的数据安全共享机制，实现用户对车联网数据的细粒度访问和安全共享。Kouicem 等[194]提出了基于零知识证明的车联网数据共享方案，基于区块链的匿名特性，允许车辆和路侧单元匿名验证数据信息，实现安全的跨域数据共享。Cui 等[195]对委托权益证明共识协议进行改进，缩短了交易确认的时间，从而提升了车联网系统的效率。

区块链作为不可篡改的分布式账本，具有时序性、不变性、不可伪造性、透明性、可审计性等特点，可以为车联网提供去中心化的身份认证机制，在无须第三方机构介入的情况下存储和验证车辆在生产和使用过程中产生的各项身份认证信息、行驶轨迹等，不仅大大提高了数据共享效率，确保车辆的真实性和合法性，有助于提高车辆的可追溯性，还能确保数据的完整性和可信度，降低因中介介入而产生的额外成本。上述优势显示了区块链技术在车联网领域的应用潜力，为车联网的发展提供了新的思路和解决方案。

第七章
区块链技术应用的限制和机遇

7.1 区块链技术应用存在的挑战

区块链技术为金融、能源、车联网、医疗等多个行业提供了新的解决方案，推动了商业模式的创新和发展。经过十余年的快速发展，区块链技术在不同领域的应用发展呈现出指数级增长的趋势，但由于性能、安全性、法律监管、市场接受度、标准化等限制，区块链应用的进一步发展仍面临诸多困境，不同区块链网络之间的自主交互和价值流动仍存在局限性，这一挑战被称为"跨链互操作性"。

（1）技术层面限制

● 性能问题。区块链的分布式账本特性导致其在处理高并发交易时效率较低，且在大规模数据存储方面存在性能瓶颈，交易确认时间较长，吞吐量有限，难以满足大规模应用场景的需求。

物联网联盟链普通结点通常不会维护完整的联盟链数据，因此普通结点对目标数据的查询需要通过系统全结点实现，在更加复杂的应用场景中，区块数据查询还需要处理不同联盟链间的跨链访问需求，而链式区块数据的查询效率往往较低，成为制约物联网联盟链融合应用的主要因素。因此迫切需要设计新的数据区块查询算法以提高数据查询性能、扩展查询功能，解决多链之间的数据查询问题，实现在不同链上、不同区块结构上数据的高效查询处理。

● 隐私问题。区块链的透明性虽然保障了数据的不可篡改，但也可能导致隐私泄露，尤其是在涉及个人敏感信息的领域。

区块链的去中心化特性使得数据不由任何单一实体控制，增强了系统的抗篡改能力，同时也带来了治理上的复杂性。例如，通过分析交易模式、时间、金额等信息，攻击者可能能够推断出用户的身份，导致用户在合规性方面面临挑战。引入隐私保护技术通常会增加区块链交易的复杂性和计算量，进而影响交易的速度和效率。例如，一些先进的隐私保护技术，如零知识证明、环签名等，虽然能有效增强隐私性，但实现起来较为复杂，需要较高的计算资源和专业知识，这增加了应用的难度和成本。

● 技术复杂性和成本问题。开发和维护区块链系统需要专业的技术知识和大量的资金投入，这对于中小型企业来说是一个较大的障碍。

区块链技术涉及密码学、分布式系统、共识机制等多个复杂领域，开发和维护区块链系统需要专业的技术知识和技术人才。企业可以利用开源区块链平台（如Hyperledger Fabric）来降低初始开发成本，或者借助云服务提供商（如AWS、Azure）的区块链即服务（blockchain as a service，BaaS）解决方案，降低部署和维护成本。

● 跨链交互问题。不同区块链平台之间的互操作性较差，跨链交易和数据共享存在技术难题。

（2）法律和监管限制

● 监管政策的不确定性。全球各国对区块链和加密货币的监管政策不一致，政策的不确定性增加了市场风险，使得企业在应用区块链时面临法律风险。

● 法律合规性。智能合约的法律效力和合规性存在争议，区块链的不可篡改特性可能导致某些法律问题难以解决。

● 隐私法规。在一些国家和地区，数据隐私法规对区块链的应用提出了严格要求，如何在符合隐私法规的前提下应用区块链是一个挑战。

（3）经济和市场限制

● 交易成本限制：联盟链通常采用高效的共识机制，如拜占庭容错或 Raft 机制等，这些机制比公有链中采用的 PoW 机制更高效，能够显著降低交易成本。

在一些特定应用场景中，联盟链的单笔交易成本优势更加明显。例如，在分布式能源交易系统中，基于联盟链的单笔交易成本低于中心化的交易系统。然而，联盟链的单笔交易成本较低，但其启动成本可能较高。例如，大型企业启动一个新的联盟链需要经过所有成员的协议批准，程序烦琐，且需要投入大量资源进行开发和部署，限制了其在一些场景中的应用。

● 市场接受度：由于区块链技术的新颖性和复杂性，许多企业对采用区块链技术持谨慎态度。

区块链作为一种新兴技术，其去中心化、不可篡改等特性为数据安全和交易透明带来了前所未有的优势，但同时也带来了诸多挑战。一方面，区块链技术的底层架构和运行机制相对复杂，需要企业在技术开发和系统集成方面投入大量的人力和物力。另一方面，虽然区块链技术的应用场景广泛，但目前仍处于探索阶段，缺乏成熟的商业模式和行业标准。企业在考虑采用区块链技术时，需要权衡技术应用带来的潜在收益与可能面临的风险，谨慎评估自身的技术实力和业务需求，以确保技术的有效落地和应用。

（4）安全问题

● 智能合约漏洞：智能合约可能存在代码漏洞，导致资产损失或系统不稳定。

与传统授权协议相比，如基于角色的访问管理协议 OAuth 2.0、OpenID 等，智能合约能够为物联网设备提供基于单方或多方身份验证和业务逻辑的高效授权访问规则。但智能合约一经部署，就不能修改，其漏洞将给物联网系统应用带来巨大损失，因此部署智能合约前，必须对其正确性进行完备的形式化证明。

● 51% 攻击风险：在某些区块链网络中，存在被恶意攻击者控制 51% 算力的风险，从而篡改交易记录。

● 私钥管理风险：私钥管理不当可能导致资产丢失或被盗。

● 半中心化风险：联盟链的半中心化特性使其容易受到恶意人员的攻击，这可能增加安全成本。

现有物联网联盟机构充当背书结点，承担着预选共识机制验证结点并对所有验证结点的行为进行背书的重要任务，然而为了便于交易客户端识别和反馈，背书结点的身份必须公开，使其更容易成为攻击目标。联盟链基于验证结点共识机制，其安全性高度依赖于背书结点的安全性，一旦背书结点遭到攻击，最终账本数据的正确性将无从保证。因此需要对联盟链背书结点和共识机制的安全性进一步深入研究，例如通过引入非交互式可验证随机结点抽取方法确定背书结点，使攻击者难以选择攻击目标，从而提高攻击难度。

（5）应用场景限制

● "不可能三角"问题：区块链技术目前难以同时实现去中心化、安全性和高性能，这成为制约其大规模应用的壁垒。

例如，常见的物联网通信协议 MQTT、CoAP、RPL、6LoWPAN 等，无法提供通信安全性。此类协议必须嵌入其他安全协议中，如 DTLS、TLS、IPSec 等，以提供安全通信。然而，DTLS、TLS、IPSec 甚至轻量级 TinyTLS 协议对计算和存储资源的性能要求都超出物联网设备的承受能力，因此，迫切需要开发适用于物联网设备的轻量级安全协议，用以保障链下动态数据安全。

● 缺乏典型创新应用：目前区块链在农业、制造业等领域的应用场景落地存在困难，缺乏可规模化推广的典型创新应用。

物联网联盟链承载的数据量和应用场景是紧密相关的，常常具有数据量大、动态变化、交易频繁等特点，这就要求物联网联盟链具有良好的吞吐量和时延。共识机制直接影响系统吞吐量、可扩展性、时延等核心指标，是联盟链性能优化的关键。尽管本书提出了一些在测试网运行良好的共识机制，但真实场景下随着网络规模的扩大，其运行效率必然下降。因此，如何在确保系统共识安全性的同时提高效率是一项非常有挑战性的工作，有必要进一步开展研究，如探索利用硬件加密算法提升签名验签效率的方法等。

（6）标准化问题

不同区块链平台和项目使用不同的协议和标准，导致互操作性问题，限制了不同区块链系统之间的数据和资产流动。自 2016 年国际标准化组织（International Organization for Standardization，ISO）成立区块链和分布式记账标准化技术委员会

（ISO/TC 307）以来，一直积极推动区块链技术的国际标准化工作。与此同时，我国高度重视区块链技术的发展，出台了一系列政策推动区块链标准化工作。2023年12月，工业和信息化部、国家标准化管理委员会等部门联合印发了《区块链和分布式记账技术标准体系建设指南》，提出到2025年初步形成支撑区块链发展的标准体系。

可以看出，目前区块链技术应用仍处于发展阶段，大规模商用部署的技术成熟度、性能优化及跨链互操作性等仍有待提高，仍需要在这一领域进行大量研究，以找到解决当前区块链可扩展性和互操作性等问题的实用解决方案。

7.2 区块链技术应用的发展机遇

人工智能（artificial intelligence，AI）、大数据、元宇宙等与区块链技术的融合为区块链带来了诸多发展机遇，这些机遇不仅体现在技术层面，还涵盖了应用拓展、市场潜力等多个方面。

7.2.1 AI 与区块链

（1）技术层面

● 隐私计算。AI需要大量数据进行训练，而区块链的分布式存储和加密技术可以为数据提供强大的隐私保护。通过区块链，数据可以在不暴露原始内容的情况下被用于AI模型训练，这种"隐私计算"技术在医疗、金融等敏感数据领域具有广阔的应用前景。

● 智能合约执行。AI与智能合约的结合能够实现更复杂的业务逻辑和自动化决策。例如，基于AI的智能合约可以根据实时数据自动触发交易或调整合同条款，减少人为干预和欺诈风险。

● 去中心化与分布式计算：区块链的去中心化特性可以降低数据存储和处理的中心化风险。同时，分布式计算技术可以提高AI模型在多结点环境下的训练和推理效率。

（2）应用拓展潜力

● AI驱动的去中心化金融。AI与区块链的结合正在推动金融领域的创新，如通过 AI 优化收益策略、管理风险并分析市场趋势，以实现最佳收益。

● 供应链追溯。AI 与区块链的结合可以实现对供应链的全链条追溯，确保信息的真实性和可追溯性，打击假冒伪劣产品，保护消费者权益。

AI 与区块链技术的融合为区块链带来了巨大的发展机遇，不仅提升了技术的可靠性和安全性，还拓展了应用范围和市场潜力。随着技术的不断进步和应用的深入，未来 AI 与区块链的融合将拓展到更多领域，如医疗、金融、物联网等。例如，基于区块链的 AI 市场、去中心化的 AI 医疗平台等创新应用场景将不断涌现。

7.2.2　大数据与区块链

（1）技术层面

● 实时数据处理。区块链能够为大数据提供透明的记录与追溯能力，确保数据来源可靠，优化实时数据流的存储、处理与验证，为企业提供高效的分析与决策支持。

● 数据可靠存储。大数据技术能够处理海量的数据，而区块链的分布式存储特性则为这些数据提供了安全可靠的存储解决方案。将数据分散存储在多个区块链结点上，能够有效防止数据丢失和被篡改，显著提高数据的安全性。

● 数据共享与隐私保护。大数据的价值在于共享和互通，但传统数据共享模式往往面临数据隐私泄露的风险。区块链技术通过智能合约和加密算法，实现了数据的安全共享和交换。数据拥有者可以自主设置数据的访问权限和使用规则，确保数据在共享过程中不被非法获取或滥用。

（2）应用拓展潜力

● 金融领域。通过整合多源数据，并利用区块链的安全特性，金融机构可以更准确地评估风险，提高信用评级的准确性，同时加快跨境支付的速度。

● 供应链管理。区块链可以实现供应链的透明化和可追溯化，而大数据技术则可以在供应链中发挥预测和优化等作用。

● 医疗健康。区块链可以保护患者隐私，实现医疗数据的共享，而大数据技术则可以在医疗领域发挥疾病预测和推动药物研发等作用。

● 智能交通。区块链技术可以应用于车辆身份认证和行驶轨迹记录，而大数据技术则可以在智能交通中发挥拥堵预测和路径优化等作用。

大数据与区块链的融合为区块链的发展提供了强大的支持。通过提升数据存储的安全性、促进数据共享与隐私保护、增强数据溯源与透明度及提高数据处理效率与智能化水平,大数据为区块链的应用和发展提供了坚实的基础。未来,随着技术的不断发展和应用场景的不断拓展,大数据与区块链的融合将为各行业带来更多的创新和变革。

7.2.3 元宇宙与区块链

元宇宙为区块链技术提供了丰富的应用场景,使得区块链的应用范围从金融领域拓展到虚拟世界中的各种经济和社会活动。例如,在元宇宙中,用户可以购买虚拟土地、数字艺术品和其他虚拟物品,这些交易都需要区块链技术来确保资产的所有权和交易的透明性。

(1)技术层面

● 提升身份验证和数据信任水平。在元宇宙中,用户的身份验证和数据信任至关重要。区块链技术通过不可篡改的记录,确保用户身份的唯一性和数据的真实性,从而为用户提供一个安全可靠的虚拟环境。

● 促进技术创新和标准制定。元宇宙的发展推动了区块链技术的不断创新和标准制定。例如,为了支持元宇宙中的复杂经济系统,区块链技术需要解决可扩展性、交易速度等问题。同时,元宇宙也为区块链技术的标准化提供了新的需求和方向。

(2)应用拓展潜力

● 去中心化金融。元宇宙中的金融服务正在向去中心化方向发展。通过智能合约和去中心化应用,用户可以在元宇宙中享受便捷、低成本的金融服务,如借贷、保险和交易。

● 跨境支付与清算。区块链技术可以实现元宇宙中的跨境支付与清算,降低交易成本,提高支付效率,为元宇宙经济的全球化发展提供支持。

● 工业元宇宙:在工业领域,元宇宙结合区块链技术可以实现虚拟漫游评审、人机工效分析等应用,提高测试效率,降低测试成本。

● 数字内容创作:区块链技术为元宇宙中的数字内容创作提供了版权保护和收

益分配机制,激励创作者创作更多高质量的数字内容。

元宇宙作为数字经济的重要组成部分,为区块链技术提供了新的市场和机遇。通过区块链技术,元宇宙中的虚拟经济可以实现与现实经济的无缝对接,推动数字经济的整体发展。未来,随着技术的不断进步和应用场景的不断拓展,区块链与元宇宙的融合将带来更多创新和变革。

参考文献

[1] 黄可，李雄，袁晟，等.区块链中的公钥密码：设计、分析、密评与展望[J].计算机学报，2024，47（3）：491-524.

[2] 刘敖迪，杜学绘，王娜，等.区块链系统安全防护技术研究进展[J].计算机学报，2024，47（3）：608-646.

[3] 沈蒙，车征，祝烈煌，等.区块链数字货币交易的匿名性：保护与对抗[J].计算机学报，2023，46（1）：125-146.

[4] 石晶，张奥，白晓颖，等.分布式账本系统性能优化技术综述[J].软件学报，2023，34（10）：4607-4635.

[5] 施建锋，吴恒，高赫然，等.区块链智能合约交易并行执行模型综述[J].软件学报，2022，33（11）：4084-4106.

[6] HUYNH-THE T, GADEKALLU T R, WANG W Z, et al. Blockchain for the metaverse: a review[J]. Future generation computer systems, 2023, 143（1）: 401-419.

[7] VAIGANDLA K K, SILUVERU M, KESOJU M, et al. Review on blockchain technology: architecture, characteristics, benefits, algorithms, challenges and applications[J]. Mesopotamian journal of cybersecurity, 2023, 12（1）: 73-84.

[8] PERES R, SCHREIER M, SCHWEIDEL D A, et al. Blockchain meets marketing: opportunities, threats, and avenues for future research[J]. International journal of research in marketing, 2023, 40（1）: 1-11.

[9] TAN T M, SARANIEMI S. Trust in blockchain-enabled exchanges: future directions in blockchain marketing[J]. Journal of the academy of marketing science, 2023, 51

（4）：914-939.

[10] BANIATA H, ANAQREH A, KERTESZ A. Distributed scalability tuning for evolutionary sharding optimization with random-equivalent security in permissionless Blockchain[J]. internet of things, 2023, 24（1）：1-17.

[11] OHAM C, MICHELIN R A, JURDAK R, et al. B-FERL：blockchain based framework for securing smart vehicles[J]. Information processing & management, 2021, 58（1）：1-15.

[12] ESPOSITO C, FICCO M, GUPTA B B. Blockchain-based authentication and authorization for smart city applications[J]. Information processing & management, 2021, 58（2）：1-16.

[13] BERDIK D, OTOUM S, SCHMIDT N, et al. A survey on blockchain for information systems management and security[J]. Information processing & management, 2021, 58（1）：1-12.

[14] HU X Y, LI R Q, WANG L C, et al. A data sharing scheme based on federated learning in IoV[J]. IEEE transactions on vehicular technology, 2023, 72（9）：11644-11656.

[15] JIANG B C, HE Q, LIU P, et al. Blockchain empowered secure video sharing with access control for vehicular edge computing[J]. IEEE transactions on intelligent transportatison systems, 2023, 24（9）：9041-9054.

[16] YUAN M Y, XU Y, ZHANG C, et al. TRUCON：Blockchain based trusted data sharing with congestion control in internet of vehicles[J]. IEEE transactions on intelligent transportation systems, 2023, 24（3）：3489-3500

[17] HUANG J Q, KONG L H, WANG J W, et al. Secure data sharing over vehicular networks vased on multi-sharding blockchain[J]. ACM transactions on sensor networks, 2024, 20（2）：1550-4859

[18] 陈骁, 黄牧鸿, 田一凡, 等. 基于分片区块链的车联网数据共享方案[J]. 计算机研究与发展, 2024, 61（9）：2246-2260.

[19] 李程, 袁勇, 郑志勇, 等. 基于区块链的联邦学习：模型、方法与应用[J]. 自动

化学报, 2024, 50 (6): 1059-1085.

[20] LAMPORT L, SHOSTAK R, PEASE M. The Byzantine generals problem[J]. ACM trans program lang syst, 1982, 4 (1): 382-401.

[21] KURNIA, FADHIL I, ARUN V. Oblivious paxos: privacy-preserving consensus over secret-shares[C]//Proceedings of the 2023 ACM Symposium on Cloud Computing, October 30-November 1, 2023, Santa Cruz, New York: Association for Computing Machinery, 2023: 65-80.

[22] HOWARD H, ALEKSEY C. Fast flexible paxos: relaxing quorum intersection for fast paxos[C]//Proceedings of the 22th International Conference on Distributed Computing and Networking, Nara, New York: Association for Computing Machinery, 2021: 186-190.

[23] HIDAYAT S A, JUNIARDI W, KHATAMI A A, et al. Performance comparison and analysis of paxos, raft and pbft using ns3[C]//Proceedings of the 2022 IEEE International Conference on Internet of Things and Intelligence Systems, Bali, New York: Curran Associates, 2022: 304-310.

[24] LI Y T, FAN Y X, ZHANG L. RAFT consensus reliability in wireless networks: Probabilistic analysis[J]. IEEE internet of things journal, 2023, 14 (10): 12839-12853.

[25] JIAO Z, TIAN R, SHANG D, et al. A bilayer scalable Nakamoto consensus protocol for blockchain systems[J]. IEEE network, 2022, 36 (3): 174-182.

[26] SHARIFIAN Z, SAIDI H, FANIAN A, et al. A new approach to orphan blocks in the Nakamoto consensus blockchain[J]. IEEE transactions on network science and engineering, 2023, 11 (2): 1771-1784.

[27] BLUM E, LEUNG D, LOSS J, et al. Analyzing the real-world security of the algorand blockchain[C]//Proceedings of 2023 ACM SIGSAC Conference on Computer and Communications Security, Copenhagen, New York: Association for Computing Machinery, 2023: 830-844.

[28] KNUDSEN H, LI J, NOTLAND J S, et al. High-performance asynchronous

byzantine fault tolerance consensus protocol[C]//Proceedings of 2021 IEEE International Conference on Blockchain, Melbourne, Washington: IEEE Computer Society, 2021: 476–483.

[29] SHAMSI K, SHAYEGAN M J, UDDIN M, et al. A fair method for distributing collective assets in the stellar blockchain financial network[J]. Sustainability, 2022, 14（9）: 1–14.

[30] FAHIM S, KATIBUR R, SHARFUDDIN M. Blockchain: a comparative study of consensus algorithms PoW, PoS, PoA, PoV[J]. International journal of mathematical sciences and computing, 2023, 3（1）: 46–57.

[31] LASLA N, SAHAN L, ABDALLAH M, et al. Green-PoW: an energy-efficient blockchain proof-of-work consensus algorithm[J]. Computer networks, 2022, 214（4）: 1–12.

[32] NAIR P R, DORAI D R. Evaluation of performance and security of proof of work and proof of stake using blockchain[C]//Proceedings of the 3rd International Conference on Intelligent Communication Technologies and Virtual Mobile Networks, Tirunelveli, New York: Institute of Electrical and Electronics Engineers, 2021: 279–283.

[33] KAUR M. MBCP: performance analysis of large scale mainstream blockchain consensus protocols[J]. IEEE access, 2021, 9（1）: 80931–80944.

[34] PAN J W, SONG Z Y, HAO W Z. Development in consensus protocols: from PoW to PoS to DPoS[C]//Proceedings of the 2nd International Conference on Computer Communication and Network Security, Xining, New York: Institute of Electrical and Electronics Engineers, 2021: 59–64.

[35] ZHOU M X, ZENG L Y L, HAN Y, et al. Mercury: fast transaction broadcast in high performance blockchain systems[C]//Proceedings of IEEE INFOCOM 2023-IEEE Conference on Computer Communications, New York: Institute of Electrical and Electronics Engineers, 2023: 1–10.

[36] FISCHER M J, LYNCH N A, PATERSON M S. Impossibility of distributed consensus with one faulty process[J]. Journal of the ACM, 1985, 32（1）: 374–382.

[37] R3 CEV. R3 official site[EB/OL].（2023-03-01）[2024-10-09]. https://www.r3.com.

[38] China Ledger. China ledger official site[EB/OL].（2016-05-01）[2024-10-09]. http://www.chinaledger.com.

[39] Cisco. Cisco official site[EB/OL].（2023-02-15）[2024-10-10]. https://www.cisco.com.

[40] Hyperledger. Hyperledger official site[EB/OL].（2024-03-01）[2024-11-10]. https://www.hyperledger.org/.

[41] DIFFIE W，MARTIN E H. Multiuser cryptographic techniques[C]//Proceedings of the June 7-10，1976，national computer conference and exposition，New York：Association for Computing Machinery，1976：109–112.

[42] CHAUM D. Blind signatures for untraceable payments[C]//Proceedings of Advances in Cryptology - CRYPTO '83，Boston，New York：Springer，1983：199–203.

[43] NAKAMOTO S. Bitcoin：A peer-to-peer electronic cash system[EB/OL].（2008-10-31）[2024-09-10].https://bitcoin.org/ bitcoin.pdf.

[44] SANTOS S D，SINGH J，THULASIRAM R K，et al. A new era of blockchain-powered decentralized finance（DeFi）-a review[C]//Proceedings of IEEE 46th Annual Computers，Software，and Applications，Los Alamitos，New York：Institute of Electrical and Electronics Engineers，2022：1286–1292.

[45] CAO L B. Decentralized ai：Edge intelligence and smart blockchain, metaverse, web3，and desci[J]. IEEE intelligent systems，2022，37（3）：6–19.

[46] TENNAKOON D，HUA Y D，GRAMOLI V，et al. Smart redbelly blockchain：Reducing congestion for web3[C]//Proceedings of 2023 IEEE International Parallel and Distributed Processing Symposium，Petersburg，New York：Institute of Electrical and Electronics Engineers，2023：940–950.

[47] COURTOIS N T，EMIRDAG P，VALSORDA F. Private key recovery combination attacks：on extreme fragility of popular bitcoin key management，wallet and cold storage solutions in presence of poor RNG events[EB/OL].（2014-10-25）[2024–10–12]. https://eprint.iacr.org/2014/848.pdf.

[48] BREITNER J，HENINGER N. Biased nonce sense：Lattice attacks against weak

ECDSA signatures in cryptocurrencies[C]//Proceedings of International Conference on Financial Cryptography and Data Security, Frigate Bay, New York: Springer, 2019: 3–20.

[49] LI G J, YOU L. A consortium blockchain wallet scheme based on dual-threshold key sharing[J]. Symmetry, 2021, 13（8）: 1–14.

[50] APOSTOLAKI M, ZOHAR A, VANBEVER L. Hijacking bitcoin: routing attacks on cryptocurrencies[C]//Proceedings of the 38th IEEE Symposium on Security and Privacy, San Jose, New York: Institute of Electrical and Electronics Engineers, 2017: 375–392.

[51] KAPPOS G, YOUSAF H, MALLER M, et al. An empirical analysis of anonymity in Zcash[C]//Proceedings of the 27th USENIX Security Symposium, Baltimore, Berkeley: USENIX Association, 2018: 463–477.

[52] TRAMÈR F, BONEH D, PATERSON K G. Remote side-channel attacks on anonymous transactions[C]//Proceedings of the 29th USENIX Security Symposium, online meeting, Berkeley: USENIX Association, 2020: 2379–2756.

[53] Open Ethereum[EB/OL].（2019-11-06）[2024-10-14]. https://github.com/openethereum/openethereum/blob/ 5c3c97979 85d86cfd8983e180575639cad735c11/ethcore/verification/src/verification.rs#L344.

[54] Etherscan. Ethereum average block time chart[EB/OL].（2020-08-06）[2024-10-14]. https://etherscan.io/chart/blocktime.

[55] ZHANG L Y, WANG Y J, DING Y, et al. Sharding technologies in blockchain: Basics, state of the art, and challenges[C]//Proceedings of the International Conference on Blockchain and Trustworthy Systems, Haikou, New York: Springer, 2023: 242–255.

[56] NI Q Y, ZHANG L F, ZHU X R, et al. A novel design method of high throughput blockchain for 6G networks: performance analysis and optimization model[J]. IEEE internet of things journal, 2022, 9（24）: 25643–25659.

[57] DESHMUKH N. Implementation of Rapidchain on BaaS to improve Blockchain

efficiency[C]//Proceedings of 2021 International Conference on Smart Generation Computing, Communication and Networking, Pune, New York: Institute of Electrical and Electronics Engineers, 2021: 1-4.

[58] HUEBANG H W, PENG X W, ZHAN J Z, et al. Brokerchain: a cross-shard blockchain protocol for account/balance-based state sharding[C]//Proceedings of IEEE INFOCOM 2022-IEEE Conference on Computer Communications, London, New York: Institute of Electrical and Electronics Engineers, 2022: 1968-1977.

[59] GAZSI J S, ZAFREEN S, DAGHER G, et al. Vault: a scalable blockchain-based protocol for secure data access and collaboration[C]//Proceedings of 2021 IEEE International Conference on Blockchain, Melbourne, New York: Institute of Electrical and Electronics Engineers, 2021: 376-381.

[60] WU B X. Analysis of ethereum ghost protocol under blockchain framework[J]. Highlights in science, engineering and technology, 2023, 60(1): 121-127.

[61] CONTI M, KUMAR G, NERUKAR P, et al. A survey on security challenges and solutions in the IOTA[J]. Journal of network and computer applications, 2022, 203(1): 1-13.

[62] LU X F, JIANG C, WANG P. A Survey on Consensus Algorithms of Blockchain Based on DAG[C]//Proceedings of the 6th Blockchain and Internet of Things Conference, Fukuoka, New York: Association for Computing Machinery, 2024: 50-58.

[63] ZHANG Z J, LIU X Y, FENG K Y, et al. Phantasm: Adaptive scalable mining toward stable BlockDAG[J]. IEEE transactions on services computing, 2023, 17(3): 1084-1096.

[64] BLAKLEY B, LORRIE C. A discussion of election security, cryptography, and exceptional access with michael alan specter[J]. IEEE security & privacy, 2021, 19(6): 15-22.

[65] AMORES-SESAR I, CHRISTIAN C, PHILIPP S. An analysis of avalanche consensus[C]//Proceedings of the 31st International Colloquium on Structural

Information and Communication Complexity，Vietri sul Mare，New York：Springer，2024：27–44.

[66] GAO N J，HUO R，WANG S，et al. Sharding-hashgraph：a high-performance blockchain-based framework for industrial internet of things with hashgraph mechanism[J]. IEEE internet of things journal，2021，9（18）：17070–17079.

[67] SUN Y，ZHANG L，FENG G，et al. Performance analysis for blockchain driven wireless IoT systems based on tempo-spatial model[C]//Proceedings of 2019 International Conference on Cyber-Enabled Distributed Computing and Knowledge Discovery，Guilin，New York：Institute of Electrical and Electronics Engineers，2019：348–353.

[68] PHILIPP F，MARTEN S，CHRISTOF S，et al. Testimonium：a cost-efficient blockchain relay[EB/OL].（2020–02–28）[2024–10–15]. https://arxiv.org/abs/2002.12837.

[69] ARASEV V. PoA network whitepaper[EB/OL].（2017–03–02）[2024–10–15].https://www.poa.network/for-users/whitepaper.

[70] NICK J，ANDREW P，GREGORY S. Liquid：A bitcoin sidechain[EB/OL].（2020–05–22）[2024–10–25]. https://blockstream. com/assets/downloads/pdf/liquid-whitepaper.pdf.

[71] LOOM. Intro to Loom network[EB/OL].（2016–04–26）[2024–10–22]. https://loomx.io/developers/en/intro-to-loom.html.

[72] SERGIO LERNER. RSK whitepaper[EB/OL].（2015–03–01）[2024–10–15].https://docs.rsk.co/RSK_White_Paper-Overview. pdf.

[73] ARYLYN C，DAN M. Blocknet design specification v1.0[EB/OL].（2018–04–01）[2024–10–20].https://www.blocknet.co/wp- content/uploads/whitepaper/Blocknet_Whitepaper.pdf.

[74] BLOCKNET. Blocknet documentation[EB/OL].（2019–05–12）[2024–10–25]. https://docs.blocknet. co/#technical-overview.

[75] BLOCKNET. Blocknet protocol - XBridge asset compatibility[EB/OL].（2019–06–07）

[2024-11-01]. https://docs.block net.co/protocol/xbridge/compatibility/.

[76] HU J J, JIANG Z, XU C X. Greedy - Mine: a profitable mining attack strategy in Bitcoin - NG[J]. International journal of intelligent systems, 2024, 4（1）: 1-11.

[77] KHANNA T, NAND P, BALI V. FruitBlock: a layered approach to implement blockchain-based traceability system for agri-supply chain[J]. International journal of business information systems, 2023, 43（1）: 107-127.

[78] YU H F, NIKOLIĆ I, HOU R M, et al. Ohie: blockchain scaling made simple[C]// Proceedings of 2020 IEEE Symposium on Security and Privacy, San Francisco, New York: Institute of Electrical and Electronics Engineers, 2020: 90-105.

[79] GADIRAJU D S, AGGARWAL V. Prism blockchain enabled Internet of things with deep reinforcement learning[J]. Blockchain: research and applications, 2024, 5（3）: 1-11.

[80] OYINLOYE D P, TEH J S, JAMIL N, et al. Blockchain consensus: an overview of alternative protocols[J]. Symmetry, 2021, 13（8）: 1-35.

[81] XU J, WANG C, JIA X H. A survey of blockchain consensus protocols[J]. ACM computing surveys, 2023, 55（13）: 1-35.

[82] XIE M Y, LIU J, CHEN S Y, et al. A survey on blockchain consensus mechanism: research overview, current advances and future directions[J]. International journal of intelligent computing and cybernetics, 2023, 16（2）: 314-340.

[83] OKI B M, LISKOV B H. Viewstamped replication: a new primary copy method to support highlyavailable distributed systems[C]//Proceedings of the 7th Annual ACM Symposium on Principles of Distributed Computing, Toronto Ontario, New York: Association for Computing Machinery, 1988: 8-17.

[84] LAMPORT L. The part-time parliament[J]. ACM transactions on computer systems, 1998, 16（2）: 133-169.

[85] ONGARO D, OUSTERHOUT J. In search of an understandable consensus algorithm[C]//Proceedings of 2014 USENIX annual technical conference, Philadelphia, Berkeley: USENIX Association, 2014: 305-319.

[86] HOWARD H, RICHARD M. Paxos vs Raft: have we reached consensus on distributed consensus?[C]//Proceedings of the 7th Workshop on Principles and Practice of Consistency for Distributed Data, Heraklion. New York: Association for Computing Machinery, 2020: 1-9.

[87] DWORK C, NAOR M. Pricing via processing or combatting junk mail[C]//Proceedings of the 12th Annual International Cryptology Conference, California, Berlin: Springer, 1992: 1-12.

[88] BACK A. Hashcash-a denial of service counter-measure[EB/OL].(2002-03-20)[2024-11-15]. https://blog.infocruncher.com/resources/bitcoin-whitepaper-annotated/Hashcash%20（2002）.pdf.

[89] MULLIGAN C, SUZANNE M, EVÎN C. Blockchain for sustainability: a systematic literature review for policy impact[J]. Telecommunications policy, 2024, 48（2）: 1-18.

[90] ZHANG S J, LEE J H. Analysis of the main consensus protocols of blockchain[J]. ICT express, 2019, 6（2）: 93-97.

[91] XIAO Y, ZHANG N, LI J, et al. Distributed consensus protocols and algorithms[EB/OL].（2019-04-07）[2024-11-15].https://cybersecurity.seas.wustl.edu/ning/paper/consensus19.pdf.

[92] DINH T T A, LIU R, ZHANG M H, et al. Untangling blockchain: a data processing view of blockchain systems[J]. IEEE transactions on knowledge and data engineering, 2018, 30（7）: 1366-1385.

[93] DAVID B, GAZI P, KIAYIAS A, et al. Ouroboros praos: an adaptively-secure, semi-synchronous proof-of-stake protocol[EB/OL].（2017-03-20）[2024-11-17]. http://eprint.iacr.org/2017/573.

[94] BADERTSCHER C, GAZI P, KIAYIAS A, et al. Ouroboros genesis: composable proof-of-stake blockchains with dynamic availability[C]//Proceedings of 2018 ACM SIGSAC Conference on Computer and Communications Security, New York: Association for Computing Machinery, 2018: 913-930.

[95] KERBER T, KIAYIAS A, KOHLWEISS M, et al. Ouroboros crypsinous: privacy preserving proof-of-stake[C]//Proceedings of 2019 IEEE Symposium on Security and Privacy, San Francisco, New York: Institute of Electrical and Electronics Engineers, 2019: 157-174.

[96] CHAKRAVARTY M. Hydra: fast isomorphic state channels[EB/OL]. https://eprint.iacr.org/2020/299.

[97] CHEN J, GORBUNOV S, MICALI S, et al. Algorand Agreement: super fast and partition resilient byzantine agreement[EB/OL]. (2018-05-06)[2024-11-18]. https://eprint.iacr.org/2018/377.

[98] GILAD Y, HEMO R, MICALI S, et al. Algorand: scaling byzantine agreements for cryptocurrencies[EB/OL]. (2017-03-25)[2024-11-19]. http://eprint.iacr.org/2017/454.

[99] XIAO Y, ZHANG N, LOU W J, et al. A survey of distributed consensus protocols for blockchain networks[J]. IEEE Communications surveys & tutorials, 2020, 22(2): 1432-1465.

[100] CHEN Y T, LIU F M. Improvement of DPoS consensus mechanism in collaborative governance of network public opinion[C]//Proceedings of the 4th International Conference on Advanced Electronic Materials, Computers and Software Engineering, Changsha, New York: Institute of Electrical and Electronics Engineers, 2021: 483-488.

[101] Community E. Eos.io technical white paper v2[EB/OL]. (2018-01-03)[2024-11-22]. https://github.com/EOSIO/ Documentation/blob/master/TechnicalWhitePaper.md.

[102] GOODMAN L. Tezos: a self-amending crypto-ledger white paper[EB/OL]. (2014-02-21)[2024-11-20].https://files. coinswitch.co/white_paper/tezos-whitepaper. pdf.

[103] STEEM. Steem whitepaper[EB/OL]. (2018-03-09)[2024-11-22]. https://steem.com/steem-whitepaper.pdf.

[104] BENTOV I, LEE C, MIZRAHI A, et al. Proof of activity: Extending bitcoin's

proof of work via proof of stake[J]. ACM sigmetrics performance evaluation review, 2014, 42（3）: 34-37.

[105] LIU Z Q, TANG S Y, CHOW S S M, et al. Fork-free hybrid consensus with flexible proof-of-activity[J]. Future generation computer systems, 2019, 96（1）: 515-524.

[106] DZIEMBOWSKI S, FAUST S, KOLMOGOROV V, et al. Proofs of space[C]//Proceedings of the 35th Annual Cryptology Conference, Santa Barbara, New York: Springer, 2015: 585-605.

[107] GURU A, MOHANTA B K, MOHAPATRA H, et al. A survey on consensus protocols and attacks on blockchain technology[J]. Applied sciences, 2023, 13（4）: 1-14.

[108] QIAN B, LUO Y, OU J X, et al. IoETTS: a decentralized blockchain-based trusted time-stam scheme for Internet of energy[J]. Journal of internet technology, 2023, 24（2）: 519-529.

[109] NIKOLAKOPOULOS A, GAROFALAKIS J. NCDawareRank: a novel ranking method that exploits the decomposable structure of the web[C]//Proceedings of the 6th ACM international conference on Web search and data mining, Rome, New York: Association for Computing Machinery, 2013: 143-152.

[110] SALIMITARI M, CHATTERJEE M, FALLAH Y. A survey on consensus methods in blockchain for resource-constrained IoT networks[J]. Internet of things, 2020, 11（9）: 1-11.

[111] MIGUEL C, BARBARA L. Practical byzantine fault tolerance[C]//Proceedings of the 3rd Symposium on Operating Systems Design and Implementation, New Orleans, Berkeley: USENIX Association, 1999: 1-14.

[112] KIDA A, KAWASHIMA H. Accelerating BFT database with transaction reconstruction[C]//Proceedings of 2024 IEEE International Parallel and Distributed Processing Symposium Workshops, San Francisco, New York: Institute of Electrical and Electronics Engineers, 2024: 232-241.

[113] HABER S, STORNETTA W. How to time-stamp a digital document[M]. Berlin: Springer, 1991: 112-156.

[114] GE L N, WANG J, ZHANG G F. Survey of consensus algorithms for proof of stake in blockchain[J]. Security and communication networks, 2022, 5（1）: 1-13.

[115] ZHAO W B, YANG S K, LUO X, et al. On peercoin proof of stake for blockchain consensus[C]//Proceedings of the 3rd International Conference on Blockchain Technology, Shanghai, New York: Association for Computing Machinery, 2021: 129-134.

[116] YADAV A. A comparative study on consensus mechanism with security threats and future scopes: blockchain[J]. Computer communications, 2023, 201（1）: 102-115.

[117] GRANDJEAN D, LIOBA H, ROGER W. Ethereum proof-of-stake consensus layer: participation and decentralization[C]//Proceedings of International Conference on Financial Cryptography and Data Security, Willemstad, Berlin: Springer, 2024: 253-280.

[118] AGGARWAL S, NEERAJ K. Cryptographic consensus mechanisms[J]. Advances in computers, 2021, 121（1）: 211-226.

[119] BALL M, ROSEN A, SABIN M, et al. Proofs of useful work[EB/OL].（2017-02-20）[2024-11-26]. https://eprint.iacr.org/ 2017/203.

[120] LOE A, ELIZABETH A. Conquering generals: an np-hard proof of useful work[C]//Proceedings of the 1st Workshop on Cryptocurrencies and Blockchains for Distributed Systems, Munich, New York: Association for Computing Machinery, 2018: 54-59.

[121] LIHU A, DU J, BARJAKTAREVIC L, et al. A proof of useful work for artificial intelligence on the blockchain[EB/OL].（2020-04-02）[2024-11-25]. https://arxiv.org/abs/2001.09244.

[122] CHENLI C, BOYANG L, TAEHO J. Dlchain: blockchain with deep learning as proof-of-useful-work[C]//Proceedings of the 16th World Congress, Held as Part of

the Services Conference Federation, Honolulu, Berlin: Springer, 2020: 43-60.

[123] MITTAL A, SWATI A. Hyperparameter optimization using sustainable proof of work in blockchain[J]. Frontiers in blockchain, 2020, 3(1): 1-13.

[124] ABANG J, TAKRURI H, RABAB A, et al. Latency performance modelling in hyperledger fabric blockchain: challenges and directions with an IoT perspective[J]. Internet of things, 2024, 26(1): 1-22.

[125] BENJI M, SINDHU M. A study on the Corda and Ripple blockchain platforms[C]// Proceedings of Advances in Big Data and Cloud Computing, Singapore, Berlin: Springer, 2019: 179-187.

[126] REBELLO G, CAMILO G, LUCAS C, et al. Security and performance analysis of quorum-based blockchain consensus protocols[C]//Proceedings of the 6th Cyber Security in Networking Conference, Rio de Janeiro, New York: Institute of Electrical and Electronics Engineers, 2022: 1-7.

[127] CASON D, FYNN E, MILOSEVIC N, et al. The design, architecture and performance of the tendermint blockchain network[C]//Proceedings of the 40th International Symposium on Reliable Distributed Systems, Chicago, New York: Institute of Electrical and Electronics Engineers, 2021: 23-33.

[128] ISMAIL S, REZA H, ZADEN H, et al. A blockchain-based IoT security solution using multichain[C]//Proceedings of the 13th Annual Computing and Communication Workshop and Conference, Las Vegas, New York: Institute of Electrical and Electronics Engineers, 2023: 1105-1111.

[129] MAURO C, KUMAR E, CHHAGAN L, et al. A survey on security and privacy issues of bitcoin[J]. IEEE communications surveys and tutorials, 2018, 4(10): 3416-3452.

[130] 魏松杰, 吕伟龙, 李莎莎. 区块链公链应用的典型安全问题综述[J]. 软件学报, 2022, 33(1): 324-355.

[131] ESKANDARI S, MOOSAVI S, CLARK J. SoK: Transparent dishonesty: front-running attacks on blockchain[C]//Proceedings of the 23rd International Conference

on Financial Cryptography and Data Security, St. Kitts, Berlin: Springer, 2019: 170-189.

[132] ZHOU D L, RUAN N, JIA W J. A robust throughput scheme for Bitcoin network without block reward[C]//Proceedings of the 21st IEEE Conference on High Performance Computing and Communications, Zhangjiajie, New York: Institute of Electrical and Electronics Engineers, 2019: 706-713.

[133] SALEH F. Blockchain without waste: proof-of-stake[J]. Review of financial studies, 2021, 34（1）: 1156-1190.

[134] FANTI G, KOGAN L, OH S, et al. Compounding of wealth in proof-of-stake cryptocurrencies[C]//Proceedings of the 23rd International Conference on Financial Cryptography and Data Security, St. Kitts, Berlin: Springer, 2019: 42-61.

[135] ALMALLOHI I, ALOTAIBI A, ALGHAFEES R, et al. Multivariable based checkpoints to mitigate the long range attack in proof-of-stake based blockchains[C]//Proceedings of the 3rd International Conference on High Performance Compilation, Computing and Communications, Xi'an, New York: Association for Computing Machinery, 2019: 118-122.

[136] WANG K, KIM H. FastChain: Scaling blockchain system with informed neighbor selection[C]//Proceedings of 2019 IEEE International Conference on Blockchain, Atlanta, New York: Institute of Electrical and Electronics Engineers, 2019: 376-383.

[137] HAO X H, REN W, ZHENG W W, et al. SCScan: a SVM-based scanning system for vulnerabilities in blockchain smart contracts[C]//Proceedings of the 19th IEEE International Conference on Trust, Security and Privacy in Computing and Communications, Guangzhou, New York: Institute of Electrical and Electronics Engineers, 2020: 1598-1605.

[138] PUTZ B, GÜNTHER P. Detecting blockchain security threats[C]//Proceedings of 2020 IEEE International Conference on Blockchain, Rhodes, New York: Institute of Electrical and Electronics Engineers, 2020: 313-320.

[139] JANJUA H, LI Y, SHOAIB H. Smart scan: an approach to detect denial of service vulnerability in ethereum smart contracts[C]//Proceedings of the 7th International Conference on Electronic Information Technology and Computer Engineering, Madrid, New York: Association for Computing Machinery, 2021: 17-26.

[140] QIAN P, LIU Z G, HE Q M, et al. Towards automated reentrancy detection for smart contracts based on sequential models[J]. IEEE access, 2020, 8(1): 19685-19695.

[141] LIU C, LIU H, CAO Z, et al. Reguard: finding reentrancy bugs in smart contracts[C]//Proceedings of the 40th International Conference on Software Engineering: Companion Proceeedings, Gothenburg, New York: Association for Computing Machinery, 2018: 65-68.

[142] GROSSMAN S, ABRAHAM I, GOLAN-GUETA G, et al. Online detection of effectively callback free objects with applications to smart contracts[J]. Proceedings of the ACM on programming languages, 2017, 2(1): 1-28.

[143] FEI J J, CHEN X H, ZHAO X F. MSmart: smart contract vulnerability analysis and improved strategies based on smartcheck[J]. Applied sciences, 2023, 13(3): 1-12.

[144] TORRES C F, SCHÜTTE J, STATE R. Osiris: Hunting for integer bugs in ethereum smart contracts[C]//Proceedings of the 34th Annual Computer Security Applications Conference, San Juan, New York: Association for Computing Machinery, 2018: 664-676.

[145] BRAGAGNOLO S, ROCHA H, DENKER M, et al. SmartInspect: solidity smart contract inspector[C]//Proceedings of 2018 International Workshop on Blockchain Oriented Software Engineering, Campobasso, New York: Institute of Electrical and Electronics Engineers, 2018: 9-18.

[146] ABDELLATIF T, BROUSMICHE K L. Formal verification of smart contracts based on users and blockchain behaviors models[C]//Proceedings of the 9th IFIP International Conference on New Technologies, Mobility and Security, Paris, New York: Institute of Electrical and Electronics Engineers, 2018: 1-5.

[147] VUKOLIĆ M. Rethinking permissioned blockchains[C]//Proceedings of the ACM

workshop on blockchain, cryptocurrencies and contracts, Abu Dhabi United, New York: Association for Computing Machinery, 2017: 3-7.

[148] DICKERSON T, GAZZILLO P, HERLIHY M, et al. Adding concurrency to smart contracts[C]//Proceedings of the ACM Symposium on Principles of Distributed Computing, Washington DC, New York: Association for Computing Machinery, 2017: 303-312.

[149] KIFFER L, DAVE L, ALAN M. Analyzing ethereum's contract topology[C]//Proceedings of the Internet Measurement Conference 2018, Boston, New York: Association for Computing Machinery, .2018: 494-499.

[150] FU Q S, LIN D, WU J J, et al. A general framework for account risk rating on Ethereum: toward safer blockchain technology[J]. IEEE transactions on computational social systems, 202311（2）: 1865-1875.

[151] BOUICHOU A, SOUFIANE M, AHMED E. An overview of Ethereum and solidity vulnerabilities[C]//Proceedings of 2020 International Symposium on Advanced Electrical and Communication Technologies, Marrakech, Morocco, New York: Institute of Electrical and Electronics Engineers, 2020: 1-7.

[152] WOOD G. Ethereum: a secure decentralised generalised transaction ledger[EB/OL]. （2014-05-07）[2024-10-15]. https://cryptodeep.ru/doc/paper.pdf.

[153] PAPADIMITRIOU C. The Serializability of concurrent database updates[J]. Journal of the ACM, 1979, 26（4）: 631-653.

[154] DAS S, VINAY J, ABHIJEET A. Yoda: Enabling computationally intensive contracts on blockchains with byzantine and selfish nodes[EB/OL]. （2018-06-01）[2024-11-10]. https://arxiv.org/abs/1811.03265.

[155] HARRY K, STEVEN G, CHEN X, et al. Arbitrum: Scalable, private smart contracts[C]//Proceedings of the 27th USENIX Conference on Security Symposium, Baltimore, New York: Association for Computing Machinery, 2018: 1353-1370.

[156] RAYMOND C, FAN Z, JERNEJ K, et al. Ekiden: A platform for confidentiality-preserving, trustworthy, and performant smart contract execution[C]//Proceedings of

2019 IEEE European Symposium on Security and Privacy, Stockholm, New York: Institute of Electrical and Electronics Engineers, 2019: 185-200.

[157] MUSTAFA A, ALBERTO S, SHEHAR B, et al. Chainspace: A sharded smart contracts platform[C]//Proceedings of Symposium on Network and Distributed Systems Security, Santiago, New York: Institute of Electrical and Electronics Engineers, 2018: 1-16.

[158] KOKORIS-KOGIAS E, JOVANOVIC P, GASSER L, et al. Omniledger: A secure, scale-out, decentralized ledger via sharding[C]//Proceedings of the 39th Symposium on Security and Privacy, San Francisco, New York: Institute of Electrical and Electronics Engineers, 2018: 583-598.

[159] HUBERT R, KARL W, ARTHUR G, et al. TLS-N: Non-repudiation over TLS enabling ubiquitous content signing[C]//Proceedings of 2018 Network and Distributed System Security Symposium, San Diego, New York: Curran Associates, 2018: 1-16.

[160] KAPALI P, JIM N, RAYMOND A, et al. The notions of consistency and predicate locks in a database system[J]. Communications of the ACM, 1976, 19(11): 624-633.

[161] HSIANG-TSUNG K, JOHN T. On optimistic methods for concurrency control[J]. ACM transactions on database systems, 1981, 6(2): 213-226.

[162] ALEXANDER T, THADDEUS D, SHU-CHUN W, et al. Calvin: fast distributed transactions for partitioned database systems[C]//Proceedings of 2012 ACM SIGMOD International Conference on Management of Data, Scottsdale, New York: Association for Computing Machinery, 2012: 1-12.

[163] 赵淦森, 谢智健, 王欣明, 等. 智能合约安全综述: 漏洞分析 [J]. 广州大学学报（自然科学版）, 2019, 18（3）: 59-67.

[164] 倪远东, 张超, 殷婷婷. 智能合约安全漏洞研究综述 [J]. 信息安全学报, 2020, 5（3）: 78-99.

[165] DINGMAN W, COHEN A, FERRARA N, et al. Classification of smart contract bugs

using the nist bugs framework[C]//Proceedings of the 17th IEEE International Conference on Software Engineering Research, Management and Applications, Honolulu, New York: Institute of Electrical and Electronics Engineers, 2019: 116–123.

[166] KUSHWAHA S. Design and development of smart contract system for blockchain based applications[EB/OL]. (2024–03–01)[2024–11–12].https://papers.ssrn.com/sol3/papers.cfm?abstract_id=4809610.

[167] ALHARBY M, AADVAN M. Blocksim: an extensible simulation tool for blockchain systems[J]. Frontiers in blockchain, 2020, 3(1): 1–28.

[168] LI J, MOHAMAD K. Applications of distributed ledger technology (DLT) and blockchain-enabled smart contracts in construction[J]. Automation in construction, 2021, 132(1): 1–12.

[169] ZHANG F, CECCHETTI E, CROMAN K, et al. Town crier: An authenticated data feed for smart contracts[C]//Proceedings of 2016 ACM SIGSAC conference on computer and communications security, Vienna, New York: Association for Computing Machinery, 2016: 270–282.

[170] LIU L. Blockchain-enabled fraud discovery through abnormal smart contract detection on Ethereum[J]. Future generation computer systems, 2022, 128(1): 158–166.

[171] CHEN Y W, HU B W, YU H J, et al. A threshold proxy re-encryption scheme for secure IoT data sharing based on blockchain[J]. Electronics, 2021, 10(19): 2359–2377.

[172] YU K, TAN L, ALOQAILY M, et al. Blockchain-enhanced data sharing with traceable and direct revocation in IIoT[J]. IEEE transactions on industrial informatics, 2021, 17(11): 7669–7678.

[173] SUN J, XIONG H, ZHANG S, et al. A secure flexible and tampering-resistant data sharing system for vehicular social networks[J]. IEEE transactions on vehicular technology, 2020, 69(11): 12938–12950.

[174] SU Z, WANG Y, XU Q, et al. A secure charging scheme for electric vehicles with

smart communities in energy blockchain[J]. IEEE internet of things journal, 2018, 6(3): 4601-4613.

[175] YANG Q, WANG H. Privacy-preserving transactive energy management for IoT-aided smart homes via blockchain[J]. IEEE internet of things journal, 2021, 8(14): 11463-11475.

[176] ABISHU H, SEID A, YACOB Y, et al. Consensus mechanism for blockchain-enabled vehicle-to-vehicle energy trading in the internet of electric vehicles[J]. IEEE transactions on vehicular technology, 2021, 71(1): 946-960.

[177] ZHANG Y. Distributed energy intelligent transaction model and credit risk management based on energy blockchain[J]. Journal of information science & engineering, 2021, 37(1): 55-66.

[178] ALLOMBERT V, BOURGOIN M, TESSON J. Introduction to the tezos blockchain[C]//Proceedings of 2019 International Conference on High Performance Computing & Simulation, Dublin, New York: Institute of Electrical and Electronics Engineers, 2019: 1-10.

[179] ALLOUCHE M, FRIKHA T, MITREA M. Lightweight blockchain processing case study: scanned document tracking on tezos blockchain[J]. Applied sciences, 2021, 11(15): 1-17.

[180] QASSE I, TALIB M, NASIR Q. Toward inter-blockchain communication between Hyperledger Fabric platforms[J]. Trust models for next-generation blockchain ecosystems, 2021, 4(1): 251-272.

[181] ANU R, PRAKASH S. A privacy-preserving authentic healthcare monitoring system using blockchain[J]. International journal of software science and computational intelligence, 2022, 14(1): 1-23.

[182] ULLAH F, FADI A. A conceptual framework for blockchain smart contract adoption to manage real estate deals in smart cities[J]. Neural computing and applications, 2023, 35(7): 5033-5054.

[183] MOSTÉFAOUI A, MOUMEN H, RAYNAL M. Signature-free asynchronous

Byzantine consensus with t< n/3 and O (n2) messages[C]//Proceedings of 2014 ACM Symposium on Principles of Distributed Computing, Paris, New York: Association for Computing Machinery, 2014: 2-9.

[184] QIAO R, LUO X Y, ZHU S F, et al. Dynamic autonomous cross consortium chain mechanism in e-healthcare[J]. IEEE journal of biomedical and health informatics, 2020, 24（8）: 2157-2168.

[185] WILKINSON S, BOSHEVSKI T, BRANDOFF J, et al. Storj a peer-to-peer cloud storage network[EB/OL]. (2014-07-09)[2024-09-15].https://static.storj.io/storj2014.pdf.

[186] WILKINSON S, BOSHEVSKI T, BRANDOFF J, et al. Storj: a peer-to-peer cloud storage network v2.0[EB/OL]. (2016-03-22)[2024-10-17]. https://www.researchgate.net/publication/374024926_Storj_A_Peer-to-Peer_Cloud_Storage_Network.

[187] BENET J, GRECO N. Filecoin: a decentralized storage network[EB/OL]. (2018-05-12)[2024-10-15].https://filecoin.io/ filecoin.pdf.

[188] GAO G J, XIAO M J, WU J, et al. Truthful incentive mechanism for nondeterministic crowdsensing with vehicles[J]. IEEE transactions on mobile Computing, 2018, 17（12）: 2982-2997.

[189] XIAO L, CHEN T H, XIE C X, et al. Mobile crowdsensing games in vehicular networks[J]. IEEE transactions on vehicular technology, 2017, 67（2）: 1535-1545.

[190] PU L J, CHEN X, MAO G Q, et al. Chimera: an energy-efficient and deadline-aware hybrid edge computing framework for vehicular crowdsensing applications[J]. IEEE internet of things journal, 2019, 6（1）: 84-99.

[191] KANG J W, XIONG Z H, NIYATO D, et al. Towards secure blockchain-enabled Internet of vehicles: optimizing consensus management using reputation and contract theory[J]. IEEE transactions on vehicular technology, 2019, 68（3）: 2906-2920.

[192] NI W, ASHERALIEVA A, MAPLE C, et al. Throughput-efficient blockchain

for Internet-of-vehicles[C]//Proceedings of the 64th IEEE Globecom Workshops, Madrid, New York: Institute of Electrical and Electronics Engineers, 2021: 1-6.

[193] ANISH T, SYED M A, ELAVARASU R, et al. Block chain based secure data transmission among internet of vehicles[C]//Proceedings of the 2nd International Conference on Innovative Practices in Technology and Management, Piscataway, New York: Institute of Electrical and Electronics Engineers, 2022: 765-769.

[194] KOUICEM D E, BOUABDALLAH A, LAKHLEF H. An efficient and anonymous blockchain-based data sharing scheme for vehicular networks[C]//Proceedings of the 25th IEEE International Conference on Computers and Communications, Piscataway, New York: Institute of Electrical and Electronics Engineers, 2020: 1-11.

[195] CUI J, OUYANG F, YING Z, et al. Secure and efficient data sharing among vehicles based on consortium blockchain[J]. IEEE Transactions on intelligent transportation Systems, 2021, 23(7): 8857-8867.